机电一体化技术

（第 3 版）

主编 刘龙江
主审 马锡琪

北京理工大学出版社
BEIJING INSTITUTE OF TECHNOLOGY PRESS

内 容 简 介

本书系统地介绍了机电一体化技术，内容涵盖机电一体化的基本概念及机电一体化中的各项关键技术，包括机电一体化的机械技术、传感检测技术、伺服驱动技术、控制和接口技术以及机电一体化系统设计、机器人技术、自动化生产线系统等。为适应理论实践一体化教学要求，全书以典型机电一体化设备 MPS（模块化生产加工系统）的应用为主线，分别引入了四个工程训练项目。

本书可作为高职院校机电一体化、机械制造及其自动化、数控技术、自动化等专业的教材，同时对从事机电一体化领域的工程技术人员也有一定的参考价值。

版权专有　侵权必究

图书在版编目（CIP）数据

机电一体化技术／刘龙江主编. —3 版. —北京：北京理工大学出版社，2019.8（2022.2 重印）
ISBN 978-7-5682-7395-4

Ⅰ. ①机⋯　Ⅱ. ①刘⋯　Ⅲ. ①机电一体化-高等学校-教材　Ⅳ. ①TH-39

中国版本图书馆 CIP 数据核字（2019）第 174527 号

出版发行／北京理工大学出版社有限责任公司
社　　址／北京市海淀区中关村南大街 5 号
邮　　编／100081
电　　话／（010）68914775（总编室）
　　　　　（010）82562903（教材售后服务热线）
　　　　　（010）68944723（其他图书服务热线）
网　　址／http://www.bitpress.com.cn
经　　销／全国各地新华书店
印　　刷／唐山富达印务有限公司
开　　本／787 毫米×1092 毫米　1/16
印　　张／14.75　　　　　　　　　　　　　　　　　责任编辑／张旭莉
字　　数／341 千字　　　　　　　　　　　　　　　　文案编辑／张旭莉
版　　次／2019 年 8 月第 3 版　2022 年 2 月第 4 次印刷　责任校对／周瑞红
定　　价／43.00 元　　　　　　　　　　　　　　　　责任印制／李志强

图书出现印装质量问题，请拨打售后服务热线，本社负责调换

前　言

　　机电一体化是一个交叉学科，所涉及的内容十分广泛，包括机械技术、电子技术、计算机技术及其有机结合。机电一体化技术的应用不仅提高和拓展了机电产品的性能，而且使机械工业的技术结构、生产方式及管理体系发生了深刻变化，极大地提高了生产系统的工作质量。作为高职院校机电类专业的一门职业技术课，机电一体化技术得到普遍重视和广泛开设。

　　本书叙述力求全面、简洁和实用，使读者对机电一体化技术有一个比较全面的了解。全书共分8个单元，单元一为机电一体化概述，主要介绍机电一体化的基本概念及系统构成、产品分类等；单元二至单元五分别介绍机电一体化的共性关键技术，包括机电一体化机械技术、传感检测技术、伺服驱动技术、控制及接口技术等，并且在每项技术后都以一种典型机电一体化设备的应用为例，分别安排了五个工程训练项目，来加强理论实践一体化教学；单元六阐述了机电一体化系统的设计方法，机电一体化系统的建模与仿真及机电一体化抗干扰技术；单元七和单元八分别通过介绍机器人技术和自动化生产线系统两种典型机电一体化系统，以方便读者开展工程实践项目并拓展眼界。

　　本书内容在教学使用过程中，可根据不同专业需要、学时多少进行删减，部分内容可安排在课程实训、毕业设计等环节。

　　参与本次全书修订的有刘龙江、杨维、张晨亮。张晨亮参与了第1、2单元的修订，杨维参与了第3、7单元的修订，刘龙江担任其余部分的修订和全书统稿。原书第1版由刘龙江副教授任主编，马锡琪教授任主审。参加第1版编写的有刘龙江（第1章、第2.1节、第3.4节、第4章、第5章、第7.2节，第8.1节），姜鑫（第2章、第4.2节），杨维（第3章、第7章），孙永芳（第6章、第8章）。

　　本书编写修订过程中得到了北京理工大学出版社的大力支持和帮助，值此再版之际，向本书所参考和引用的资料和文献作者，特别是原书各位编者的辛勤劳动再次一并表示衷心感谢。机电一体化是发展最为活跃的技术领域之一，本书的每个单元都代表一个很大的领域。由于编者水平所限及本书带有一定的探索性，因此本书的体系可能还不尽合理，书中疏漏错误也在所难免，恳请读者和专家批评指正。

编　者

目 录

单元一 机电一体化概述 ... 1
A. 教学目标 ... 1
B. 引言 ... 1
1.1 机电一体化的基本概念 ... 1
1.1.1 机电一体化的定义 ... 1
1.1.2 机电一体化的产生 ... 2
1.1.3 机电一体化的内容 ... 2
1.1.4 机电一体化的特点 ... 2
1.2 机电一体化系统的基本组成 ... 3
1.2.1 机电一体化系统的功能组成 ... 3
1.2.2 机电一体化系统的构成要素 ... 4
1.2.3 机电一体化系统接口概述 ... 6
1.3 机电一体化技术的理论基础与关键技术 ... 8
1.3.1 理论基础 ... 8
1.3.2 关键技术 ... 9
1.4 机电一体化产品 ... 11
1.4.1 按产品功能分类 ... 12
1.4.2 按机电结合程度和形式分类 ... 12
1.4.3 按产品用途分类 ... 12
1.5 机电一体化的现状与发展前景 ... 13
1.5.1 机电一体化的发展现状 ... 13
1.5.2 机电一体化的发展趋势 ... 14
小结 ... 15
思考与练习1 ... 15
项目工程1：典型机电一体化系统——四自由度机器人认识 ... 15

单元二 机电一体化机械技术 ... 21
A. 教学目标 ... 21
B. 引言 ... 21
2.1 概述 ... 21
2.1.1 机械运动与机构 ... 21
2.1.2 机电一体化中的机械系统及其基本要求 ... 22
2.2 机械传动机构 ... 23

2.2.1 齿轮传动 ·· 24
2.2.2 带传动 ·· 26
2.2.3 齿轮齿条传动机构 ······································ 28
2.2.4 螺旋传动 ·· 28
2.2.5 其他传动结构 ··· 39
2.3 机械导向结构 ··· 39
2.3.1 滑动摩擦导轨 ··· 39
2.3.2 滚动摩擦导轨 ··· 46
2.4 机械的支承结构 ·· 49
2.4.1 机械支承结构应满足的基本要求 ························ 49
2.4.2 支承件的材料 ··· 49
2.4.3 支承件的设计原则 ······································ 50
2.5 机械执行机构 ··· 52
2.5.1 微动机构 ·· 52
2.5.2 定位机构 ·· 52
2.5.3 数控机床回转刀架 ······································ 53
2.5.4 工业机器人末端执行器 ································· 53
小结 ·· 55
思考与练习 2 ·· 55
项目工程 2：典型机电一体化系统机械技术应用 ················ 55

单元三 机电一体化传感检测技术 ································ 59
A. 教学目标 ·· 59
B. 引言 ·· 59
3.1 传感器组成与分类 ·· 59
3.1.1 传感器的组成 ··· 59
3.1.2 传感器的分类 ··· 60
3.2 典型常用传感器 ··· 62
3.2.1 位置传感器 ·· 62
3.2.2 位移传感器 ·· 64
3.2.3 速度和加速度传感器 ··································· 67
3.2.4 温度传感器 ·· 69
3.2.5 红外线传感器 ··· 72
3.3 传感器的选择方法 ·· 73
3.4 传感器数据采集及其与计算机接口 ······················· 74
小结 ·· 76
思考与练习 3 ·· 76
项目工程 3：典型机电一体化系统传感器的使用和选择方法 ···· 77

单元四 机电一体化伺服驱动技术 ····· 80
- A. 教学目标 ····· 80
- B. 引言 ····· 80
- 4.1 概述 ····· 80
  - 4.1.1 伺服驱动系统的种类及特点 ····· 81
  - 4.1.2 执行器及其选取依据 ····· 81
  - 4.1.3 输出接口装置 ····· 82
- 4.2 典型执行元件 ····· 83
  - 4.2.1 电气执行元件 ····· 83
  - 4.2.2 液压执行元件 ····· 93
  - 4.2.3 气压执行元件 ····· 96
- 4.3 执行元件功率驱动接口 ····· 99
  - 4.3.1 功率驱动接口的分类和组成形式 ····· 99
  - 4.3.2 电力电子器件 ····· 100
  - 4.3.3 开关型功率接口 ····· 102
- 小结 ····· 104
- 思考与练习 4 ····· 105
- 项目工程 4：典型机电一体化系统执行元件应用 ····· 106

单元五 机电一体化控制及接口技术 ····· 109
- A. 教学目标 ····· 109
- B. 引言 ····· 109
- 5.1 控制技术概述 ····· 109
  - 5.1.1 机电一体化系统的控制形式 ····· 109
  - 5.1.2 控制系统的基本要求和一般设计方法 ····· 110
  - 5.1.3 计算机控制系统的组成及常用类型 ····· 111
- 5.2 可编程序控制器技术 ····· 114
  - 5.2.1 PLC 技术基础 ····· 114
  - 5.2.2 PLC 编程技术 ····· 120
  - 5.2.3 PLC 技术应用 ····· 133
- 5.3 人机接口技术 ····· 142
  - 5.3.1 输入接口技术 ····· 142
  - 5.3.2 输出接口技术 ····· 147
- 5.4 机电接口技术 ····· 151
  - 5.4.1 信息采集接口技术 ····· 152
  - 5.4.2 控制量输出接口技术 ····· 156
- 小结 ····· 161
- 思考与练习 5 ····· 161
- 项目工程 5：典型机电一体化系统控制技术应用 ····· 162

单元六　机电一体化系统设计 170

A. 教学目标 170
B. 引言 170
6.1　机电一体化系统设计方法 170
6.1.1　机电一体化传统设计方法 170
6.1.2　机电一体化系统现代设计方法 171
6.2　机电一体化系统的建模与仿真 173
6.2.1　机电一体化系统的建模 173
6.2.2　机电一体化系统的仿真 174
6.3　机电一体化系统抗干扰技术 181
6.3.1　干扰的定义 181
6.3.2　形成干扰的三个要素 181
6.3.3　干扰源 182
6.3.4　抗供电干扰的措施 183
6.3.5　软件抗干扰设计 184
小结 185
思考与练习6 185

单元七　典型机电一体化系统之机器人技术 186

A. 教学目标 186
B. 引言 186
7.1　机器人概述 186
7.1.1　机器人的发展 187
7.1.2　机器人的作用 187
7.1.3　机器人的发展趋势 188
7.2　机器人传感器 189
7.2.1　机器人传感器的分类 189
7.2.2　外部信息传感器在电弧焊工业机器人中的应用 192
7.3　机器人的驱动与控制 194
7.3.1　机器人控制系统 194
7.3.2　电动驱动系统 195
7.4　机器人的典型应用 198
7.4.1　工业机械手 198
7.4.2　足球机器人 199
小结 205
思考与练习7 206

单元八　典型机电一体化系统之自动化生产线系统 207

A. 教学目标 207
B. 引言 207

8.1 自动线与MPS模块化生产加工系统概述 ……………………………………… 207
  8.1.1 自动机与自动线的构成 …………………………………………………… 207
  8.1.2 模块化生产加工系统（MPS） …………………………………………… 209
8.2 MPS送料检测站 ………………………………………………………………… 211
  8.2.1 结构与功能 ………………………………………………………………… 211
  8.2.2 气动控制回路 ……………………………………………………………… 212
  8.2.3 电气接口地址 ……………………………………………………………… 212
  8.2.4 程序控制 …………………………………………………………………… 213
8.3 MPS搬运站 ……………………………………………………………………… 213
  8.3.1 结构与功能 ………………………………………………………………… 213
  8.3.2 气动控制回路 ……………………………………………………………… 214
  8.3.3 电气接口地址 ……………………………………………………………… 214
  8.3.4 程序控制 …………………………………………………………………… 215
8.4 MPS加工站 ……………………………………………………………………… 216
  8.4.1 结构与功能 ………………………………………………………………… 216
  8.4.2 气动控制回路 ……………………………………………………………… 217
  8.4.3 电气接口地址 ……………………………………………………………… 218
  8.4.4 程序控制 …………………………………………………………………… 218
8.5 MPS安装搬运站 ………………………………………………………………… 219
  8.5.1 结构与功能 ………………………………………………………………… 219
  8.5.2 气动控制回路 ……………………………………………………………… 220
  8.5.3 电气接口地址 ……………………………………………………………… 221
  8.5.4 程序控制 …………………………………………………………………… 221
小结 …………………………………………………………………………………… 222
思考与练习8 ………………………………………………………………………… 223

参考文献 ………………………………………………………………………… 224

单 元 一

机电一体化概述

❯ A. 教学目标

1. 掌握机电一体化定义
2. 掌握机电一体化系统的基本组成
3. 理解机电一体化系统的关键技术
4. 了解机电一体化技术的现状和发展前景

❯ B. 引言

机电一体化设备在日常生活中应用非常广泛，本单元从机电一体化概念入手，介绍机电一体化系统的基本组成、关键技术和典型产品，了解机电一体化系统的现状和发展前景，最后以四自由度机器人作为实训项目，加深学生对机电一体化技术的认识。

1.1 机电一体化的基本概念

现代科学技术的发展，极大地推动了不同学科的相互交叉和渗透，导致了工程领域的技术革命与改造。在机械工程领域，由于微电子技术和计算机技术的飞速发展及其向机械工业的渗透所形成的机电一体化，使机械工业的技术结构、产品结构、功能与构成、生产方式及管理体系发生了巨大变化，使工业生产由"机械电气化"迈入了以"机电一体化"为特征的发展阶段。"机电一体化"成为机械技术与其他领域的先进技术特别是微电子技术有机结合的新领域。

1.1.1 机电一体化的定义

伴随生产活动和科学技术的快速发展，机电一体化的具体内容不断发展与更新，人们观察问题的角度不同，对机电一体化的理解也就有所差异。因此，迄今为止，机电一体化尚没有明确的统一定义。

关于"机电一体化"概念的提法，1981年日本机械振兴协会对此作出的解释是："机电一体化是在机械主功能、动力功能、信息功能和控制功能上引进微电子技术，并将机械装置与电子装置用相关软件有机结合而构成系统的总称。"

随着科学技术的发展，"机电一体化"不断被赋予新的内涵，但目前一般可认为"机电一体化"是微电子技术向机械工业渗透过程中逐步形成的一个新概念，是从系统的观点出发，将机械技术、微电子技术、信息技术等多门技术学科在系统工程的基础上相互渗透、有机结合而形成和发展起来的一门新的边缘技术学科。

1.1.2　机电一体化的产生

科技进步和社会需求是任何事物产生和发展的前提，机电一体化这一新事物的产生和发展也不能例外。机械技术、计算机技术、微电子技术等的发展为机电一体化的产生奠定了良好的基础，而人类社会对生产和生活产品在质量和品种上的要求不断提高是机电一体化蓬勃发展的动力。

机电一体化经历了长期的产生和发展过程。早在机电一体化这一概念形成之前，世界各地的科技人员已为机械与电子技术的有机结合做了大量工作，研究和开发了很多机电一体化产品，比如电子工业领域内的雷达伺服系统，机械工业领域内的数控机床、工业机器人等，这一切都为机电一体化这一概念的形成奠定了基础。

1971年，日本《机械设计》杂志副刊正式提出了"Mechatronics"这一名词，它是取Mechanics（机械学）的前半部分和Electronics（电子学）的后半部分组合而成，即机械电子学或机电一体化。在日本提出这一术语后，日、美、英各国先后有一些专著问世。国际自动控制联合会（IFAC）、美国电气和电子工程师协会（IEEE）先后创办了名为Mechanics的期刊，近年来，国内也有不少教科书和期刊出版。

机电一体化作为一门新兴的边缘学科，始于二十世纪八十年代，目前它已经逐渐成为机械工程的重要研究领域，代表着机械工业技术革命的前沿方向。

1.1.3　机电一体化的内容

机电一体化包含了技术和产品两方面的内容，首先是指机电一体化技术，其次是指机电一体化产品。机电一体化技术是指包括技术基础、技术原理在内的使机电一体化产品得以实现、使用和发展的技术。机电一体化产品是指随着机械系统和微电子系统的有机结合，被赋予新的功能和性能的新产品。

机电一体化技术在制造业的应用从一般的数控机床、加工中心和机械手发展到智能机器人、柔性制造系统（FMS）、无人生产车间和将设计、制造、销售、管理集为一体的计算机集成制造系统（CIMS），并扩展到目前的汽车、电站、仪表、化工、通信、冶金等行业。此外，对传统机电设备的改造也属于机电一体化的范畴。机电一体化产品涉及工业生产、科学研究、人民生活、医疗卫生等各个领域，如：集成电路自动生产线、激光切割设备、印刷设备、家用电器、汽车电子化、微型机械、飞机、雷达、医学仪器、环境监测等。

1.1.4　机电一体化的特点

我们可以从汽车工业的发展过程为例来观察机电一体化产品的特点。在很长一段时间内，汽车是作为一项机械方面的奇迹，它只有少量的电子附件。最初是启动电动机，后来是发电机，每种附件都使原先产品的性能比过去提高一点。随着半导体和微电子学的出现，今天的汽车由微处理器控制，机器人制造，并可通过计算机进行故障分析，从而使机械奇迹变成了机械电子奇迹。

随着机电一体化技术的快速发展，机电一体化产品有逐步取代传统机电产品的趋势。与传统的机电产品相比，机电一体化产品具有高的功能水平和附加值及明显的技术、经济、社会效益，这完全是由机电一体化技术的特点决定的。机电一体化通过综合利用现代高新技术的优势，在提高产品精度、增强功能、改善操作性和使用性、提高生产率、降低成本、节约能源、降低消耗、减轻劳动强度、改善劳动条件、提高安全性和可靠性、简化结构、减轻质量、增强柔性和智能化程度、降低价格等诸多方面都取得了显著成效。机电一体化产品的显著特点是多功能、高效率、高智能、高可靠性，同时又具有轻、薄、细、小、巧的优点，其目的是不断满足人们生产生活的多样性和省时、省力、方便的需求。

综上所述可以看出，机电一体化的本质是机械与电子技术的规划应用和有效结合，以构成一个最优的产品或系统。机电一体化课程的特点首先是涉及的知识面广，且大多为正在发展的新知识；其次，机电结合，综合应用；第三，部分内容与其他课程有交叉。

1.2 机电一体化系统的基本组成

1.2.1 机电一体化系统的功能组成

传统的机械产品主要是解决物质流和能量流的问题，而机电一体化产品除了解决物质流和能量流以外，还要解决信息流的问题。机电一体化系统的主要功能就是对输入的物质、能量与信息（即所谓工业三大要素）按照要求进行处理，输出具有所需特性的物质、能量与信息。

任何一个产品都是为满足人们的某种需求而开发和生产的，因而都具有相应的目的功能。机电一体化系统的主功能包括变换（加工、处理）、传递（移动、输送）、储存（保持、积蓄、记录）三个目的功能。主功能也称为执行功能，是系统的主要特征部分，完成对物质、能量、信息的交换、传递和储存。机电一体化系统除了具备主功能外，还应具备动力功能、检测功能、控制功能、构造功能等其他功能。

加工机是以物料搬运、加工为主，输入物质（原料、毛坯等）、能量（电能、液能、气能等）和信息（操作及控制指令等），经过加工处理，主要输出改变了位置和形态的物质的系统（或产品）。如各种机床、交通运输机械、食品加工机械、起重机械、纺织机械、印刷机械、轻工机械等。

动力机，其中输出机械能的为原动机，是以能量转换为主，输入能量（或物质）和信息，输出不同能量（或物质）的系统（或产品）。如电动机、水轮机、内燃机等。

信息机是以信息处理为主，输入信息和能量，主要输出某种信息（如数据、图像、文字、声音等）的系统（或产品）。如各种仪器、仪表、计算机、传真机以及各种办公机械等。

图1-1以典型机电一体化产品数控机床（CNC）为例，说明其内部功能构成。其中切削加工是CNC机床的主功能，是实现其目的所必需的功能。电源通过电动机驱动机床，向机床提供动力，实现动力功能。位置检测装置和CNC装置分别实现计测功能和控制功能，其作用是实时检测机床内部和外部信息，据此对机床实施相应控制。机械结构所实现的是构造功能，使机床各功能部件保持规定的相互位置关系，构成一台完整的CNC机床。

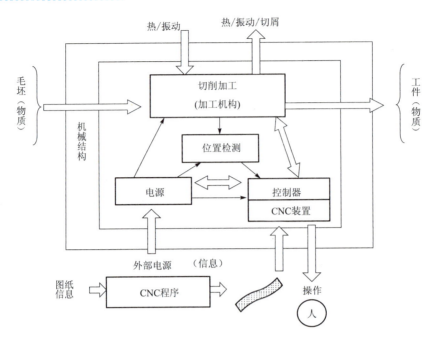

图 1-1 CNC 机床内部功能构成

1.2.2 机电一体化系统的构成要素

机电一体化系统一般由机械本体、传感检测、执行机构、控制及信息处理、动力系统等五部分组成,各部分之间通过接口相联系。从机电一体化系统的功能看,人体是机电一体化系统理想的参照物。构成人体的五大要素分别是头脑、感官、四肢、内脏及躯干。内脏提供人体所需的能量(动力),维持人体活动;头脑处理各种信息并对其他要素实施控制;感官获取外界信息;四肢执行动作;躯干的功能是把人体各要素有机地联系为一体。可以看到,机电一体化系统内部的五大功能与人体的上述功能几乎是一样的。机电一体化系统的构成要素及实现功能如图 1-2 所示。机电一体化系统基本组成可用图 1-3 所示的实例进行描述。

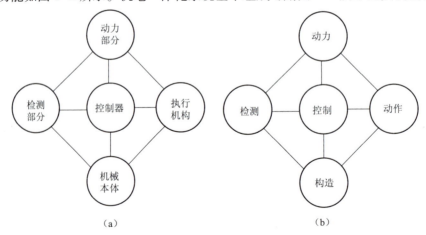

图 1-2 机电一体化系统的构成要素及功能
(a) 机电一体化系统的构成要素;(b) 机电一体化系统的功能

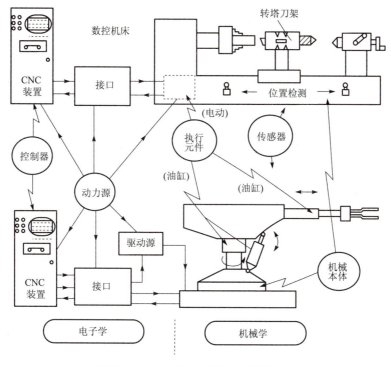

图 1-3 机电一体化系统五大要素实例

1. 机械本体

机械本体包括机械结构装置和机械传动装置。机械结构是机电一体化系统的机体，用于支承和连接其他要素，并把这些要素合理地结合起来，形成有机的整体。机电一体化系统的机械结构包括：机身、框架、连接等。机电一体化系统中的机械传动装置不再仅仅是转矩和转速的变换器，而已成为伺服系统的组成部分，必需根据伺服控制的要求进行选择和设计。由于机电一体化产品技术性能、水平和功能的提高，因而机械本体要在机械结构、材料、加工工艺性以及几何尺寸等方面适应产品高效率、多功能、高可靠性和节能、小型、轻量、美观等要求。

2. 动力部分

动力部分是按照系统控制要求，为系统提供能量和动力，去驱动执行机构工作以完成预定的主功能。动力系统包括电、液、气等多种动力源。用尽可能小的动力输入获得尽可能大的功能输出，是机电一体化产品的显著特征之一。

3. 传感检测部分

传感检测部分是对系统运行中所需要的自身和外界环境的各种参数及状态进行检测，然后变成可识别信号，传输到信息处理单元，并且经过分析、处理后产生相应的控制信息。其功能一般由专门的传感器及转换电路完成，对其要求是体积小、便于安装与连接、检测精度高、抗干扰等。

4. 执行机构

执行机构是运动部件在控制信息的作用下完成要求的动作，实现产品的主功能。执行机构将输入的各种形式的能量转换为机械能。执行机构主要由电、液、气等执行元件和机械传动装置等组成。执行机构按运动方式的不同可分为旋转运动元件和直线运动元件，各种电动机及液（气）压电动机等是旋转运动执行元件，而丝杠和电磁铁、压电驱动器、液（气）压缸等是直线运动执行元件。执行机构因机电一体化产品的种类和作业对象不同而有较大的差异。执行机构是实现产品目的功能的直接执行者，其性能好坏决定着整个产品的性能，因而是机电一体化产品中重要的组成部分。根据机电一体化系统的匹配性要求，需要考虑改善系统的动、静态性能，如提高刚性、减小质量和适当的阻尼，应尽量考虑组件化、标准化和系列化，提高系统整体可靠性等。

5. 控制及信息单元

控制及信息单元将来自各传感器的检测信息和外部输入命令进行处理、运算和决策，根据信息处理结果，按照一定的程序和节奏发出相应的指令，控制整个系统有目的地运行。信息处理及控制系统主要是由计算机的软件和硬件以及相应的接口组成。硬件一般由计算机、可编程控制器（PLC）、数控装置以及逻辑电路、A/D 与 D/A 转换、I/O（输入输出）接口和计算机外部设备等组成。机电一体化系统对控制和信息处理单元的基本要求是：提高信息处理速度，提高可靠性，增强抗干扰能力以及完善系统自诊断功能，实现信息处理智能化。

以上这五部分我们通常称为机电一体化的五大构成要素，而在实际中有时机电一体化系统的某些构成要素是复合在一起的。机电一体化产品的五大部分在工作时相互协调，共同完成所规定的目的功能。在结构上，各组成部分通过各种接口及其相应的软件有机地结合在一起，构成一个内部匹配合理、外部效能最佳的完整产品。

1.2.3 机电一体化系统接口概述

综上所述，机电一体化系统由许多要素或子系统构成，各要素或子系统之间必须能顺利地进行物质、能量和信息的传递与交换。因此，各要素或各子系统相接处必须具备一定的联系条件，这些联系条件称为接口。一方面，机电一体化系统通过输入/输出接口将其与人、自然及其他系统相连；另一方面，机电一体化系统通过许多接口将系统构成要素联系为一体。因此，系统的性能在很大程度上取决于接口的性能。

接口设计的总任务是解决功能模块间的信号匹配问题，根据划分出的功能模块，在分析研究各功能模块输入/输出关系的基础上，计算制定出各功能模块相互连接时所必须共同遵守的电气和机械的规范和参数约定，使其在具体实现时能够"直接"相连。因此，把机电一体化产品可看成是由许多接口将组成产品各要素的输入/输出联系为一体的系统。

1. 接口的分类

机电一体化系统中各要素和子系统之间，接口使得物质、能量、信息在连接要素的交界面上平稳地输入/输出，它是保证产品具有高性能、高质量的必要条件，有时会成为决定系统综合性能好坏的关键因素，这是机电一体化系统的复杂性决定的。接口的功能是由参数变换与调整和物质、能量、信息的输入/输出两部分组成。

（1）根据接口的变换和调整功能特征分类。

① 零接口：不进行参数的变换与调整，即输入/输出的直接接口，如联轴器、输送管、插头、插座、导线、电缆等。

② 被动接口：仅对被动要素的参数进行变换与调整，如齿轮减速器、进给丝杠、变压器、可变电阻以及光学透镜等。

③ 主动接口：含有主动因素、并能与被动要素进行匹配的接口，如电磁离合器、放大器、光电耦合器、A/D、D/A 转换器等。

④ 智能接口：含有微处理器、可进行程序编制或适应条件变化的接口，如自动调速装置、通用输入/输出芯片（如 8255 芯片）、RS232 串行接口、通用接口总线等。

（2）根据接口的输入/输出功能的性质分类。

① 信息接口（软件接口）：受规格、标准、法律、语言、符号等逻辑、软件的约束，如 GB、ISO 标准、RS232C、ASCII 码、C 语言等。

② 机械接口：根据输入/输出部位的形状、尺寸、精度等进行机械联结，如联轴器、管接头、法兰盘等。

③ 物理接口：受通过接口部位的物质、能量与信息的具体形态和物理条件约束，如受电压、频率、电流、阻抗、传递扭矩的大小、气（液）体成分（压力或流量）约束的接口。

④ 环境接口：对周围的环境条件有具体的保护作用和隔绝作用，如防尘过滤器、防水联结器、防爆开关等。

（3）按照所联系的子系统不同分类。以控制微机（微电子系统）为出发点，将接口分为人机接口和机电接口两大类。机械系统与微电子系统之间的联系必须通过机电接口进行调整、匹配、缓冲，同时微电子系统的应用使机械系统具有"智能"，达到了较高的自动化程度，但该系统仍然离不开人的干预，必须在人的监控下进行，因此人机接口也是必不可少的。人机接口和机电接口将在本书第 5.3 及 5.4 节重点介绍。

2. 接口设计的要求

不同类型的接口，设计要求有所不同。在这里仅从系统设计的角度讨论微机接口和机械接口设计的各自要求。

（1）微机接口。微机接口通常由接口电路和与之配套的驱动程序组成。能够使被传动的数据实现在电气上、时间上相互匹配的电路称为接口电路，它是接口的骨架；能够完成这种功能的程序称为接口程序，它是完成接口预设值任务的中枢神经，主要完成数据的输入/输出、传送以及可编程接口器件的方式设定，中断方式设定的初始化工作；两者融为一体构成了微机接口。由于微机接口负担着微机和设备之间传输信息的任务，因此，系统要求具有两大特点：一方面能够可靠地传送相应的控制信息，并能够输入相关的状态信息，另一方面能够进行相应的信息转换，以满足系统的输入输出要求。信息转换主要包括以下方面：数字量/模拟量的转换（D/A）；模拟量/数字量转换（A/D）；从数字量转换成脉冲量；电平转换；电量到非电量的转换；弱电到强电的转换以及功率匹配等。具体要求如下：

传感器接口要求传感器与被测机械量信号源具有直接关系，要使标度转换及数学建模精确、可行，传感器与机械本体的连接简单稳固，能克服机械谐波干扰，正确反映对象的被测参数。

变送接口应满足传感器模块的输入信号与微机前向通道电气参数的匹配及远距离信号传输的要求,接口的信号传输要准确、可靠、抗干扰能力强,具有较低的噪声容限;接口的输入阻抗应与传感器的输出阻抗相匹配;接口的输出电平应与微机的电平相一致;接口的输入信号与输出信号的关系应是线性关系,以便于微机进行信号处理。

驱动接口应满足传感器模块的输入信号与微机系统的后向通道在电平上一致,接口的输出端与功率驱动模块的输入端之间不仅电平要匹配还要在阻抗上匹配。另外接口必须采用有效的抗干扰措施,防止功率驱动设备的强电信号窜入微机系统。

(2) 机械传动接口。机械传动接口,如减速器、丝杠螺母等,要求它的连接机构紧凑、轻巧,具有较高的传动精度和定位精度,安装、维修、调整简单方便,刚度好,响应快。

1.3 机电一体化技术的理论基础与关键技术

系统论、信息论、控制论的建立,微电子技术,尤其是计算机技术的迅猛发展引起了科学技术的又一次革命,导致了机械工程的机电一体化。如果说系统论、信息论、控制论是机电一体化技术的理论基础,那么微电子技术、精密机械技术等就是它的技术基础。微电子技术,尤其是微型计算机技术的迅猛发展,为机电一体化技术的进步与发展提供了前提条件。

1.3.1 理论基础

系统论、信息论、控制论无疑是机电一体化技术的理论基础,是机电一体化技术的方法论。

开展机电一体化技术研究时,无论在工程的构思、规划、设计方面,还是在它的实施或实现方面,都不能只着眼于机械或电子,不能只看到传感器或计算机,而是要用系统的观点,合理解决信息流与控制机制问题,有效地综合各有关技术,才能形成所需要的系统或产品。

给定机电一体化系统目的与规格后,机电一体化技术人员利用机电一体化技术进行设计、制造的整个过程称为机电一体化工程。实施机电一体化工程的结果,是新型的机电一体化产品。图 1-4 给出了机电一体化工程的构成因素。

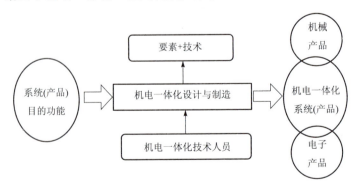

图 1-4 机电一体化工程构成因素

系统工程是系统科学的一个工作领域,而系统科学本身是一门关于"针对目的要求而进行合理的方法学处理"的边缘学科。系统工程的概念不仅包括"系统",即具有特定功能的、相互之间具有有机联系的众多要素所构成的一个整体,也包括"工程",即产生一定效能的方法。机电一体化技术是系统工程科学在机械电子工程中的具体应用。具体地讲,就是以机械电子系统或产品为对象,以数学方法和计算机等为工具,对系统的构成要素、组织结构、信息交换和反馈控制等功能进行分析、设计、制造和服务,从而达到最优设计、最优控制和最优管理的目标,以便充分发挥人力、物力和财力,通过各种组织管理技术,使局部与整体之间协调配合,实现系统的综合最优化。

机电一体化系统是一个包括物质流、能量流和信息流的系统,而有效地利用各种信号所携带的丰富信息资源,则有赖于信号处理和信号识别技术。考察所有机电一体化产品,就会看到准确的信息获取、处理、利用在系统中所起的实质性作用。

将工程控制论应用于机械工程技术而派生的机械控制工程,为机械技术引入了崭新的理论、思想和语言,把机械设计技术由原来静态的、孤立的传统设计思想引向动态的、系统的设计环境,使科学的辩证法在机械技术中得以体现,为机械设计技术提供了丰富的现代设计方法。

1.3.2 关键技术

发展机电一体化技术所面临的共性关键技术包括精密机械技术、传感检测技术、伺服驱动技术、计算机与信息处理技术、自动控制技术、接口技术和系统总体技术等。现代的机电一体化产品甚至还包含了光、声、化学、生物等技术的应用。

1. 机械技术

机械技术是机电一体化的基础。随着高新技术引入机械行业,机械技术面临着挑战和变革。在机电一体化产品中,它不再是单一地完成系统间的连接,而是要优化设计系统结构、质量、体积、刚性和寿命等参数对机电一体化系统的综合影响。机械技术的着眼点在于如何与机电一体化的技术相适应,利用其他高、新技术来更新概念,实现结构上、材料上、性能上以及功能上的变更,满足减少质量、缩小体积、提高精度、提高刚度、改善性能和增加功能的要求。尤其那些关键零部件,如导轨、滚珠丝杠、轴承、传动部件等的材料、精度对机电一体化产品的性能、控制精度影响很大。

在制造过程的机电一体化系统,经典的机械理论与工艺应借助于计算机辅助技术,同时采用人工智能与专家系统等,形成新一代的机械制造技术。这里原有的机械技术以知识和技能的形式存在。如计算机辅助工艺规程编制(CAPP)是目前 CAD/CAM 系统研究的瓶颈,其关键问题在于如何将各行业、企业、技术人员中的标准、习惯和经验进行表达和陈述,从而实现计算机的自动工艺设计与管理。

2. 传感与检测技术

传感与检测装置是系统的感受器官,它与信息系统的输入端相连并将检测到的信息输送到信息处理部分。传感与检测是实现自动控制、自动调节的关键环节,它的功能越强,系统的自动化程度就越高。传感与检测的关键元件是传感器。

机电一体化系统或产品的柔性化、功能化和智能化都与传感器的品种多少、性能好坏密切相关。传感器的发展正进入集成化、智能化阶段。传感器技术本身是一门多学科、知识密集的应用技术。传感原理、传感材料及加工制造装配技术是传感器开发的三个重要方面。

传感器是将被测量（包括各种物理量、化学量和生物量等）变换成系统可识别的、与被测量有确定对应关系的有用电信号的一种装置。现代工程技术要求传感器能快速、精确地获取信息，并能经受各种严酷环境的考验。与计算机技术相比，传感器的发展显得缓慢，难以满足技术发展的要求。不少机电一体化装置不能达到满意的效果或无法实现设计的关键原因在于没有合适的传感器。因此大力开展传感器的研究，对于机电一体化技术的发展具有十分重要的意义。

3. 伺服驱动技术

伺服系统是实现电信号到机械动作的转换装置或部件，对系统的动态性能、控制质量和功能具有决定性的影响。伺服驱动技术主要是指机电一体化产品中的执行元件和驱动装置设计中的技术问题，它涉及设备执行操作的技术，对所加工产品的质量具有直接的影响。机电一体化产品中的伺服驱动执行元件包括电动、气动、液压等各种类型，其中电动式执行元件居多。驱动装置主要是各种电动机的驱动电源电路，目前多由电力电子器件及集成化的功能电路构成。在机电一体化系统中，通常微型计算机通过接口电路与驱动装置相连接，控制执行元件的运动，执行元件通过机械接口与机械传动和执行机构相连，带动工作机械作回转、直线以及其他各种复杂的运动。常见的伺服驱动有电液马达、脉冲油缸、步进电动机、直流伺服电动机和交流伺服电动机等。由于变频技术的发展，交流伺服驱动技术取得突破性进展，为机电一体化系统提供了高质量的伺服驱动单元，极大地促进了机电一体化技术的发展。

4. 信息处理技术

信息处理技术包括信息的交换、存取、运算、判断和决策，实现信息处理的工具大都采用计算机，因此计算机技术与信息处理技术是密切相关的。计算机技术包括计算机的软件技术和硬件技术、网络与通信技术、数据技术等。机电一体化系统中主要采用工业控制计算机（包括单片机、可编程序控制器等）进行信息处理。人工智能技术、专家系统技术、神经网络技术等都属于计算机信息处理技术。

在机电一体化系统中，计算机信息处理部分指挥整个系统的运行。信息处理是否正确、及时，直接影响到系统工作的质量和效率。因此，计算机应用及信息处理技术已成为促进机电一体化技术发展和变革的最活跃的因素。

5. 自动控制技术

自动控制技术范围很广，机电一体化的系统设计是在基本控制理论指导下，对具体控制装置或控制系统进行设计；对设计后的系统进行仿真，现场调试；最后使研制的系统可靠地投入运行。由于控制对象种类繁多，所以控制技术的内容极其丰富，例如高精度定位控制、速度控制、自适应控制、自诊断、校正、补偿、再现、检索等。

随着微型机的广泛应用，自动控制技术越来越多地与计算机控制技术联系在一起，成为机电一体化中十分重要的关键技术。

6. 接口技术

机电一体化系统是机械、电子、信息等性能各异的技术融为一体的综合系统，其构成要素和子系统之间的接口极其重要，主要有电气接口、机械接口、人机接口等。电气接口实现系统间信号联系；机械接口则完成机械与机械部件、机械与电气装置的连接；人机接口提供人与系统间的交互界面。接口技术是机电一体化系统设计的关键环节。

7. 系统总体技术

系统总体技术是一种从整体目标出发，用系统的观点和全局角度，将总体分解成相互有机联系的若干单元，找出能完成各个功能的技术方案，再把功能和技术方案组成方案组进行分析、评价和优选的综合应用技术。系统总体技术解决的是系统的性能优化问题和组成要素之间的有机联系问题，即使各个组成要素的性能和可靠性很好，如果整个系统不能很好协调，系统也很难保证正常运行。

在机电一体化产品中，机械、电气和电子是性能、规律截然不同的物理模型，因而存在匹配上的困难；电气、电子又有强电与弱电及模拟与数字之分，必然遇到相互干扰和耦合的问题；系统的复杂性带来的可靠性问题；产品的小型化增加的状态监测与维修困难；多功能化造成诊断技术的多样性等。因此就要考虑产品整个寿命周期的总体综合技术。

为了开发出具有较强竞争力的机电一体化产品，系统总体设计除考虑优化设计外，还包括可靠性设计、标准化设计、系列化设计以及造型设计等。

机电一体化技术有着自身的显著特点和技术范畴，为了正确理解和恰当运用机电一体化技术，还必须认识机电一体化技术与其他技术之间的区别。

（1）机电一体化技术与传统机电技术的区别。传统机电技术的操作控制主要以电磁学原理为基础的各种电器来实现，如继电器、接触器等，在设计中不考虑或很少考虑彼此间的内在联系。机械本体和电气驱动界限分明，整个装置是刚性的，不涉及软件和计算机控制。机电一体化技术以计算机为控制中心，在设计过程中强调机械部件和电器部件间的相互作用和影响，整个装置在计算机控制下具有一定的智能性。

（2）机电一体化技术与并行技术的区别。机电一体化技术将机械技术、微电子技术、计算机技术、控制技术和检测技术在设计和制造阶段就有机结合在一起，十分注意机械和其他部件之间的相互作用。并行技术是将上述各种技术尽量在各自范围内齐头并进，只在不同技术内部进行设计制造，最后通过简单叠加完成整体装置。

（3）机电一体化技术与自动控制技术的区别。自动控制技术的侧重点是讨论控制原理、控制规律、分析方法和自动系统的构造等。机电一体化技术是将自动控制原理及方法作为重要支撑技术，将自控部件作为重要控制部件。它应用自控原理和方法，对机电一体化装置进行系统分析和性能测算。

（4）机电一体化技术与计算机应用技术的区别。机电一体化技术只是将计算机作为核心部件应用，目的是提高和改善系统性能。计算机在机电一体化系统中的应用仅仅是计算机应用技术中一部分，它还可以作为办公、管理及图像处理等广泛应用。机电一体化技术研究的是机电一体化系统，而不是计算机应用本身。

1.4 机电一体化产品

机电一体化技术和产品（系统）的应用范围非常广泛，几乎涉及人们生产生活的所有领域。机电一体化产品种类繁多，且仍在不断发展，分类标准也就各异，目前大致可有以下几种分类方法。

1.4.1　按产品功能分类

机电一体化产品按功能可分为以下几类。

1. 数控机械类

数控机械类产品的特点是执行机构为机械装置，主要有数控机床、工业机器人、发动机控制系统及自动洗衣机等产品。

2. 电子设备类

电子设备类产品的特点是执行机构为电子装置，主要有电火花加工机床、线切割加工机床、超声波缝纫机及激光测量仪等产品。

3. 机电结合类

机电结合类产品的特点是执行机构为机械和电子装置的有机结合，主要有CT扫描仪、自动售货机、自动探伤机等产品。

4. 电液伺服类

电液伺服类产品的特点是执行机构为液压驱动的机械装置，控制机构为接收电信号的液压伺服阀。主要产品是机电一体化的伺服装置。

5. 信息控制类

信息控制类产品的特点是执行机构的动作完全由所接收的信息控制，主要有磁盘存储器、复印机、传真机及录音机等产品。

1.4.2　按机电结合程度和形式分类

机电一体化产品还可根据机电技术的结合程度分为功能附加型、功能替代型和机电融合型三类。

1. 功能附加型

在原有机械产品的基础上，采用微电子技术，使产品功能增加和增强，性能得到适当的提高。如经济型数控机床、数显量具、全自动洗衣机等。

2. 功能替代型

采用微电子技术及装置取代原产品中的机械控制功能、信息处理功能或主功能，使产品结构简化，性能提高，柔性增加。如自动照相机、电子石英表、线切割加工机床等。

3. 机电融合型

根据产品的功能和性能要求及技术规范，采用专门设计的或具有特定用途的集成电路来实现产品中的控制和信息处理等功能，因而使产品结构更加紧凑，设计更加灵活，成本进一步降低。复印机、摄像机、CNC数控机床等都是这一类机电一体化产品。

1.4.3　按产品用途分类

当然，如果按用途分类，机电一体化产品又可分为机械制造业机电一体化设备、电子器件及产品生产用自动化设备、军事武器及航空航天设备、家庭智能机电一体化产品、医学诊断及治疗机电一体化产品，以及环境、考古、探险、玩具等领域的机电一体化产品等。

1.5 机电一体化的现状与发展前景

机电一体化技术是其他高新技术发展的基础，机电一体化的发展依赖于其他相关技术的发展，可以预料，随着信息技术、材料技术、生物技术等新兴学科的高速发展，在数控机床、机器人、微型机械、家用智能设备、医疗设备、现代制造系统等产品及领域，机电一体化技术将得到更加蓬勃的发展。

1.5.1 机电一体化的发展现状

机电一体化技术的发展大体上可以分为三个阶段。

1. 初级阶段

二十世纪六十年代以前为第一阶段，这一阶段称为初级阶段。在这一时期，人们自觉或不自觉地利用电子技术的初步成果来完善机械产品的性能。第二次世界大战直接刺激了机械产品与电子技术的结合，这些机电结合的军工技术，战后转为民用，对经济的恢复起了积极的作用。由于当时电子技术的发展尚未达到一定水平，机械技术与电子技术的结合还不可能广泛和深入发展，已经开发的产品也无法大量推广。

2. 蓬勃发展阶段

二十世纪七八十年代为第二阶段，可称为蓬勃发展阶段。这一时期，计算机技术、控制技术、通信技术的发展，为机电一体化的发展奠定了技术基础。大规模、超大规模集成电路和微型计算机的迅速发展，为机电一体化的发展提供了充分的物质基础。这个时期的特点是机电一体化概念逐步形成并得到比较广泛的承认，机电一体化技术和产品得到极大发展，世界各国开始对机电一体化和产品给予很大的关注和支持。

3. 初步智能化阶段

二十世纪九十年代后期，机电一体化技术开始了向智能化方向迈进的新阶段。一方面，光学、通信技术等进入了机电一体化，精细加工技术也在机电一体化中崭露头角，出现了光机电一体化和微机电一体化等新分支；另一方面，对机电一体化系统的建模设计、分析和集成方法，机电一体化的学科体系和发展趋势都进行着深入研究。在工业发达国家，人们已经认识到，先进机电系统的设计、制造和运行，将属于那些懂得怎样去优化机械和电子系统之间联系的人。在这些系统中，信息将起到至关重要的作用；人工智能、专家系统、智能机器人将构成未来机电一体化系统的驱动、监测、控制和诊断的主导技术。随着人工智能、神经网络及光纤技术等领域取得的巨大进步，为机电一体化技术开辟了广阔的发展天地。这些研究将促使机电一体化进一步建立完整的基础和逐渐形成完整的科学体系。

由于机电一体化技术对现代工业和技术发展具有巨大的推动力，因此世界各国均将其作为工业技术发展的重要战略之一。二十世纪八十年代初，我国成立了机电一体化领导小组并将机电一体化技术列入《高技术研究发展计划纲要》即"八六三"计划中。二十世纪九十年代，我国把机电一体化技术列为重点发展的十大高新技术产业之一。在制定"九五"规划和2010年发展纲要时，充分考虑国际上关于机电一体化技术的发展动向和由此可能带来的影响,在利用机电一体化技术开发新产品和改造传统产业结构及装备方面都有明显进展,取得了一定的成果,但与日、美、德等先进国家相比仍有较大差距。

任何一门科学都是由基础理论技术和工程系统组成的完整体系。机电一体化在技术和工程系统方面已有很大发展,但在基础理论方面尚在发展之中,还很不完备。

1.5.2 机电一体化的发展趋势

机电一体化是集机械、电子、光学、控制、计算机、信息等多学科的交叉融合,它的发展和进步依赖并促进相关技术的发展和进步。因此,机电一体化的主要发展方向如下。

1. 智能化

智能化是机电一体化技术的一个重要发展方向。这里所说的"智能化"是对机器行为的描述,是在控制理论的基础上,吸收人工智能、运筹学、计算机科学、模糊数学、心理学、生理学和混合动力学等新思想、新方法,模拟人类智能,使它具有判断推测、逻辑思维、自主决策等能力,以求得到更高的控制目标。诚然,使机电一体化产品具有与人类完全相同的智能是不可能的,但高性能、高速度微处理器可以使机电一体化产品被赋予低级智能或人的部分智能。

2. 模块化

机电一体化产品的种类和生产厂家繁多,研制和开发具有标准机械接口、电气接口、动力接口、环境接口的机电一体化产品单元是一项十分复杂而又是非常重要的事。研制集减速、智能调速、电动机于一体的动力单元,具有视觉、图像处理、识别和测距等功能的控制单元,以及各种能完成典型操作的机械装置等标准单元能够迅速开发出新的产品,同时也可以扩大生产规模。标准的制定对于各种部件、单元的匹配和接口是非常重要和关键的,这项工作由于牵扯面广目前还有待进一步协调。无论是对生产标准机电一体化单元的企业,还是对生产机电一体化产品的企业,模块化都将对其带来好处。

3. 网络化

网络技术的兴起和飞速发展给科学技术、工业生产、政治、军事、教育以及人们日常生活都带来了巨大变革。各种网络将全球经济、生产连成一片,企业间的竞争也日益全球化。由于网络的普及,基于网络的各种远程控制和监视技术方兴未艾,而远程控制的终端设备就是机电一体化产品。现场总线和局域网技术使家用电器网络化成为大势所趋,这使得人们在家里能充分享受各种高技术带来的便利和快乐。机电一体化产品无疑正朝着网络化方向发展。

4. 微型化

微型化指的是机电一体化向微型化和微观领域发展的趋势。国外将其称为微电子机械系统(MEMS)或微机电一体化系统,泛指几何尺寸不超过1立方厘米的机电一体化产品,并向微米至纳米级发展。微机电一体化产品具有轻、薄、小、巧的特点,在生物医疗、军事、信息等方面具有不可比拟的优势。微机电一体化发展的瓶颈在于微机械技术。微机电一体化产品的加工采用精细加工技术,即超精密技术,包括光刻技术和蚀刻技术。

5. 绿色环保化

机电一体化产品的绿色环保化主要是指使用时不污染生态环境,可回收利用,无公害。

工业的发达给人们带来了巨大的变化。一方面，物质丰富，生活舒适；另一方面资源减少，生态遭受到严重的污染。于是，人们呼吁保护环境资源，绿色产品应运而生，绿色化成为时代趋势。绿色产品在其设计、制造、使用和销毁的生命周期中，符合特定的环境保护和人类的健康要求，对生态环境无害或危害极少，资源利用率最高。

6. 人性化

未来的机电一体化更加注重产品与人类的关系，机电一体化产品的最终使用对象是人，如何赋予机电一体化产品人的智能、感情、人性显得越来越重要，特别是对家用机器人，其高层境界就是人机一体化。另外，模仿生物生理，研制各种机电一体化产品也是机电一体化产品人性化的体现之一。

7. 集成化

集成化既包括各种分技术的相互渗透、相互融合和各种产品不同结构的优化与复合，又包括在生产过程中同时处理加工、装配、检测、管理等多种工序。

小结

1. 机电一体化是在机械主功能、动力功能、信息功能和控制功能上引进微电子技术，并将机械装置与电子装置用相关软件有机结合而构成系统的总称。
2. 机电一体化系统一般由机械本体、传感检测、执行机构、控制及信息处理、动力系统等五部分组成。
3. 接口的分类
（1）根据接口的变换和调整功能特征分为：零接口、被动接口、主动接口、智能接口。
（2）根据接口的输入/输出功能的性质分为：信息接口、机械接口、物理接口、环境接口。
4. 机电一体化技术关键技术包括精密机械技术、传感检测技术、伺服驱动技术、计算机与信息处理技术、自动控制技术、接口技术和系统总体技术等。
5. 机电一体化的发展趋势：智能化、模块化、网络化、微型化、绿色环保化、人性化、集成化。

思考与练习1

1-1 机电一体化系统的基本功能要素有哪些？功能各是什么？
1-2 试述机电一体化产品接口的分类方法。
1-3 列举各行业机电一体化产品的应用实例，并分析各产品中相关技术应用情况。
1-4 为什么说机电一体化技术是其他技术发展的基础？举例说明。

项目工程1：典型机电一体化系统——四自由度机器人认识

一、工业机器人概况

工业机器人作为最典型的机电一体化产品，几乎具有机电一体化系统的所有特点，它是一种可编程的智能型自动化设备，是应用计算机进行控制的替代人进行工作的高度自动化系统。最近，联合国标准化组织采用的机器人的定义是："一种可以反复编程的多功能的、用来搬运材料、零件、工具的操作机"。在无人参与的情况下，工业机器人可以自动按不同轨迹、不同运动方式完成规定动作和各种任务。机器人和机械手的主要区别是：机械手是没有自主能力，不可重复编程，只能完成定位点不变的简单的重复动作；机器人是由计算机控制的，可重复编程，能完成任意定位的复杂运动。

机器人是从初级到高级逐步完善起来的，它的发展过程可以分为三代：

第一代机器人是目前工业中大量使用的示教再现型机器人，它主要由夹持器、手臂、驱动器和控制器组成。它的控制方式比较简单，应用在线编程，即通过示教存储信息，工作时读出这些信息，向执行机构发出指令，执行机构按指令再现示教的操作。

第二代机器人是带感觉的机器人，它具有一些对外部信息进行反馈的能力，诸如力觉、触觉、视觉等。其控制方式较第一代机器人要复杂得多，这种机器人从1980年以来进入实用阶段。

第三代机器人是智能机器人，目前还没有一个统一和完善的智能机器人定义。国外文献中对它的解释是"可动自治装置，能理解指示命令，感知环境，识别对象，计划其操作程序以完成任务"。这个解释基本上反映了现代智能机器人的特点。近年来，智能机器人发展非常迅速，如机器人竞技、机器人探险等。

二、工业机器人的结构

工业机器人一般由主构架（手臂）、手腕、驱动系统、测量系统、控制器及传感器等组成。图1-5是工业机器人的典型结构。机器人手臂具有3个自由度（运动坐标轴），机器人作业空间由手臂运动范围决定。手腕是机器人工具（如焊枪、喷嘴、机加工刀具、夹爪）与主构架的连接机构，它具有3个自由度。驱动系统为机器人各运动部件提供力、力矩、速

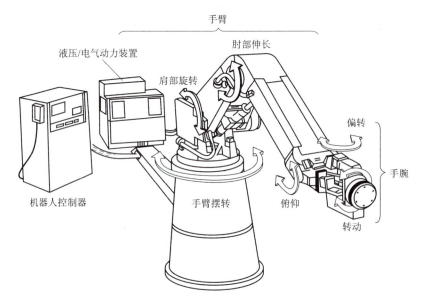

图1-5 工业机器人的典型结构

度、加速度。测量系统用于机器人运动部件的位移、速度和加速度的测量。控制器（RC）用于控制机器人各运动部件的位置、速度和加速度，使机器人手爪或机器人工具的中心点以给定的速度沿着给定轨迹到达目标点。通过传感器获得搬运对象和机器人本身的状态信息，如工件及其位置的识别，障碍物的识别，抓举工件的质量是否过载等。

工业机器人运动由主构架和手腕完成，主构架具有3个自由度，其运动由两种基本运动组成，即沿着坐标轴的直线移动和绕坐标轴的回转运动。不同运动的组合，形成各种类型的机器人（如图1-6所示）：① 直角坐标型（如图1-6（a）是三个直线坐标轴）；② 圆柱坐标型（如图1-6（b）是两个直线坐标轴和一个回转轴）；③ 球坐标型（如图1-6（c）是一个直线坐标轴和两个回转轴）；④ 关节型（如图1-6（d）是三个回转轴关节和1-6（e）是三个平面运动关节）。

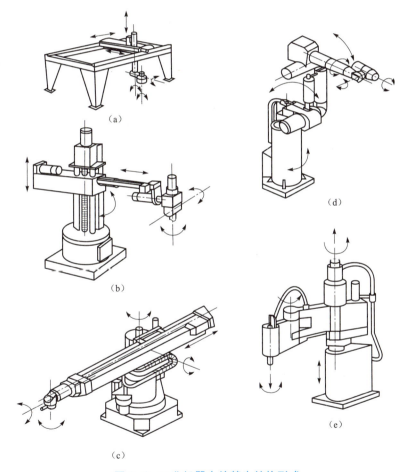

图1-6 工业机器人的基本结构形式

（a）直角坐标型；（b）圆柱坐标型；（c）球坐标型；（d）多关节型；（e）平面关节型

三、工业机器人的应用

目前，工业机器人主要应用在汽车制造、机械制造、电子器件、集成电路、塑料加工等较大规模生产企业。下面介绍几种机器人的典型应用。

1. 汽车制造领域

汽车制造生产线中的点焊和喷漆工作量极大,且要求有较高的精度和质量,由于采用传送带流水作业,速度快,上下工序要求严格,所以采用焊接机器人和喷漆机器人作业可保证质量和提高效率。图 1-7 是一个喷漆机器人系统示意图。喷漆机器人的运动是采用空间轨迹运动控制方式。图 1-8 是一个焊接机器人系统的示意图。焊接机器人还分成采用点位控制的点焊机器人和轨迹控制的焊接机器人两种。

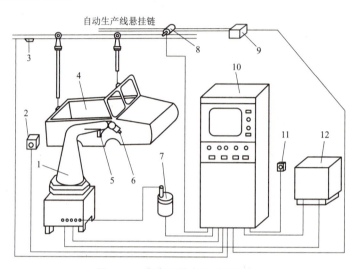

图 1-7 喷漆机器人系统示意图

1—操作机;2—识别装置;3—外启动;4—喷漆工件;5—示教手把;6—喷枪;7—漆罐;
8—外同步控制;9—生产线停线控制;10—控制系统;11—遥控急停开关;12—油源

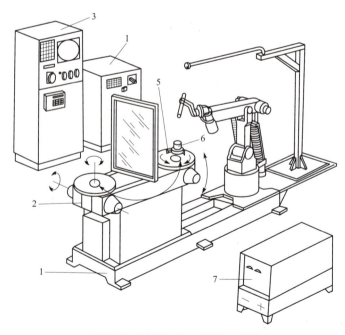

图 1-8 焊接机器人系统示意图

1—总机座;2,6—轴旋转换位器;3、4—控制装置;5—工件夹具;6—工件;7—焊接电源

2. 机械制造领域

机械制造企业的柔性制造系统采用搬运机器人搬运物料、工件和工具，装配机器人完成设备的零件装配，测量机器人进行在线或离线测量。

如图 1-9 所示是两台机器人用于自动装配的情况，主机器人是一台具有 3 个自由度，且带有触觉传感器的直角坐标机器人，它抓取第 1 号零件，并完成装配动作，辅助机器人仅有一个回转自由度，它抓取第 2 号零件，1 号和 2 号零件装配完成后，再由主机械手完成与 3 号零件的装配工作。

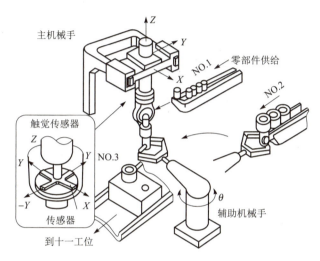

图 1-9　机器人用于零件装配

如图 1-10 所示是一教学型 FMS，由一台 CNC 车床，一台 CNC 铣床，工件传送带，料仓，两台关节型机器人和控制计算机组成。两台机器人在 FMS 中服务，一台机器人服务于加工设备和传送带之间，为车床和铣床装卸工件；另一台位于传送带和料仓之间，负责上下料。

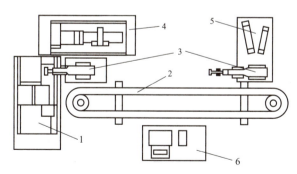

图 1-10　机器人上下料

1—CNC 铣床；2—传送带；3—机器人；4—CNC 车床；5—料仓；6—中央处理器

在电路板生产流水线一般使用插装机器人完成器件的查找、搬运和装配，如图 1-6（e）就是插装机器人的典型结构，它主要有搬运器件的手臂的摆动和抓取插装过程的上下运动两个动作。

3. 其他领域

机器人在其他领域应用也非常广泛,如,工业机器人可以取代人去处理一些如放射线、火灾、海洋、宇宙等环境的危险作业,如 2004 年 1 月 4 日美国"勇气"号火星探测机器人实现了人类登陆火星的梦想(图 1-11 为"勇气"号的图片)。

图 1-11 "勇气"号火星探测器

单元二

机电一体化机械技术

A. 教学目标

1. 了解机电一体化系统的功能组成、构成要素、机械执行机构
2. 掌握机电一体化系统的机械传动机构、机械支承结构
3. 重点掌握机电一体化系统的机械运动要求、螺旋传动、机械导向结构和支承件的设计原则

B. 引言

本单元主要从机械传动机构、机械导向结构、机械支承结构、机械执行机构四个方面介绍机电一体化设备中常用的机械传动系统，再通过项目工程"MPS模块化生产加工系统"进行实训，让学生掌握四大机构工作原理，加深对知识的理解。

2.1 概 述

机械是由机械零件组成的，能够传递运动并完成某些有效工作的装置。机械由输入部分、转换部分、传动部分、输出部分及安装固定部分等组成。通用的传递运动的机械零件有齿轮、齿条、蜗轮、蜗杆、带、带轮、曲柄和凸轮等。两个零件互相接触并相对运动，就形成了运动副，由若干运动副组成的具有确定运动的装置称为机构。就传动而言，机构就是传动链，从系统动力学方面来考虑，传动链越短越好，这有利于实现系统整体最佳目标。在必须保留一定的传动件时，在满足强度和刚度的前提下，应力求传动件"轻、薄、细、小、巧"，这就要求采用特种材料和特种加工工艺。

2.1.1 机械运动与机构

把某一物体看作一个质点时，其运动可以分为平面运动、螺旋运动、球面运动等。平面运动是指与某一平面平行移动的运动，包括旋转运动和线运动。旋转运动是指以平面为轴，并与该平面轴保持一定距离的平面运动；线运动是指在平面上沿直线或曲线移动的运动，前者称为直线运动，后者称为曲线运动。螺旋运动是指物体在围绕某一轴线做旋转运动的同时，还沿着该轴线做直线运动。球面运动是指物体在与圆心保持一定距离的球面上移动的运动。物体当其不受外力作用时，在平面上将处于静止状态或匀速运动；在外力作用下，物体将会产生加速度。根据所施外力的不同，物体的运动可分为等速运动、不等速运动和间歇运

动等。等速运动可分为单方向运动和往复运动,而加速运动就是一种不等速运动,间歇运动则是指每隔一定时间自行停止的运动。

机电一体化产品的运动包括沿特定轴旋转的旋转运动、沿规定直线的直线运动以及平面运动等,比如机器人和数控机床等。一台机械要由若干零件组成,在构成机械的各种部件中使用了各种通用的零件,就是所谓的机械零件。具有代表性的主要机械零件可分为紧固零件、传动零件和支撑零件。多种机械零件的有机组合就构成了机构。当机构中的一个零件产生运动时,机构中的其他零件将对应产生一定的运动。连杆机构、凸轮机构、间歇机构是机械中最常用的三种机构。牛头刨床就是利用连杆机构原理把做旋转运动的摆杆曲柄机构变换成做往复直线运动的滑块曲柄机构来进行刨削的。汽车发动机则是利用凸轮机构的不同形状来改变直线运动的行程,从而来提高燃烧效率的控制。装配生产线的间歇运动以及旋转平台的分度则靠的是利用间歇机构把原轴的连续旋转运动断续地传递到从轴,使从轴实现间歇性的往复运动。

2.1.2 机电一体化中的机械系统及其基本要求

机电一体化系统的机械结构主要包括执行机构、传动机构和支承部件。在机械系统设计时,除考虑一般机械设计要求外,还必须考虑机械结构因素与整个伺服系统的性能参数、电气参数的匹配,以获得良好的伺服性能。概括地讲,机电一体化机械系统应主要包括如下三大部分机构。

1. 传动机构

机电一体化机械系统中的传动机构不仅仅是转速和转矩的变换器,而且已成为伺服系统的一部分,它要根据伺服控制的要求进行选择设计,以满足整个机械系统良好的伺服性能。因此传动机构除了要满足传动精度的要求,而且还要满足小型、轻量、高速、低噪声和高可靠性的要求。

2. 导向及支承机构

导向及支承机构的作用是对机械结构保证一个良好导向和支承性能,为机械系统中各运动装置能安全、准确地完成其特定方向的运动提供保障,一般指导轨、轴承等。

3. 执行机构

执行机构是用以完成操作任务的直接装置。执行机构根据操作指令的要求在动力源的带动下,完成预定的操作。一般要求它具有较高的灵敏度、精确度,良好的重复性和可靠性。由于计算机的强大功能,使传统作为动力源的电动机发展为具有动力、变速与执行等多重功能的伺服电动机,从而大大地简化了传动和执行机构。

除以上三部分外,机电一体化系统的机械部分通常还包括机座、支架、壳体等。

传统机械系统一般是由动力件、传动件、执行件三部分加上电气、液压和机械控制等部分组成,而机电一体化中的机械系统是由计算机协调和控制的,用于完成包括机械力、运动和能量流等动力学任务的机械和(或)机电部件相互联系的系统组成。其核心是由计算机控制的,包括机、电、液、光、磁等技术的伺服系统。这就对执行器提出了更高的要求,存在机械装置、执行器及驱动器之间的协调与匹配问题。

从总体上讲,机电一体化中的机械系统除了满足一般机械设计的要求外,还必须满足以下几种特殊要求。

1. 高精度

精度是机电一体化产品的重要性能指标，对其机械系统设计主要是执行机构的位置精度，其中包括结构变形、轴系误差和传动误差，另外还要考虑温度变化的影响。

2. 小惯量

传动件本身的转动惯量会影响系统的响应速度及系统的稳定性。大惯量会使机械负载增大、系统响应速度变慢、灵敏度降低，使系统固有频率下降，容易产生谐振；使电气驱动部分的谐振频率变低，阻尼增大。反之，小惯量则可使控制系统的带宽做得比较宽，快速性比较好、精度比较高，同时还有利于减小用于克服惯性载荷的伺服电动机的功率，提高整个系统的稳定性、动态响应和精度。

3. 大刚度

机电一体化机械系统要有足够的刚度，弹性变形要限制在一定范围之内。弹性变形不仅影响系统精度，而且影响系统结构的固有频率、控制系统的带宽和动态性能。

机电一体化机械系统设计一样有传动设计和结构设计部分，只是由于机电一体化的特征决定了在机械系统设计过程中有它自身的特点。

（1）机械传动设计的特点。机械传动设计的任务是把动力机产生的机械能传递到执行机构上去，机电一体化系统中机械传动系统的设计就是面向机电伺服系统的伺服机械传动系统设计。根据机电有机结合的原则，机电一体化系统中采用了调速范围大、可无级调速的控制电动机，从而节省了大量用于进行变速和换向的齿轮、轴承和轴类零件，减少了产生误差的环节，提高了传动效率，因此使机械传动设计也得到了简化，机械传动方式也由传统的串联和并联方式的传动方式（即每一个机械传动都由单独的控制电动机、传动机构和执行机构组成的子系统来完成）变为各个运动之间的传动关系由计算机来统一协调和控制。因此机电一体化机械传动系统具有传动链短、转动惯量小、线性传递、无间隙传递等设计特点。

（2）机械结构设计的特点。机电一体化的机械结构属于传统机械技术的范畴，在满足伺服系统对其稳、准、快要求的前提下，从整体上说应逐步向精密化、高速化、小型化和轻量化的方向发展。因此在进行结构设计时应综合考虑各个零部件的制造、安装精度，结构刚度，稳定性以及动作的灵敏性和易控性。对具体零部件的设计提出了更高、更严的要求。例如，采用合理的截面形状和尺寸；采用新材料和钢板焊接结构来提高支承件的静刚度。

2.2　机械传动机构

机电一体化机械系统应具有良好的伺服性能，从而要求传动机构满足以下几个方面：转动惯量小、刚度大、阻尼合适，此外还要求摩擦小、抗振性好、间隙小，特别是其动态特性与伺服电动机等其他环节的动态特性相匹配。

常用的机械传动部件有齿轮传动、带传动、链传动、螺旋传动以及各种非线性传动部件等。其主要功能是传递转矩和转速。因此，它实质上是一种转矩、转速变换器。

2.2.1 齿轮传动

齿轮传动是应用非常广泛的一种机械传动，各种机床中传动装置几乎都离不开齿轮传动。在数控机床伺服进给系统中采用齿轮传动装置的目的有两个：一是将高转速低转矩的伺服电动机（如步进电动机、直流或交流伺服电动机等）的输出，改变为低转速大转矩的执行件的输出；二是使滚珠丝杠和工作台的转动惯量在系统中占有较小的比重。此外，对开环系统还可以保证所要求的精度。

提高传动精度的结构措施有以下几种。

（1）适当提高零部件本身的精度。

（2）合理设计传动链，减少零部件制造、装配误差对传动精度的影响。首先，合理选择传动形式；其次，合理确定级数和分配各级传动比；最后，合理布置传动链。

（3）采用消隙机构，以减少或消除空程。

由于数控设备进给系统经常处于自动变向状态，反向时如果驱动链中的齿轮等传动副存在间隙，就会使进给运动的反向滞后于指令信号，从而影响其驱动精度。因此必须采取措施消除齿轮传动中的间隙，以提高数控设备进给系统的驱动精度。

由于齿轮在制造中不可能达到理想齿面的要求，总是存在着一定的误差，因此两个啮合着的齿轮，总应有微量的齿侧隙才能使齿轮正常地工作。以下介绍的几种消除齿轮传动中侧隙的措施，都是在实践中行之有效的。

1. 圆柱齿轮传动

（1）偏心轴套调整法。图2-1所示为简单的偏心轴套式间隙结构。电动机1是通过偏心轴套2装到壳体上，通过转动偏心轴套的转角，就能够方便地调整两啮合齿轮的中心距，从而消除了圆柱齿轮正、反转时的齿侧隙。

（2）锥度齿轮调整法。图2-2是用带锥度齿轮的消除间隙结构。在加工齿轮1和2时，将假想的分度圆柱面改变成带有小锥度的圆锥面，使其齿厚在齿轮的轴向稍有变化（其外形类似于插齿刀）。装配时只要改变垫片3的厚度就能调整两个齿轮的轴向相对位置，从而消除了齿侧间隙。但如增大圆锥面的角度，则将使啮合条件恶化。以上两种方法的特点是结构简单，但齿侧隙调整后不能自动补偿。

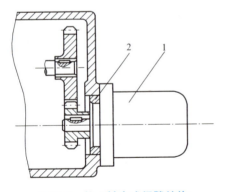

图 2-1　偏心轴套式间隙结构

1—电动机；2—偏心轴套

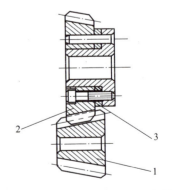

图 2-2　带锥度齿轮的消除间隙结构

1，2—齿轮；3—垫片

（3）双向薄齿轮错齿调整法。采用这种消除齿侧隙的一对啮合齿轮中，其中一个是宽齿轮，另一个由两相同齿数的薄片齿轮套装而成，两薄片齿轮可相对回转。装配后，应使一个薄片齿轮的齿左侧和另一个薄片齿轮的齿右侧分别紧贴在宽齿轮的齿槽左、右两侧，这样错齿后就消除了齿侧隙，反向时不会出现死区。图 2-3 为圆柱薄片齿轮可调拉簧错齿调整结构。

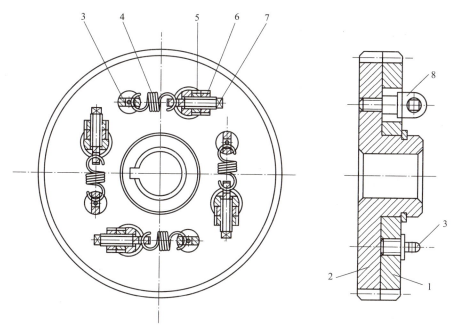

图 2-3　圆柱薄片齿轮可调拉簧错齿调整结构

1, 2—齿轮；3, 8—凸耳；4—弹簧；5, 6—螺母；7—螺钉

在两个薄片齿轮 1 和 2 的端面均匀分布着四个螺孔，分别装上凸耳 3 和 8。齿轮 1 的端面还有另外四个通孔，凸耳 8 可以在其中穿过。弹簧 4 的两端分别钩在凸耳 3 和调整螺钉 7 上，通过螺母 5 调节弹簧 4 的拉力，调节完毕用螺母 6 锁紧。弹簧的拉力使薄片齿轮错位，即两个薄片齿轮的左右齿面分别紧贴在宽齿轮齿槽的左右齿面上，从而消除了齿侧间隙。

2. 斜齿轮传动

斜齿轮传动齿侧隙的消除方法基本上与上述错齿调整法相同，也是用两个薄片齿轮和一个宽齿轮啮合，只是在两个薄片斜齿轮的中间隔开一小段距离，这样它的螺旋线便错开了。图 2-4 是垫片错齿调整法，薄片齿轮由平键和轴连接，互相不能相对回转。斜齿轮 1 和 2 的齿形拼装在一起加工。装配时，将垫片厚度增加或减少 Δt，然后再用螺母拧紧。这时两齿轮的螺旋线就产生了错位，其左右两齿面分别与宽齿轮的齿面贴紧，从而消除了间隙。垫片厚度的增减量 $\Delta t = \Delta \cos \beta$；其中 Δ 为齿侧间隙，β 为斜齿轮的螺旋角。

垫片的厚度通常由试测法确定，一般要经过几次修磨才能调整好，因而调整较费时，且齿侧隙不能自动补偿。

图 2-5 是轴向压簧错齿调整法，其特点是齿侧隙可以自动补偿，但轴向尺寸较大，结构不紧凑。

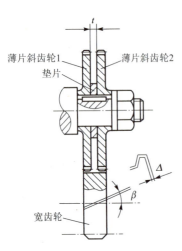 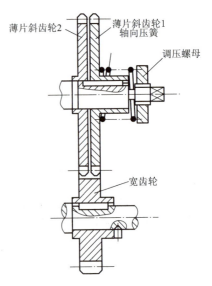

图 2-4　斜齿薄片齿轮垫片错齿调整法　　图 2-5　斜齿薄片齿轮轴向压簧错齿调整法

2.2.2　带传动

1. 普通带传动

带传动是利用张紧在带轮上的带，靠它们之间的摩擦或啮合，在两轴（或多轴）间传递运动或动力，见图 2-6。根据传动原理不同，带传动可分为摩擦型和啮合型两大类，常见的是摩擦带传动。摩擦带传动根据带的截面形状分为平带、V 带、多楔带和圆带等。

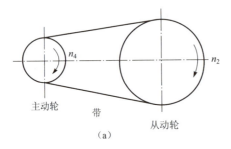 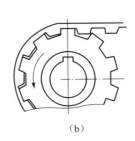

图 2-6　带传动的形式
（a）摩擦型带传动；（b）啮合型带传动

靠摩擦工作的带传动，其优点是：(1) 因带是弹性体，能缓和载荷冲击，运行平稳无噪声；(2) 过载时将引起带在带轮上打滑，因而可防止其他零件损坏；(3) 制造和安装精度不像啮合传动那样严格；(4) 可增加带长以适应中心距较大的工作条件（可达 15 m）。其缺点是：(1) 带与带轮的弹性滑动使传动比不准确，效率较低，寿命较短；(2) 传递同样大的圆周力时，外廓尺寸和轴上的压力都比啮合传动大；(3) 不宜用于高温、易燃等场合。

由于传动带的材料不是完全的弹性体，因此带在工作一段时间后会发生伸长而松弛，张紧力降低。因此，带传动应设置张紧装置，以保持正常工作。常用的张紧装置有三种。

(1) 定期张紧装置：调节中心距使带重新张紧。如图 2-7（a）所示，为一移动定期张紧装置。将装有带轮的电动机安装在滑轨 1 上，需调节带的拉力时，松开螺母 2，旋转调节螺钉改变电动机位置，然后固定。这种装置适合两轴处于水平或倾斜不大的传动。图 2-7（b）为摆动架和调节螺杆定期张紧装置。将装有带轮的电动机固定在可以摆动的机座上，通过机座绕一定轴旋转使带张紧。这种装置适合垂直的或接近垂直的传动。

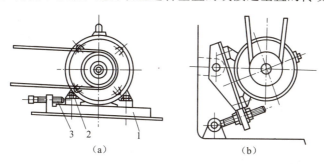

图 2-7　带的定期张紧装置

（a）移动式；（b）摆动式

1—滑轨；2—螺母；3—调节螺钉

（2）自动张紧装置：常用于中小功率的传动。图 2-8 所示是将装有带轮的电动机安装在摆架上，而利用电动机和摆架的重量，自动保持张紧力。

（3）使用张紧轮的张紧装置：当中心距不能调节时，可使用张紧轮把带张紧，如图 2-9 所示。张紧轮一般应安装在松边内侧，使带只受单向弯曲，以减少寿命的损失；同时张紧轮还应尽量靠近大带轮，以减少对包角的影响。张紧轮的使用会降低带轮的传动能力，在设计时应适当考虑。

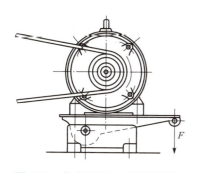

图 2-8　电动机的自动张紧装置

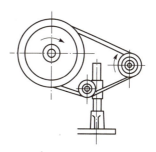

图 2-9　张紧轮装置

2. 同步齿形带传动

同步齿形带传动，是一种新型的带传动，如图 2-10 所示，它利用齿形带的齿形与带轮的轮齿依次相啮合传动运动和动力，因而兼有带传动、齿轮传动及链传动的优点，即无相对滑动，平均传动比准确，传动精度高，而且齿形带的强度高、厚度小、质量轻，故可用于高速传动；齿形带无须特别张紧，故作用在轴和轴承等上的载荷小，传动效率高，在数控机床上亦有应用。

图 2-10　同步齿形带传动

2.2.3 齿轮齿条传动机构

在机电一体化产品中，对于大行程传动机构往往采用齿轮齿条传动，因为其刚度、精度和工作性能不会因行程增大而明显降低，但它与其他齿轮传动一样也存在齿侧间隙，应采取消隙措施。

当传动负载小时，可采用双片薄齿轮错齿调整法，使两片薄齿轮的齿侧分别紧贴齿条的齿槽两相应侧面，以消除齿侧间隙。

当传动负载大时，可采用双齿轮调整法。如图2-11所示，小齿轮1、6分别与齿条7啮合，与小齿轮1、6同轴的大齿轮2、5分别与齿轮3啮合，通过预载装置4向齿轮3上预加负载，使大齿轮2、5同时向两个相反方向转动，从而带动小齿轮1、6转动，其齿便分别紧贴在齿条7上齿槽的左、右侧，消除了齿侧间隙。

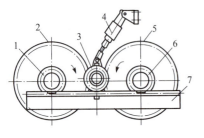

图2-11 双齿轮调整

1、6—小齿轮；2、5—大齿轮；3—齿轮；4—预载装置；7—齿条

2.2.4 螺旋传动

螺旋传动是机电一体化系统中常用的一种传动形式，根据螺旋传动的运动方式可以分为两大类：一类是滑动摩擦式螺旋传动，它是将联结件的旋转运动转化为被执行机构的直线运动，如机床的丝杠和与工作台连接的螺母；另一类是滚动摩擦式螺旋传动，它是将滑动摩擦转换为滚动摩擦，完成旋转运动，例如滚珠丝杠螺母副。

1. 滑动螺旋传动

螺旋传动是机电一体化系统中常用的一种传动形式。它是利用螺杆与螺母的相对运动，将旋转运动变为直线运动。滑动螺旋传动具有传动比大、驱动负载能力强和自锁等特点。主要特点参考表2-1。

表2-1 滑动螺旋传动的主要特点

特点	说 明
降速传动比大	螺杆（或螺母）转动一转，螺母（或螺杆）移动一个螺距（单头螺纹）。因为螺距一般很小，所以在转角很大的情况下，能获得很小的直线位移量，可以大大缩短机构的传动链，因而螺旋传动结构简单、紧凑，传动精度高，工作平稳
具有增力作用	只要给主动件（螺杆）一个较小的输入转矩，从动件即能得到较大的轴向力输出，因此带负载能力较强
能自锁	当螺旋线升角小于摩擦角时，螺旋传动具有自锁作用
效率低、磨损快	由于螺旋工作面为滑动摩擦，致使其传动效率低（约30%~40%），磨损快，因此不适高速和大功率传动

（1）滑动螺旋传动的形式及应用。

① 螺母固定，螺杆转动并移动。如图2-12（a）所示，这种传动形式的螺母本身就起

着支承作用，从而简化了结构，消除了螺杆与轴承之间可能产生的轴向窜动，容易获得较高的传动精度。缺点是所占轴向尺寸较大（螺杆行程的两倍加上螺母高度），刚性较差。因此仅适用于行程短的情况。

② 螺杆转动，螺母移动。如图 2-12（b）所示，这种传动形式的特点是结构紧凑（所占轴向尺寸取决于螺母高度及行程大小），刚度较大。适用于工作行程较长的情况。

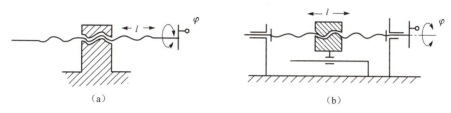

图 2-12　滑动螺旋传动的基本形式

③ 差动螺旋传动。除上述两种基本传动形式外，还有一种螺旋传动——差动螺旋传动。其原理如图 2-13 所示。

设螺杆 3 左、右两段螺纹的旋向相同，且导程分别为 P_{h1} 和 P_{h2}。当螺杆转动 φ 角时，可动螺母 2 的移动距离为

$$l = \frac{\varphi}{2\pi}(P_{h1} - P_{h2}) \tag{2-1}$$

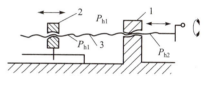

图 2-13　差动螺旋原理
1，2—螺母；3—螺杆

如果 P_{h1} 与 P_{h2} 相差很小，则 l 很小。因此差动螺旋常用于各种微动装置中。

若螺杆 3 左、右两段螺纹的旋向相反，则当螺杆转动 φ 角时，可动螺母 2 的移动距离为

$$l = \frac{\varphi}{2\pi}(P_{h1} + P_{h2}) \tag{2-2}$$

可见，此时差动螺旋变成快速移动螺旋，即螺母 2 相对螺母 1 快速趋近或离开。这种螺旋装置用于要求快速夹紧的夹具或锁紧装置中。为了方便大家理解，以普通机床的丝杠和螺母为例，将丝杠螺母传动的类型和特点列表 2-2。

表 2-2　丝杠螺母传动的类型和特点

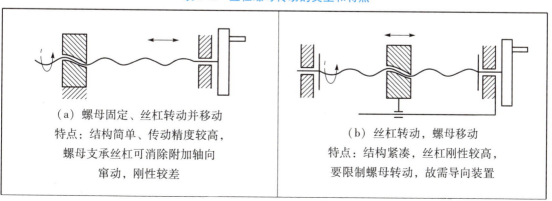

续表

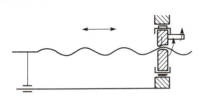

（c）螺母转动、丝杠移动
特点：结构复杂、占用空间较大，传动时需限制螺母移动和丝杠转动

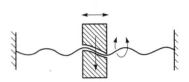

（d）丝杠固定，螺母转动并移动
特点：结构简单、紧凑、丝杠刚性较高但使用不方便，故应用较少

（2）螺旋副零件与滑板连接结构的确定。螺旋副零件与滑板的连接结构对螺旋副的磨损有直接影响，设计时应注意。常见的连接结构有下列几种。

① 刚性连接结构。图 2-14 所示为刚性连接结构，这种连接结构的特点是牢固可靠，但当螺杆轴线与滑板运动方向不平行时，螺纹工作面的压力增大，磨损加剧，严重（α、β 较大）时还会发生卡住现象，刚性连接结构多用于受力较大的螺旋传动中。

② 弹性连接结构。图 2-15 所示的装置中，螺旋传动采用了弹性连接结构。片簧 7 的一端在工作台（滑板）8 上，另一端套在螺母的锥形销上。为了消除两者之间的间隙，片簧以一定的预紧力压向螺母（或用螺钉压紧）。当工作台运动方向与螺杆轴线偏斜 α 角 [图 2-14（a）] 时，可以通过片簧变形进行调节。如果偏斜 β 角 [图 2-14（b）] 时，螺母可绕轴线自由转动而不会引起过大的应力。弹性连接结构适用于受力较小的精密螺旋传动。

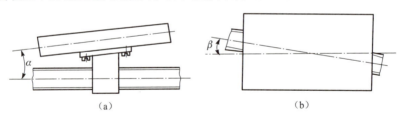

图 2-14 刚性连接结构

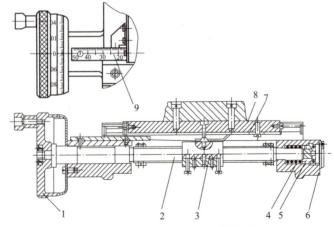

图 2-15 测量显微镜纵向测微螺旋

1—转动手轮；2—丝杠；3—活动螺母；4—弹簧；5—支承钢珠；6—端盖；7—片簧；8—工作台

③ 活动连接结构。图2-16所示为活动连接结构的原理图。恢复力 F（一般为弹簧力）使连接部分保持经常接触。当滑板1的运动方向与螺杆2的轴线不平行时，通过螺杆端部的球面与滑板在接触处自由滑动［图2-16（a）］，或中间杆3自由偏斜［图2-16（b）］，从而可以避免螺旋副中产生过大的应力。

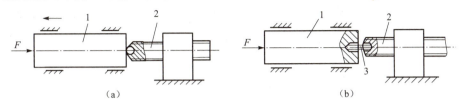

图2-16 活动连接结构

1—滑板；2—螺杆；3—中间杆

（3）影响螺旋传动精度的因素及提高传动精度的措施。螺旋传动的传动精度是指螺杆与螺母间实际相对运动保持理论值（即公式 $l=\dfrac{\varphi}{2\pi}P_h$）的准确程度。影响螺旋传动精度的因素主要有以下几项。

① 螺纹参数误差。螺纹的各项参数误差中，主要影响传动精度的是螺距误差、中径误差以及牙型半角误差。具体内容见表2-3。

表2-3 影响传动精度的三个螺纹误差参数

螺距误差	中径误差	牙型半角误差
螺距的实际值与理论值之差称为螺距误差。螺距误差分为单个螺距误差和螺距累积误差。单个螺距误差是指螺纹全长上，任意单个实际螺距对基本螺距的偏差的最大代数差，它与螺纹的长度无关。而螺距累积误差是指在规定的螺纹长度内，任意两同侧螺纹面间实际距离对公称尺寸的偏差的最大代数差，它与螺纹的长度有关	螺杆和螺母在大径、小径和中径都会有制造误差。大径和小径处有较大间隙，互不接触，中径是配合尺寸，为了使螺杆和螺母转动灵活和储存润滑油，配合处需要一定的均匀间隙，因此，对螺杆全长上中径尺寸变动量的公差，应予以控制。此外，对长径比（系指螺杆全长与螺纹公称直径之比）较大的螺杆，由于其细而长，刚性差、易弯曲，使螺母在螺杆上各段的配合产生偏心，这也会引起螺杆螺距误差，故应控制其中径跳动公差	螺纹实际牙型半角与理论牙型半角之差称为牙型半角误差（图2-17）。当螺纹各牙之间的牙型角有差异（牙型半角误差各不相等）时，将会引起螺距变化，从而影响传动精度。但是，如果螺纹全长是在一次装刀切削出来的，所以牙型半角误差在螺纹全长上变化不大，对传动精度影响很小

② 螺杆轴向窜动误差。如图2-18所示，若螺杆轴肩的端面与轴承的止推面不垂直于螺杆轴线而有 α_1 和 α_2 的偏差，则当螺杆转动时，将引起螺杆的轴向窜动误差，并转化为螺母位移误差。螺杆的轴向窜动误差是周期性变化的，以螺杆转动一转为一个循环。

③ 偏斜误差。在螺旋传动机构中，如果螺杆的轴线方向与移动件的运动方向不平行，而有一个偏斜角 θ（图2-19）时，就会发生偏斜误差。偏斜角对偏斜误差有很大的影响，对其值应该加以控制。

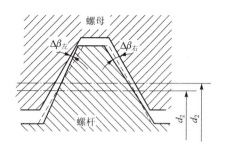

图 2-17 牙型半角误差

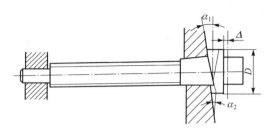

图 2-18 螺杆轴向窜动误差

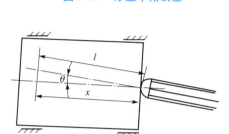

图 2-19 偏斜误差

④ 温度误差。当螺旋传动的工作温度与制造温度不同时,将引起螺杆长度和螺距发生变化,从而产生传动误差,这种误差称为温度误差。

上面分析了影响螺旋传动精度的各种误差,为了提高传动精度,应尽可能减小或消除这些误差。为此,可以通过提高螺旋副零件的制造精度来达到,但单纯提高制造精度会使成本提高。因此,对于传动精度要求较高的精密螺旋传动,除了根据有关标准或具体情况规定合理的制造精度以外,也可采取某些结构措施提高其传动精度。

由于螺杆的螺距误差是造成螺旋传动误差的最主要因素,因此采用螺距误差校正装置是提高螺旋传动精度的有效措施之一。

(4) 消除螺旋传动空回的方法。由于螺旋机构中存在间隙,所以当螺杆的转动方向改变,螺母不能立即产生反向运动,只有螺杆转动某一角度后才能使螺母开始反向运动,这种现象称为空回。对于在正反向传动条件下工作的精密螺旋传动,空回将直接引起传动误差,必须设法予以消除。消除空回的方法就是在保证螺旋副相对运动要求的前提下,消除螺杆与螺母之间的间隙。下面是几种常见的消除空回的方法。

① 利用单向作用力。在螺旋传动中,利用弹簧产生单向恢复力,使螺杆和螺母螺纹的工作表面保持单面接触,从而消除了另一侧间隙对空回的影响。这种方法除可消除螺旋副中间隙对空回的影响外,还可消除轴承的轴向间隙和滑板连接处的间隙而产生的空回。同时,这种结构在螺母上无须开槽或剖分,因此螺杆与螺母接触情况较好,有利于提高螺旋副的寿命。

② 利用调整螺母。径向调整法:利用不同的结构,使螺母产生径向收缩,以减小螺纹旋合处的间隙,从而减小空回。表 2-4 所示为径向调整法的典型示例。

表 2-4 径向调整法的典型示例

采用的结构形式	调整方法	简　图
开槽螺母结构	拧动螺钉可以调整螺纹间隙	

续表

采用的结构形式	调整方法	简图
卡簧式螺母结构	其中主螺母1上铣出纵向槽，拧紧副螺母2时，靠主、副螺母的圆锥面，迫使主螺母径向收缩，以消除螺旋副的间隙	
对开螺母结构	为了便于调整，螺钉和螺母之间装有螺旋弹簧，这样可使压紧力均匀稳定	
紧定螺钉结构	为了避免螺母直接压紧在螺杆上而增加摩擦力矩，加速螺纹磨损，可在此结构中装入紧定螺钉以调整其螺纹间隙	

轴向调整法：图2-20为轴向调整法的典型结构示例。图2-20（a）为开槽螺母结构。拧紧螺钉强迫螺母变形，使其左、右两半部的螺纹分别压紧在螺杆螺纹相反的侧面上。从而消除了螺杆相对螺母轴向窜动的间隙。图2-20（b）为刚性双螺母结构。主螺母1和副螺母

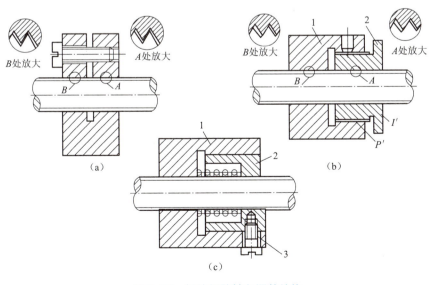

图2-20 螺纹间隙轴向调整结构

1—主螺母；2—副螺母；3—螺钉

2之间用螺纹连接。连接螺纹的螺距 P'，不等于螺杆螺纹的螺距 P，因此当主、副螺母相对转动时，即可消除螺杆相对螺母轴向窜动的间隙。调整后再用紧定螺钉将其固定。图2-20（c）为弹性双螺母结构。它是利用弹簧的弹力来达到调整的目的。螺钉3的作用是防止主螺母1和副螺母2的相对转动。

③ 利用塑料螺母消除空回。图2-21所示是用聚乙烯或聚酰胺（尼龙）制作螺母，用金属压圈压紧，利用塑料的弹性能很好地消除螺旋副的间隙。

2. 滚动螺旋传动——滚珠丝杠螺母副机构

（1）滚珠丝杠副的工作原理及特点。滚珠丝杠副是一种新型的传动机构，它的结构特点是具有螺旋槽的丝杠螺母间装有滚珠作为中间传动件，以减少摩擦，如图2-22所示。图中丝杠和螺母上都磨削有圆弧形的螺旋槽，这两个圆弧形的螺旋槽对合起来就形成螺旋线滚道，在滚道内装有滚珠。当丝杠回转时，滚珠相对于螺母上的滚道滚动，因此丝杠与螺母之间基本上为滚动摩擦。为了防止滚珠从螺母中滚出来，在螺母的螺旋槽两端设有回程引导装置，使滚珠能循环流动。

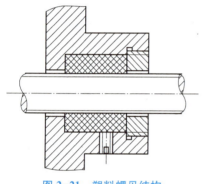

图2-21 塑料螺母结构

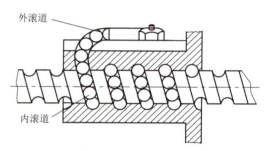

图2-22 滚珠丝杠螺母

滚珠丝杠副的特点如下。

① 传动效率高，摩擦损失小。滚珠丝杠副的传动效率 $\eta = 0.92 \sim 0.96$，比常规的丝杠螺母副提高3~4倍。因此，功率消耗只相当于常规的丝杠螺母副的1/4~1/3。

② 给予适当预紧，可消除丝杠和螺母的螺纹间隙，反向时就可以消除空行程死区，定位精度高，刚度好。

③ 运动平稳，无爬行现象，传动精度高。

④ 运动具有可逆性，可以从旋转运动转换为直线运动，也可以从直线运动转换为旋转运动，即丝杠和螺母都可以作为主动件。

⑤ 磨损小，使用寿命长。

⑥ 制造工艺复杂。滚珠丝杠和螺母等元件的加工精度要求高，表面粗糙度也要求高，故制造成本高。

⑦ 不能自锁。特别是对于垂直丝杠，由于自重惯力的作用，下降时当传动切断后，不能立刻停止运动，故常需添加制动装置。

（2）滚珠螺旋传动的结构型式与类型。按用途和制造工艺不同，滚珠螺旋传动的结构型式有多种，它们的主要区别在于螺纹滚道法向截形、滚珠循环方式、消除轴向间隙的调整预紧方法等三方面。

① 螺纹滚道法向截形是指通过滚珠中心且垂直于滚道螺旋面的平面和滚道表面交线的形状。常用的截形有单圆弧形［图2-23（a）］和双圆弧形［图2-23（b）］。滚珠与滚道表面在接触点处的公法线与过滚珠中心的螺杆直径线间的夹角 β 叫接触角。理想接触角 $\beta=45°$。具体结构特点见表2-5。

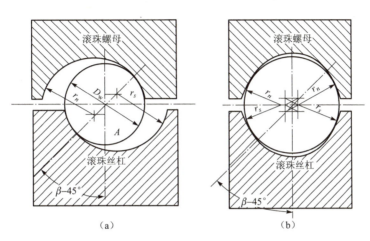

图2-23 滚道法向截形示意图

表2-5 单圆弧滚道和双圆弧滚道的结构特点

滚道类型	结构特点	简　图
单圆弧滚道	结构简单，传递精度由加工质量保证，轴向间隙小，无轴向间隙调整和预紧能力，加工困难，加工精度要求高，成本高，一般在轻载条件下工作	
双圆弧滚道	结构简单，存在轴向间隙，加工质量易于保证，在使用双螺母结构的条件下，具有轴向间隙调整和预紧能力，传递精度高	

② 滚珠循环方式。按滚珠在整个循环过程中与螺杆表面的接触情况，滚珠的循环方式可分为内循环和外循环两类。滚珠在循环过程中始终与螺杆保持接触的循环叫内循环（图2-24）。在螺母1的侧孔内，装有接通相邻滚道的反向器。借助于反向器上的回珠

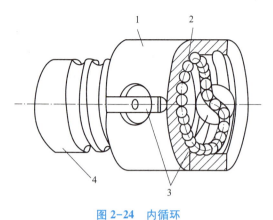

图 2-24 内循环

1—螺母；2—滚珠；3—反向器；4—丝杠

槽，迫使滚珠2沿滚道滚动一圈后越过螺杆螺纹滚道顶部，重新返回起始的螺纹滚道，构成单圈内循环回路。在同一个螺母上，具有循环回路的数目称为列数，内循环的列数通常有二——四列（即一个螺母上装有2~4个反向器）。为了结构紧凑，这些反向器是沿螺母周围均匀分布的，即对应二列、三列、四列的滚珠螺旋的反向器分别沿螺母圆周方向互错180°、120°、90°。外循环是指滚珠在返回时与螺杆脱离接触的循环称为外循环。按结构的不同，外循环可分为螺旋槽式、插管式和端盖式三种。具体见表 2-6。

表 2-6 滚珠丝杠螺母副常见的外循环结构及类型特点

外循环结构类型	特点	简图
螺旋槽式	直接在螺母外圆柱面上铣出螺旋线形的凹槽作为滚珠循环通道，凹槽的两端钻出两个通孔分别与螺纹滚道相切，同时用两个挡珠器引导滚珠通过该两通孔，用套筒或螺母座内表面盖住凹槽，从而构成滚珠循环通道。螺旋槽式结构工艺简单，易于制造，螺母径向尺寸小。缺点是挡珠器刚度较差，容易磨损	
插管式	用管代替螺旋槽式中的凹槽，把弯管的两端插入螺母上与螺纹滚道相切的两个通孔内，外加压板用螺钉固定，用弯管的端部或其他形式的挡珠器引导滚珠进出弯管，以构成循环通道。插管式结构简单，工艺性好，适于批量生产。缺点是弯管突出在螺母的外部，径向尺寸较大，若用弯管端部作挡珠器，则耐磨性较差	

续表

外循环结构类型	特点	简图
端盖式	在螺母上钻有一个纵向通孔作为滚珠返回通道,螺母两端装有铣出短槽的端盖,短槽端部与螺纹滚道相切,并引导滚珠返回通道,构成滚珠循环回路。端盖式的优点是结构紧凑,工艺性好。缺点是滚珠通过短槽时容易卡住	

③ 滚珠丝杠副轴向间隙的调整方法。常用的双螺母消除轴向间隙的结构形式有以下三种。

垫片调隙式(图2-25):通常用螺钉来连接滚珠丝杠两个螺母的凸缘,并在凸缘间加垫片。调整垫片的厚度使螺母产生轴向位移,以达到消除间隙和产生预拉紧力的目的。

这种结构的特点是构造简单、可靠性好、刚度高以及装卸方便。但调整费时,并且在工作中不能随意调整,除非更换厚度不同的垫片。

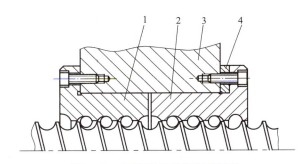

图 2-25 双螺母垫片调隙式结构

1,2—单螺母;3—螺母座;4—调整垫片

螺纹调隙式(图2-26):其中一个螺母的外端有凸缘而另一个螺母的外端没有凸缘而制

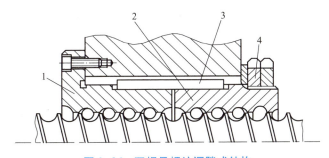

图 2-26 双螺母螺纹调隙式结构

1,2—单螺母;3—平键;4—调整螺母

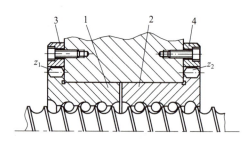

图 2-27 双螺母齿差调隙式结构
1，2—单螺母；3，4—内齿圈

有螺纹，它伸出套筒外，并用两个圆螺母固定着。旋转圆螺母时，即可消除间隙，并产生预拉紧力，调整好后再用另一个圆螺母把它锁紧。

齿差调隙式（图 2-27）：在两个螺母的凸缘上各制有圆柱齿轮，两者齿数相差一个齿，并装入内齿圈中，内齿圈用螺钉或定位销固定在套筒上。调整时，先取下两端的内齿圈，当两个滚珠螺母相对于套筒同方向转动相同齿数时，一个滚珠螺母对另一个滚珠螺母产生相对角位移，从而使滚珠螺母对于滚珠丝杠的螺旋滚道相对移动，达到消除间隙并施加预紧力的目的。

（3）滚珠丝杠副的精度。滚珠丝杠副的精度等级为 1、2、3、4、5、7、10 级精度，代号分别为 1、2、3、4、5、7、10。其中 1 级为最高，依次逐级降低。

（4）滚珠丝杠副的标注方法。滚珠丝杠副的型号根据其结构、规格、精度和螺纹旋向等特征按下列格式编写：

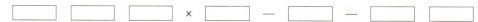

循环方式　预紧方式　公称直径　　基本导程　　负荷滚珠总圈数　精度等级　螺纹旋向

负荷滚珠总圈数为 1.5、2、2.5、3、3.5、4、4.5、5 圈，代号分别为 1.5、2、2.5、3、3.5、4、4.5、5。

螺旋旋向为左、右旋，只标左旋代号为 LH，右旋不标。

滚珠螺纹的代号用 GQ 表示，标注在公称直径前，如 GQ50×8—3。

循环方式的标注参见表 2-7；预紧方式的标注参见表 2-8。

表 2-7　滚珠丝杠副循环方式的标注

循环方式		标号
内循环	浮动式	F
	固定式	G
外循环	螺旋槽式	L
	插管式	C

表 2-8　滚珠丝杠副预紧方式的标注

双螺母齿差预紧	双螺母垫片预紧	单螺母变导程自预紧	双螺母螺纹预紧
C	D	B	L

例　CTC63×10—3.5—3.5/2000×1600

表示为插管突出式外循环（CT），双螺母齿差预紧（C）的滚珠丝杠副，公称直径 63 mm，基本导程 10 mm，负荷滚珠总圈数 3.5 圈，精度等级 3.5 级，螺纹旋向为右旋，丝杠全长为 2 000 mm，螺纹长度为 1 600 mm。

2.2.5 其他传动结构

在机电一体化系统中还有一些其他常见的机械传动结构，例如链传动、齿轮齿条传动、蜗轮蜗杆传动等。这些在《机械设计》或《机械零件》的课程中已有所了解，这里就不再另行讲解了。

2.3 机械导向结构

机电系统的支承部件包括导向支承部件、旋转支承部件和机座机架。导向支承部件的作用是支承和限制运动部件按给定的运动要求和规定的运动方向运动。这样的部件通常被标为导轨副，简称导轨。

导轨副主要由定导轨、动导轨、辅助导轨、间隙调整元件以及工作介质/元件等组成。按运动方式可分为直线运动导轨（滑动摩擦导轨）和回转运动导轨（滚动摩擦导轨）。按接触表面的摩擦性质可分为滑动导轨、滚动导轨、流体介质摩擦导轨等。

2.3.1 滑动摩擦导轨

1. 常见的滑动摩擦导轨副及其特点

常见的导轨截面形状，有三角形（分对称、不对称两类）、矩形、燕尾形及圆形等四种，每种又分为凸形和凹形两类。凸形导轨不易积存切屑等脏物，也不易储存润滑油。宜在低速下工作，凹形导轨则相反，可用于高速，但必须有良好的防护装置，以防切屑等脏物落入导轨。具体形状见表2-9。

表2-9 常见滑动导轨副的截面形状

凹凸类型	对称三角形	非对称三角形	矩	燕尾形	圆形
凸型	45°/45°	90° α β		55°/55°	⊕
凹型	45°/45°	90° α β		55°/55°	

（1）三角形导轨。分对称型和非对称型三角形导轨。

特点：在垂直载荷作用下，具有磨损量自动补偿功能，无间隙工作，导向精度高。为防止因振动或倾翻载荷引起两导向面较长时间脱离接触，应有辅助导向面并具备间隙调整能力。但存在导轨水平与垂直误差的相互影响，为保证高的导向精度（直线度），导轨面加工、检验、维修困难。

对称型导轨——随顶角增大，导轨承载能力增大，但导向精度降低。

非对称导轨——主要用在载荷不对称的时候，通过调整不对称角度，使导轨左右面水平分力相互抵消，提高导轨刚度。

（2）矩形导轨的特点：结构简单，制造、检验、维修方便，导轨面宽、承载能力大，刚度高，但无磨损量自动补偿功能。由于导轨在水平和垂直面位置互不影响，因而在水平和垂直两方向均须间隙调整装置，安装调整方便。

（3）燕尾形导轨的特点：无磨损量自动补偿功能，须间隙调整装置，燕尾起压板作用，镶条可调整水平垂直两方向的间隙，可承受颠覆载荷，结构紧凑，但刚度差，摩擦阻力大、制造、检验、维修不方便。

（4）圆形导轨的特点：结构简单，制造、检验、配合方便，精度易于保证，但摩擦后很难调整，结构刚度较差。

2. 导轨的基本要求

（1）导向精度高。导向精度是指运动件按给定方向作直线运动的准确程度，它主要取决于导轨本身的几何精度及导轨配合间隙。导轨的几何精度可用线值或角值表示。

① 导轨在垂直平面和水平面内的直线度。如图 2-28（a）、图 2-28（b）所示，理想的导轨面与垂直平面 A—A 或水平面 B—B 的交线均应为一条理想直线，但由于存在制造误差，致使交线的实际轮廓偏离理想直线，其最大偏差量 Δ 即为导轨全长在垂直平面［图 2-28（a）］和水平面［图 2-28（b）］内的直线度误差。

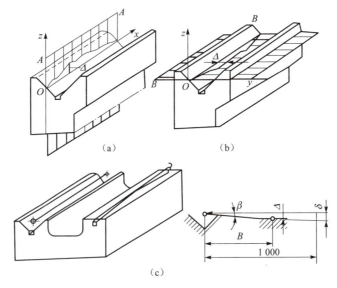

图 2-28 导轨的几何角度

② 导轨面间的平行度。图 2-28（c）所示为导轨面间的平行度误差。设 V 形导轨没有误差，平面导轨纵向有倾斜，由此产生的误差 Δ 即为导轨间的平行度误差。导轨间的平行度误差一般以角度值表示，这项误差会使运动件运动时发生"扭曲"。

（2）运动轻便、平稳、低速时无爬行现象。导轨运动的不平稳性主要表现在低速运动时导轨速度的不均匀，使运动件出现时快时慢、时动时停的爬行现象。爬行现象主要取决于导轨副中摩擦力的大小及其稳定性。为此，设计时应合理选择导轨的类型、材料、配合间隙、配合表面的几何形状精度及润滑方式。

（3）耐磨性好。导轨的初始精度由制造保证，而导轨在使用过程中的精度保持性则与导轨面的耐磨性密切相关。导轨的耐磨性主要取决于导轨的类型、材料，导轨表面的粗糙度及硬度、润滑状况和导轨表面压强的大小。

（4）对温度变化的不敏感性。即导轨在温度变化的情况下仍能正常工作。导轨对温度变化的不敏感性主要取决于导轨类型、材料及导轨配合间隙等。

（5）足够的刚度。在载荷的作用下，导轨的变形不应超过允许值。刚度不足不仅会降低导向精度，还会加快导轨面的磨损。刚度主要与导轨的类型、尺寸以及导轨材料等有关。

（6）结构工艺性好。导轨的结构应力求简单、便于制造、检验和调整，从而降低成本。

3. 常见导轨副组合与间隙调整、特点

（1）圆柱面导轨。圆柱面导轨的优点是导轨面的加工和检验比较简单，易于达到较高的精度；缺点是对温度变化比较敏感，间隙不能调整。在图 2-29 所示的结构中，支臂 3 和立柱 5 构成圆柱面导轨。立柱 5 的圆柱面上加工有螺纹槽，转动螺母 1 即可带动支臂 3 上下移动，螺钉 2 用于锁紧，垫块 4 用于防止螺钉 2 压伤圆柱表面。

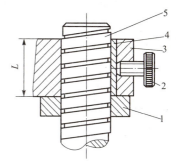

图 2-29　圆柱面导轨

1—螺母；2—螺钉；3—支臂；
4—垫块；5—立柱

在多数情况下，圆柱面导轨的运动件不允许转动，为此，可采用各种防转结构。最简单的防转结构是在运动件和承导件的接触表面上作出平面、凸起或凹槽。图 2-30（a）、图 2-30（b）、图 2-30（c）是这种防转结构的几个例子。利用辅助导向面可以更好地限制运动件的转动 [图 2-30（d）]，适当增大辅助导向面与基本导向面之间的距离，可减小由导轨间的间隙所引起的转角误差。当辅助导向面也为圆柱面时，即构成双圆柱面导轨 [图 2-30（e）]，它既能保证较高的导向精度，又能保证较大的承载能力。

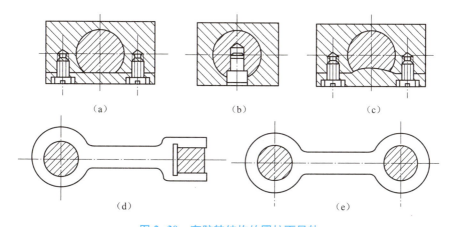

图 2-30　有防转结构的圆柱面导轨

导轨的表面粗糙度可根据相应的精度等级决定。通常,被包容零件外表面的粗糙度小于包容件内表面的粗糙度。

(2)棱柱面导轨。常用的棱柱面导轨有三角形导轨、矩形导轨、燕尾形导轨以及它们的组合式导轨。

① 双三角形导轨。如图 2-31(a)所示两条导轨同时起着支承和导向作用,故导轨的导向精度高,承载能力大,两条导轨磨损均匀,磨损后能自动补偿间隙,精度保持性好。但这种导轨的制造、检验和维修都比较困难,因为它要求四个导轨面都均匀接触,刮研劳动量较大。此外,这种导轨对温度变化比较敏感。

② 三角形—平面导轨[图 2-31(b)]。这种导轨保持了双三角形导轨导向精度高、承载能力大的优点,避免了由于热变形所引起的配合状况的变化,且工艺性比双三角形导轨大为改善,因而应用很广。缺点是两条导轨磨损不均匀,磨损后不能自动调整间隙。

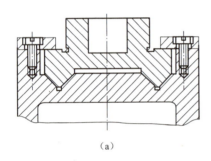
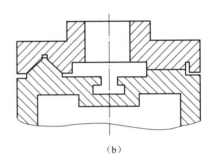

(a)　　　　　　　　　　　　　　(b)

图 2-31　三角形导轨

③ 矩形导轨。矩形导轨可以做得较宽,因而承载能力和刚度较大。优点是结构简单,制造、检验、修理较易。缺点是磨损后不能自动补偿间隙,导向精度不如三角形导轨。

图 2-32 所示结构是将矩形导轨的导向面 A 与承载面 B、C 分开,从而减小导向面的磨损,有利于保持导向精度。图 2-32(a)中的导向面 A 是同一导轨的内外侧,两者之间的距离较小,热膨胀变形较小,可使导轨的间隙相应减小,导向精度较高。但此时两导轨面的摩擦力将不相同,因此应合理布置驱动元件的位置,以避免工作台倾斜或被卡住。图 2-32(b)所示结构以两导轨面的外侧作为导向面,克服了上述缺点,但因导轨面间距离较大,容易受热膨胀的影响,要求间隙不宜过小,从而影响导向精度。

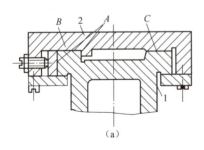
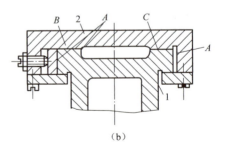

(a)　　　　　　　　　　　　　　(b)

图 2-32　矩形导轨

④ 燕尾导轨。主要优点是结构紧凑、调整间隙方便。缺点是几何形状比较复杂,难以

达到很高的配合精度,并且导轨中的摩擦力较大,运动灵活性较差,因此,通常用在结构尺寸较小及导向精度与运动灵便性要求不高的场合。图 2-33 为燕尾导轨的应用举例,其中图 2-33(c)所示结构的特点是把燕尾槽分成几块,便于制造、装配和调整。

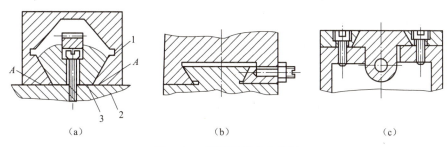

图 2-33　燕尾导轨应用举例

1,2—零件;3—垫片

4. 导轨间隙的调整

为保证导轨正常工作,导轨滑动表面之间应保持适当的间隙。间隙过小会增大摩擦力,间隙过大又会降低导向精度。为此常采用以下办法,以获得必要的间隙。

(1) 采用磨、刮相应的结合面或加垫片的方法,以获得合适的间隙。如图 2-33(a)所示燕尾导轨,为了获得合适的间隙,可在零件 1 与 2 之间加上垫片 3 或采取直接铲刮承导件与运动件的结合面 A 的办法达到。

(2) 采用平镶条调整间隙。平镶条为一平行六面体,其截面形状为矩形[图 2-34(a)]或平行四边形[图 2-34(b)]。调整时,只要拧动沿镶条全长均布的几个螺钉,便能调整导轨的侧向间隙,调整后再用螺母锁紧。平镶条制造容易,但在全长上只有几个点受力,容易变形,故常用于受力较小的导轨。缩短螺钉间的距离加大镶条厚度(h)有利于镶条压力的均匀分布,当 $l/h = 3 \sim 4$ 时,镶条压力基本上均布[图 2-34(c)]。

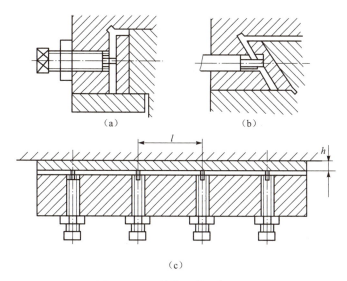

图 2-34　平镶条调整导轨间隙

（3）采用斜镶条调整间隙。斜镶条的侧面磨成斜度很小的斜面，导轨间隙是用镶条的纵向移动来调整的，为了缩短镶条长度，一般将其放在运动件上。

图 2-35（a）的结构简单，但螺钉凸肩与斜镶条的缺口间不可避免地存在间隙，可能使镶条产生窜动。图 2-35（b）所示的结构较为完善，但轴向尺寸较长，调整也较麻烦。图 2-35（c）是由斜镶条两端的螺钉进行调整，镶条的形状简单，便于制造。图 2-35（d）是用斜镶条调整燕尾导轨间隙的实例。

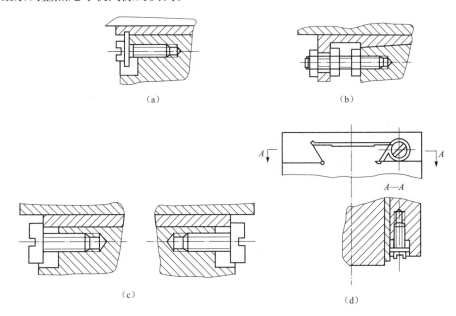

图 2-35　用斜镶条调整导轨间隙

5. 提高导轨耐磨性的措施

为使导轨在较长的使用期间内保持一定的导向精度，必须提高导轨的耐磨性。由于磨损速度与材料性质、加工质量、表面压强、润滑及使用维护等因素直接有关，故欲想提高导轨的耐磨性，须从这些方面采取措施。

（1）合理选择导轨的材料及热处理。用于导轨的材料，应具有耐磨性好，摩擦系数小，并具有良好的加工和热处理性质。常用的材料见表 2-10。

表 2-10　导轨的主要材料及工艺性能

材料选择	主要代表材料及性能特点
铸铁	如 HT200、HT300 等，均有较好的耐磨性。采用高磷铸铁（磷质量分数高于 0.3%）、磷铜钛铸铁和钒钛铸铁作导轨，耐磨性比普通铸铁分别提高 1~4 倍。铸铁导轨的硬度一般为 180~200 HBS。为提高其表面硬度，采用表面淬火工艺，表面硬度可达 55 HBC，导轨的耐磨性可提高 1~3 倍
钢	常用的有碳素钢（40、50、T8A、T10A）和合金钢（20Cr、40Cr）。淬硬后钢导轨的耐磨性比一般铸铁导轨高 5~10 倍。要求高的可用 20Cr 制成，渗碳后淬硬至 56~62 HBC；要求低的用 40Cr 制成，高频淬火硬度至 52~58 HRC。钢制导轨一般做成条状，用螺钉及销钉固定在铸铁机座上，螺钉的尺寸和数量必须保证良好的接触刚度，以免引起变形

续表

材料选择	主要代表材料及性能特点
有色金属	常用的有黄铜、锡青铜、超硬铝（LC$_4$）、铸铝（ZL$_6$）等
塑料	聚四氟乙烯具有优良的减摩、耐磨和抗振性能，工作温度适应范围广（-200 ℃ ~ +280 ℃），静、动摩擦系数都很小，是一种良好的减摩材料

（2）减小导轨面压强。导轨面的平均压强越小，分布越均匀，则磨损越均匀，磨损量越小。导轨面的压强取决于导轨的支承面积和负载，设计时应保证导轨工作面的最大压强不超过允许值。为此，许多精密导轨，常采用卸载导轨，即在导轨截荷的相反方向给运动件施加一个机械的或液压的作用力（卸载力），抵消导轨上的部分载荷，从而达到既保持导轨面间仍为直接接触，又减小导轨工作面的压力。一般卸载力取为运动件所受总重力的2/3左右。

① 静压卸载导轨（图2-36）。在运动件导轨面上开有油腔，通入压力为 P_s 的液压油，对运动件施加一个小于运动件所受载荷的浮力，以减小导轨面的压力。油腔中的液压油经过导轨表面宏观与微观不平度所形成的间隙流出导轨，回到油箱。

② 水银卸载导轨（图2-37）。在运动件下面装有浮子1（木块），并置于水银槽2中，利用水银产生的浮力抵消运动组件的部分重力。这种卸载方式结构简单，缺点是水银蒸气有毒，故必须采取防止水银挥发的措施。

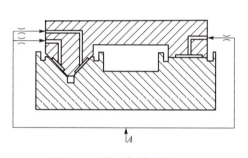

图2-36 静压卸载导轨原理

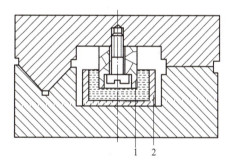

图2-37 水银卸载导轨原理
1—浮子；2—水银槽

③ 机械卸载导轨（图2-38）。选用刚度合适的弹簧，并调节其弹簧力，以减小导轨面直接接触处的压力。

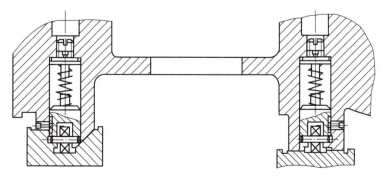

图2-38 机械卸载导轨

(3) 保证导轨良好的润滑。保证导轨良好的润滑，是减小导轨摩擦和磨损的另一个有效措施。这主要是润滑油的分子吸附在导轨接触表面，形成厚度为 0.005~0.008 mm 的一层极薄的油膜，从而阻止或减少导轨面间直接接触的缘故。

由于滑动导轨的运动速度一般较低，并且往复反向，运动和停顿相间进行，不易形成油楔，因此，要求润滑油具有合适的黏度和较好的油性，以防止导轨出现干摩擦现象。

选择导轨润滑油的主要原则是载荷越大、速度越低，则油的黏度应越大；垂直导轨的润滑油黏度，应比水平导轨润滑油的黏度大些。在工作温度变化时，润滑油的黏度变化要小。润滑油应具有良好的润滑性能和足够的油膜强度，不浸蚀机件，油中的杂质应尽量少。

对于精密机械中的导轨，应根据使用条件和性能特点来选择润滑油。常用的润滑油有机油、精密机床液压导轨油和变压器油等。还有少数精密导轨，选用润滑脂进行润滑。

关于润滑方法，对于载荷不大、导轨面较窄的精密仪器导轨，通常只需直接在导轨上定期地用手加油即可，导轨面也不必开出油沟。对于大型及高速导轨，则多用手动油泵或自动油泵润滑，并在导轨面上开出合适形状和数量的油沟，以使润滑油在导轨工作表面上分布均匀。

(4) 提高导轨的精度。提高导轨精度主要是保证导轨的直线度和各导轨面间的相对位置精度。导轨的直线度误差都规定在对导轨精度有利的方向上，如精密车床的床身导轨在垂直面内的直线度误差只允许上凸，以补偿导轨中间部分经常使用而产生向下凹的磨损。

适当减小导轨工作面的粗糙度，可提高耐磨性，但过小的粗糙度不易储存润滑油，甚至产生"分子吸力"，以致撕伤导轨面。粗糙度一般要求 $Ra \leq 0.32$ μm。

2.3.2 滚动摩擦导轨

滚动摩擦导轨是在运动件和承导件之间放置滚动体（滚珠、滚柱、滚动轴承等），使导轨运动时处于滚动摩擦状态。

与滑动摩擦导轨比较，滚动导轨的特点：① 摩擦系数小，并且静、动摩擦系数之差很小，故运动灵便，不易出现爬行现象；② 定位精度高，一般滚动导轨的重复定位误差为 0.1~0.2 μm，而滑动导轨的定位误差一般为 10~20 μm。因此，当要求运动件产生精确微量的移动时，通常采用滚动导轨；③ 磨损较小，寿命长，润滑简便；④ 结构较为复杂，加工比较困难，成本较高；⑤ 对脏物及导轨面的误差比较敏感。

1. 滚珠导轨

图 2-39 和图 2-40 是滚珠导轨的两种典型结构形式。在 V 形槽（V 形角一般为 90°）中安置着滚珠，隔离架 1 用来保持各个滚珠的相对位置，固定在承导件上的限动销 2 与隔离架上的限动槽构成限动装置，用来限制运动件的位移，以免运动件从承导件上滑脱。

V 形滚珠导轨的优点是工艺性较好，容易达到较高的加工精度，但由于滚珠和导轨面是点接触，接触应力较大，容易压出沟槽，如沟槽的深度不均匀，将会降低导轨的精度。为了改善这种情况，可采取如下措施。

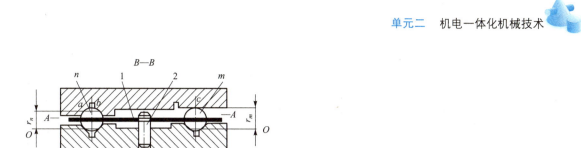

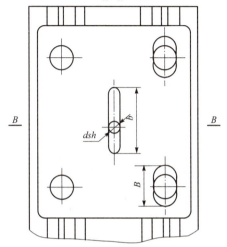

图 2-39 力封式滚珠导轨
1—隔离架；2—限动销

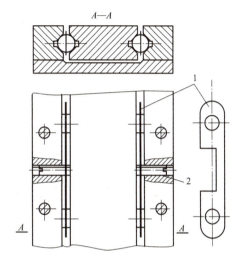

图 2-40 自封式滚珠导轨
1—隔离架；2—限动销

（1）预先在 V 形槽与滚珠接触处研磨出一窄条圆弧面的浅槽，从而增加了滚珠与滚道的接触面积，提高了承载能力和耐磨性，但这时导轨中的摩擦力略有增加。

（2）采用双圆弧滚珠导轨 [图 2-41（a）]。这种导轨是把 V 形导轨的 V 形滚道改为圆弧形滚道，以增大滚动体与滚道接触点的综合曲率半径，从而提高导轨的承载能力、刚度和使用寿命。双圆弧导轨的缺点是形状复杂，工艺性较差，摩擦力较大，当精度要求很高时不易满足使用要求。

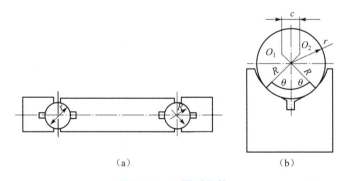

图 2-41 双圆弧导轨

为使双圆弧滚珠导轨既能发挥接触面积较大，变形较小的优点，又不至于过分增大摩擦力，应合理确定双圆弧滚珠导轨的主要参数 [图 2-41（b）]。根据使用经验，滚珠半径 r 与

滚道圆弧半径 R 之比常取为 $r/R=0.90\sim0.95$,接触角 $\theta=40°$,导轨两圆弧的中心距 $C=2(R-r)\sin\theta$。

当要求运动件的行程很大或需要简化导轨的设计和制造时,可采用滚珠循环式导轨。图 2-42 是这种导轨的结构简图,它由运动件 1、滚珠 2、承导件 3 和返回器 4 组成。运动件上有工作滚道 5 和返回滚道 6,与两端返回器的圆弧槽面滚道接通,滚珠在滚道中循环滚动,行程不受限制。

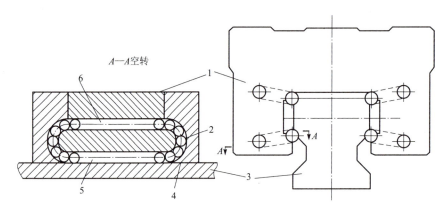

图 2-42 滚珠循环式滚动导轨的结构简图

1—运动件;2—滚珠;3—承导件;4—返回器;5—工作滚道;6—返回滚道

2. 滚柱导轨和滚动轴承导轨

为了提高滚动导轨的承载能力和刚度,可采用滚柱导轨或滚动轴承导轨。这类导轨的结构尺寸较大,常用在比较大型的精密机械上。

(1) 交叉滚柱 V—平导轨。如图 2-43(a)所示,在 V 形空腔中交叉排列着滚柱,这些滚柱的直径 d 略大于长度 b,相邻滚柱的轴线互相垂直交错,单数号滚柱在 AA_1 面间滚动(与 B_1 面不接触),双数号滚柱在 BB_1 面间滚动(与 A_1 面不接触),右边的滚柱则在平面导轨上运动。这种导轨不用保持架,可增加滚动体数目,提高导轨刚度。

(2) V—平滚柱导轨。如图 2-43(b)所示,这种导轨加工比较容易,V 形滚柱直径 d 与平面导轨滚柱 d_1 之间的关系 $d=d_1\sin\dfrac{\alpha}{2}$,其中 α 是 V 形导轨的 V 形角。

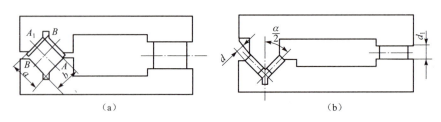

图 2-43 滚柱导轨

2.4 机械的支承结构

2.4.1 机械支承结构应满足的基本要求

支承件是支承其他零部件的基础构件,如机床的床身、底座、立柱、工作台及箱体等。支承件既承受其他零部件的质量和工作载荷,又起保证各零部件相对位置的基准作用。支承件多采用铸件、焊接件或型材装配件。其基本特点是尺寸较大、结构复杂、加工面多、几何精度和相对位置精度要求较高。在设计时,首先应对某些关键表面及其相对位置提出相应的精度要求,以保证产品总体精度;其次,支承件的变形和振动将直接影响产品的质量和正常运转,故应对其刚度、热变形和抗振性提出下列基本要求。

(1)应有足够的刚度。支承件受力后的变形不得超过规定的数值,以保证各部件间的相对位置精度,也就是说支承件要有足够的静刚度。

(2)应有足够的抗振性。当支承件受振源的影响而发生振动时,会使整机晃动,使各主要部件及其相互间产生弯曲或扭转振动,尤其当振源振动频率与整机固有频率重合时,将产生共振而严重影响系统的正常工作和使用寿命,所以支承件应有足够的抗振性。

动刚度是衡量抗振性的主要指标。提高支承件的抗振性可采取如下措施:① 提高固有振动频率,以避免产生共振。提高固有振动频率的方法是提高静刚度与质量的比值,即在保证足够静刚度的前提下尽量减轻质量。② 增加阻尼,因为增加阻尼对提高动刚度的作用很大。③ 采取隔振措施,如用减振橡胶垫脚、用空气弹簧隔板等。

(3)应有较小的热变形。当支承件受热源的影响时,如果热量分布不均匀,散热性能不好,就会由于不同部位有温差而产生热变形,影响整机的精度。为了减小热变形,一是控制热源;二是采用热平衡的办法,控制各处的温差,从而减小其相对变形。

(4)稳定性好。支承件的稳定性是指能长时间地保持其几何尺寸和主要表面相对位置的精度,以防止产品原有精度的丧失。为此,应对支承件进行时效处理来消除产生变形的内应力。

(5)工艺性好,成本低,符合人机工程方面的要求。

2.4.2 支承件的材料

支承件的材料应根据其结构、工艺、成本、生产批量和生产周期等要求选择,常用的有如下几种。

(1)灰铸铁。灰铸铁的铸造性好,便于铸成复杂形状,内摩擦大,阻尼作用大,有良好的抗振性,价格便宜。采用铸件的缺点是要制造母模,成本高,周期长,只有在成批生产时才合算;铸造易出废品,如有时会出现缩孔、气泡、砂眼等缺陷;铸件的加工余量大,机械加工费用大。

(2)钢。用钢材焊成的支承件造型简单。对单件小批生产适应性强,其生产周期比铸件缩短30%~50%,所需制造设备简单,成本低;钢的弹性模量比铸铁的大,在同样的载荷下,壁厚可做得比铸铁的薄,质量轻(比铸铁轻20%~50%),使固有频率提高。但钢的阻尼作用比铸铁差。在结构上需采取防振措施，钳工工作量大；成批生产时，成本较高。

（3）其他材料。近年来，天然岩石已广泛作为各种高精度机电一体化系统的机座材料。如三坐标测量机的工作台、金刚石车床的床身等就采用了高精度的花岗岩材料。目前，国外还出现了采用陶瓷材料作支承件。天然岩石及陶瓷的优点很多：经过长期的自然时效，残余应力极小，内部组织稳定，精度保持性好；阻尼系数比钢大约15倍，抗振性好；耐磨性比铸铁高5~10倍，耐磨性好；膨胀系效小，热稳定性好。其主要缺点是：脆性较大，抗冲击性差；油、水易渗入晶体中，使岩石产生变形。

2.4.3 支承件的设计原则

支承件的结构设计主要是解决刚度问题，包括静刚度和动刚度。因此，要正确选择截面形状和截面尺寸，合理布置隔板和加强筋，并注意多支承件之间的连接刚度。现将有关原则分述如下。

1. 提高支承件刚度的一般措施

（1）合理选择截面形状和尺寸。支承件是一个复杂的受力体，受到拉、压、弯、抠的组合作用。从《材料力学》的知识我们知道：物体在受简单的拉压时，其变形与截面积有关而与截面形状无关；在弯曲或扭转时，则不但与截面积有关而且与截面形状有关。从理论计算和实验得知：在截面积相同的情况下，空心构件比实心构件的刚度大得多；方形截面抗弯刚度较高，圆形截面抗扭刚度较高；方形和矩形截面相比，方形截面抗扭刚度较高，矩形截面抗弯刚度较高（在长边方向）；截面不封闭，抗扭刚度极差，故支承件的截面应尽可能做成封闭形。

（2）合理布置隔板和加强筋。隔板的布置有纵向、横向和组合布置三种形式，着眼于提高支承件在某个方向上的抗弯、抗扭及局部刚度，例如纵向隔板应布置在弯曲平面内。从图2-44可以看出，两个悬臂梁在端部受到垂直力 P，当隔板布置在垂直面时，隔板截面绕 X—X 轴的弯曲截面惯性矩是 $J_a = ba^3/12$；当隔板布置在水平面时，隔板截面绕 X—X 轴的弯曲截面惯性矩是 $J_b = ab^3/12$。因为 $a>b$，所以 $J_a>J_b$。

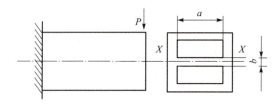

图2-44 隔板布置方式比较

横向隔板能抵抗构件受扭转时的扭曲作用，故可增加抗扭刚度。斜隔板也能提高抗扭刚度。从图2-45（a）中可以看出，当一悬臂构件受扭矩 M_k 作用时，横隔板 $a_1b_1c_1d_1$ 相对于横隔板 $a_2b_2c_2d_2$ 产生转角。这时 a_2b_1 的距离被拉长，而 d_2c_1 的距离被缩短。增加斜隔板以后［图2-45（b）］，能防止这种变化，亦即防止 $a_1b_1c_1d_1$ 相对于 $a_2b_2c_2d_2$ 产生转角。

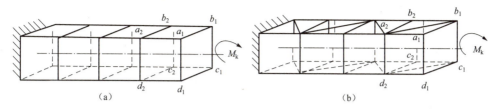

图 2-45 斜隔板的作用

不少支承件的内部要装入机构。这时就不能用隔板来提高刚度，只能采用加强筋。加强筋一般配置在内壁上，可以减小变形和薄壁振动。图 2-46（a）和（b）的加强筋分别用来提高导轨和轴承座处的局部刚度，图 2-46（c）、图 2-46（d）、图 2-46（e）为当壁板面积大于 400 mm×400 mm 时，为避免薄壁振动而在壁板内表面加的筋，其作用在于提高壁板的抗弯刚度。

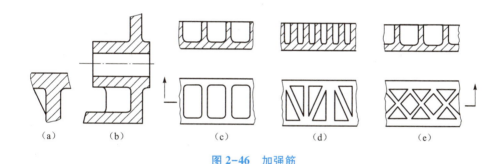

图 2-46 加强筋

（3）提高接触刚度。支承件与其他部件间通常用螺栓连接。由于接触表面微观上是不平整的，只有一部分凸起的端点在接触，受到作用力后会产生接触变形。提高接触刚度可采用以下措施。

① 减小表面粗糙度的数值。一般应选到 $Ra<1.6\ \mu m$。

② 拧紧固定螺栓，使接触表面有 200 N/mm 的预压力，以消除表面不平整的影响，提高接触刚度；预压力应用测力扳手来控制。

③ 合理选择连接部位的形状，提高局部刚度，以防止产生局部变形，造成接触不良，降低接触刚度。图 2-47（a）为凸缘式，局部刚度较差；采用壁龛式 [图 2-47（b）] 或局部加强筋 [图 2-47（c）] 可增加局部刚度。

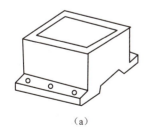
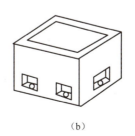
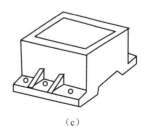

图 2-47 提高连接处的局部刚度

2. 提高阻尼的一般措施

支承件通常受到的是动载荷，因此除了提高刚度外，还要提高阻尼，才能得到良好的动态特性。提高阻尼的方法如下。

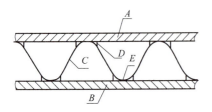

图 2-48 薄壁焊接件增大阻尼的方法

（1）封砂、铸造，即保留铸造件中的砂芯。因为砂芯有吸振作用，可增加阻尼好几倍，但对固有频率影响不大。

（2）对于焊接支承件，可在支承件中灌混凝土以增加阻尼。有时为了防止钢板的薄壁振动，可在 A、B 两块薄钢板之间增加斜筋 C，如图 2-48 所示，且在 D 处焊接，焊纹收缩时，接触面 E 处被压紧，在构件受力时产生很大的阻尼。

2.5 机械执行机构

机电一体化产品的执行机构是实现其主功能的重要环节，它应能快速地完成预期的动作，并具有响应速度快、动态特性好、动静态精度高、动作灵敏度高等特点，另外为便于集中控制，它还应满足效率高、体积小、质量轻、自控性强、可靠性高等要求。

2.5.1 微动机构

微动机构是一种能在一定范围内精确、微量地移动到给定位置或实现特定的进给运动的机构。在机电一体化产品中，它一般用于精确、微量地调节某些部件的相对位置。如在仪器的读数系统中，利用微动机构调整刻度尺的零位；在磨床中，用螺旋微动机构调整砂轮架的微量进给；在医学领域中各种微型手术器械均采用微动机构。

2.5.2 定位机构

定位机构是机电一体化机械系统中一种确保移动件占据准确位置的执行机构，通常采用分度机构和锁紧机构组合的形式来实现精确定位的要求。

分度工作台的功能是完成回转分度运动，在加工中自动实现工件一次安装完成几个面的加工。具体工作方式见图 2-49。

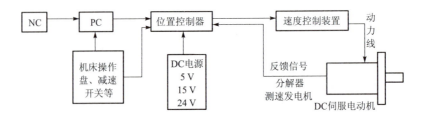

图 2-49 分度工作台的旋转和粗定位的控制原理框图

2.5.3 数控机床回转刀架

数控机床自动回转刀架是在一定空间范围内,能使刀架执行自动松开、转位、精密定位等一系列动作的一种机构。数控车床的刀架是机床的重要组成部分,其结构直接影响机床的切削性能和工作效率。具体工作结构见图2-50,在这里就不再过多地讲解。

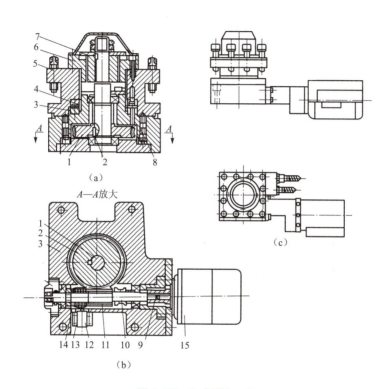

图 2-50 立式四方刀架

1—轴;2—蜗轮;3—下端齿盘;4—上端齿盘;5—刀架;6—套筒;7—轴套;8—销;
9—联轴套;10—轴;11—蜗杆;12—压缩开关;
13—套筒;14—压缩弹簧;15—电动机

2.5.4 工业机器人末端执行器

工业机器人是一种自动控制、可重复编程、多功能、多自由度的操作机,用来搬运物料、工件或操作工具以及完成其他各种作业的机电一体化设备。工业机器人末端执行器装在操作机手腕的前端,是直接实现操作功能的机构。

末端执行器因用途不同而结构各异,一般可分为四大类:圆弧形夹持器如图2-51、特种末端执行器如图2-52、工具型末端执行器如图2-53和万能手(或灵巧手)如图2-54。

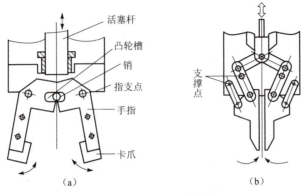

图 2-51 圆弧形夹持器

（a）圆弧开合型夹持器；（b）圆弧平行开合型夹持器

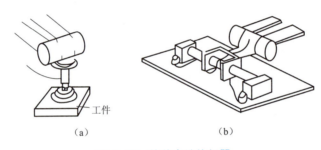

图 2-52 特种末端执行器

（a）真空吸附手；（b）电磁吸附手

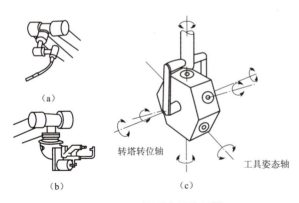

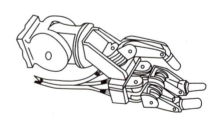

图 2-53 工具型末端执行器

（a）弧焊焊枪；（b）点焊枪；（c）转塔式多功能末端执行器

图 2-54 灵巧手

小结

1. 机电一体化机械系统主要包括传动机构、导向及支承机构、执行机构三大部分。
2. 机电一体化机械系统必须满足高精度、小惯量、大刚度等要求。
3. 机械传动部件有齿轮传动、带传动、链传动、螺旋传动以及各种非线性传动部件等。
4. 导轨副主要由定导轨、动导轨、辅助导轨、间隙调整元件以及工作介质/元件等组成。
5. 导轨的基本要求。
6. 支承件的设计原则。

 思考与练习 2

2-1 提高齿轮传动精度的结构措施有哪些?齿轮传动的间隙调整方法有哪些?

2-2 滑动螺旋传动的形式有哪些?各具有什么样的特点?消除螺旋传动的空回方法有哪些?

2-3 简述滚珠丝杠副的工作原理及特点并说明滚珠循环方式及滚珠丝杠副轴向间隙的调整方法。

2-4 试述滚珠丝杠副的主要尺寸参数及含义。

2-5 试述导轨的截面形状及特点有哪些?

2-6 机械的支承结构应满足哪些基本要求?

项目工程 2：典型机电一体化系统机械技术应用

MPS（模块化生产加工系统）是一种典型的机电一体化系统。MPS 系统输送单元是其最为重要同时也是承担任务最为繁重的工作单元。该单元主要完成驱动机械手装置精确定位到指定单元的物料台，并在物料台上抓取工件，随后将工件输送到指定地点的功能。同时，该单元在 PPI 网络系统中担任着主站的角色，它接收来自按钮/指示灯模块的系统指令信号，读取网络上各从站的状态信息，加以综合后，向各从站发送控制要求，协调整个系统的工作。

输送单元由抓取机械手装置、步进电动机传动组件、PLC 模块、按钮/指示灯模块和接线端子排等部件组成。

1. 抓取机械手装置

抓取机械手装置是一个能实现四自由度运动（即升降、伸缩、气动手指夹紧/松开和沿垂直轴旋转的四维运动）的工作单元。该装置整体安装在步进电动机传动组件的滑动溜板上，在传动组件带动下整体作直线往复运动，定位到其他各工作单元的物料台，然后完成抓取和放下工件的功能。图 2-55 是该装置实物图。具体构成如下。

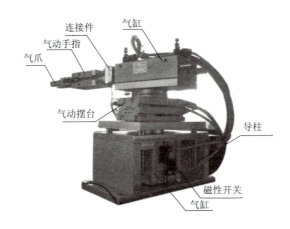

图 2-55 抓取机械手装置

（1）气动手爪：双作用气缸由一个二位五通双向电控阀控制，带状态保持功能用于各个工作站抓物搬运。双向电控阀工作原理类似双稳态触发器即输出状态由输入状态决定，如果输出状态确认了即使无输入状态双向电控阀一样保持被触发前的状态。

（2）双杆气缸：双作用气缸由一个二位五通单向电控阀控制，用于控制手爪伸出缩回。

（3）回转气缸：双作用气缸由一个二位五通单向电控阀控制，用于控制手臂正反向 90°旋转，气缸旋转角度可以任意调节范围 0°～180°，调节通过节流阀下方两颗固定缓冲器进行调整。

（4）提升气缸：双作用气缸由一个二位五通单向电控阀控制，用于整个机械手提升下降。

以上气缸运行速度快慢由进气口节流阀调整进气量进行速度调节。

2. 步进电动机传动组件

步进电动机传动组件用以拖动抓取机械手装置作往复直线运动，完成精确定位的功能。图 2-56 是该组件的主视和俯视示意图。图中，抓取机械手装置已经安装在组件的滑动溜板上。

传动组件由步进电动机、同步轮、同步带、直线导轨、滑动溜板、拖链和原点开关、左、右极限开关组成。

步进电动机由步进电动机驱动器驱动，通过同步轮和同步带带动滑动溜板沿直线导轨作往复直线运动。从而带动固定在滑动溜板上的抓取机械手装置作往复直线运动。

抓取机械手装置上所有气管和导线沿拖链铺设，进入线槽后分别连接到电磁阀组和接线端子排组件上。

原点开关用以提供直线运动的起始点信号。左、右极限开关则用以提供越程故障时的保护信号。当滑动溜板在运动中越过左或右极限位置时，极限开关会动作，从而向系统发出越程故障信号。

单元二　机电一体化机械技术

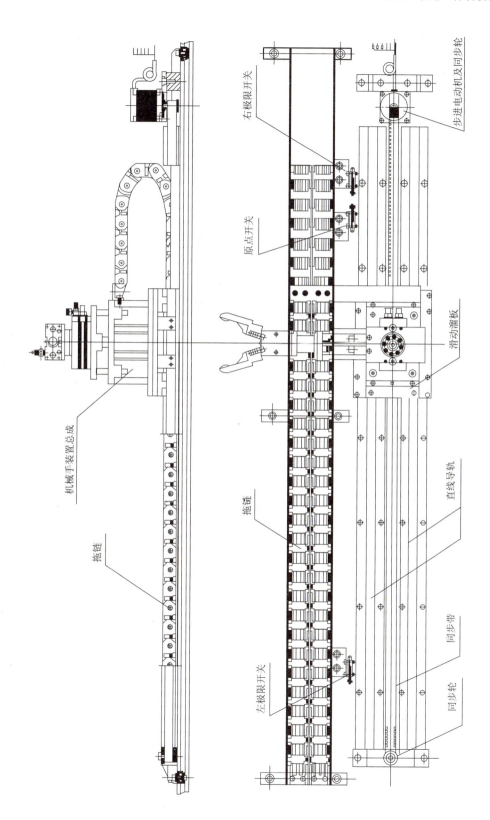

图 2-56　步进电动机传动组件的主视和俯视示意图

已经安装好的步进电动机传动组件和抓取机械手装置如图 2-57 所示。该设备为亚龙公司生产的 YL-335 型自动生产线实训设备，根据其运动状态及工作原理，请读者参照后续章节相关内容自行拟定气动回路图、电气控制图及 PLC 程序图。

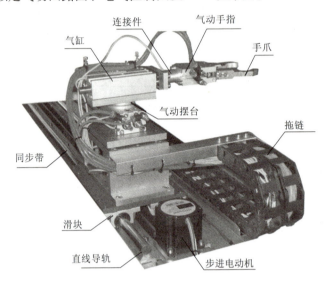

图 2-57　步进电动机传动组件和抓取机械手装置

单元 三

机电一体化传感检测技术

≫ A. 教学目标

1. 掌握传感器组成及工作原理
2. 熟悉传感器的分类
3. 掌握常用传感器在工业中的应用
4. 掌握开关量、数字量、模拟量传感器输出信号处理方法

≫ B. 引言

人类为了进一步认识和改造自然，依靠自身的感觉器官显得很不够用。于是，一系列代替、补充、延伸人的感觉器官功能的各种手段就应运而生，从而出现了各种用途的传感器。随着电子设备水平不断提高以及功能不断加强，传感器也越来越显得重要。一切现代化仪器、设备几乎都离不开传感器。随着武器装备和国防科技的发展，对传感器的配套需求不断增加，对传感器的技术水平和质量提出了更高的要求，世界各国都将传感器技术列为重点发展的高新技术，传感器技术已成为高新技术竞争的核心技术之一，并且发展十分迅速。从市场来看，力、压力、加速度、物位、温度、湿度、水分等传感器应用更为广泛。

3.1 传感器组成与分类

传感器（sensor）是能够检测出自然界中的各种物理量（或者化学量），并转换成相应非电量或电量的装置，又称为变送器、换能器或探测器。目前，传感器在所有领域的工业制品中已经是不可缺少的重要部件。

在机电一体化系统中，被测量主要指各种物理量。机电一体化中涉及的重要物理量主要有：位置（位移）、速度、加速度、角度、转速，以及温度、湿度、光量、电量、流量、磁场、AE、超声波、红外线等。

3.1.1 传感器的组成

传感器一般由敏感元件、转换元件和其他辅助部件组成，如图 3-1 所示。

（1）敏感元件是一种能够将被测量转换成易于测量的物理量的预变换装置，而输入、输出间具有确定的数学关系（最好为线性）。如弹性敏感元件将力转换为位移或应变输出。

图 3-1　传感器组成框图

（2）传感元件是将敏感元件输出的非电物理量转换成电信号（如电阻、电感、电容等）形式。例如将温度转换成电阻变化，位移转换为电感或电容等传感元件状态的变化。

（3）基本转换电路是将电信号量转换成便于测量的电量，如电压、电流、频率等。

有些传感器（如热电偶）只有敏感元件，感受被测量时直接输出电动势。有些传感器由敏感元件和转换元件组成，无须基本转换电路，如压电式加速度传感器。还有些传感器由敏感元件和基本转换电路组成，如电容式位移传感器。有些传感器，转换元件不止一个，要经过若干次转换才能输出电量。大多数传感器是开环系统，但也有个别的是带反馈的闭环系统。

3.1.2　传感器的分类

传感器分类方法很多，概括起来可按以下几方面分类。

（1）按工作的物理原理分为机械式、电气式、辐射式、流体式传感器等。

（2）按信号的变换特征分为物性型和结构型传感器。

结构型传感器主要通过机械结构几何形状或尺寸的变化将外界被测量转换为相应的电阻、电感、电容等物理量的变化，从而检测出被测量信号。目前应用最为普遍。

物性型传感器利用某些材料本身物理性质的变化而实现测量。它是以半导体、电介质等作为敏感材料的固态器件。

（3）按传感器输出信号类型分为模拟型、开关型和数字型传感器。

开关型传感器只有"1"和"0"两个值，或开和关两个状态。如行程控制时使用的限位开关就是开关量输出信号。

数字型传感器分为计数型和代码型。计数型常用于检测通过传送带上产品的个数，又称为脉冲数字型；代码型传感器又称为编码器，输出的信号为数字代码。

模拟型传感器输出信号为一定范围的电流或电压模拟信号。对于热敏电阻器和应变片等传感器信号来说，其阻抗值变化而引起的信号变化是连续的，因此，这些传感器信号是模拟信号。

一般情况下，传感器信号需要由控制器来进行处理，当处理传感器信号时，需要把模拟信号和数字信号区别开。因此，必须掌握传感器信号的性质，才能利用控制器正确完成传感器信号的处理。

（4）按与被测量间关系分为能量转换型和能量控制型。

（5）市场上销售的传感器的类型主要按被测物理量来分类。一般分为位移传感器、位置传感器、速度传感器、加速度传感器、力传感器、温度传感器等。表 3-1 列出部分传感器的工作原理和主要用途供读者参考。

单元三　机电一体化传感检测技术

表 3-1　各种物理量的传感器

物理量	传感器名称	工作原理	输出信号	用途
位置	微动开关	瞬动机构	电	位置控制，判断物体有无，测转矩、质量
	极限开关	弹簧机构	电	位置控制，判断物体有无，测转矩、质量
	接触传感器	阻抗变化	电	位置控制，判断物体有无，尺寸测定
	直线光栅	光学的干涉	电	位置控制，尺寸测定
位移	差动变位计	电磁力	电	尺寸测定
	磁传感器	磁力	电	尺寸测定，位置显示
	磁开关	磁力	电	位置控制，判断物体有无
	接近开关	磁力	电	位置控制，判断物体有无
速度	转速计	多普勒效应	电	转速测量
	脉冲编码器	光	电	转速测量，计数器
	接近开关	磁力	电	转速测量，计数器
加速度	压电加速度传感器	压电效应	电	振动测定
	阻抗型传感器	阻抗变化	电	应变测定
	应变型传感器	阻抗变化	电	应变测定
角度	感应式传感器	电磁力	电	位置反馈控制
	旋转变压器	电磁力	电	位置反馈控制
	磁编码器	光学干涉	电	工件长度，位置控制
	光电编码器	光	电	工件长度，位置控制
力（压力）	压力传感器	压电效应 压电阻抗效应	电	振动、冲击测定 振动、冲击测定（发动机控制）
	应变计	阻抗变化	电	切削力、负载点测定
温度	热敏电阻	电阻变化	电	温度测量
	热电偶	P 与 N 间电势	电	温度测量
	弹性双金属片	受热体积膨胀	机械	温度测量
湿度	陶瓷湿度传感器	电阻变化	电	干燥箱湿度测量
	陶瓷温度、气体传感器	电阻变化	电	气体检测

61

续表

物理量	传感器名称	工作原理	输出信号	用 途
光量	光电二极管	齐纳效应	电	光通信、光测量
	光电三极管	电子雪崩效应	电	光通信、光测量
	CCD 图像传感器	光电效应	电	图形识别，图像处理
流量	流量传感器	BIP 晶体管温度特性	电	气体、液体流量测定

3.2 典型常用传感器

在本节中，根据被测物理量的不同分别介绍几类常用的传感器。

3.2.1 位置传感器

目前，工厂设备若要实现自动化和无人化管理，位置传感器必不可少，特别是对 CNC 机床和工业机器人进行控制时，位置传感器起着非常重要的作用。

按照是否为接触检测，位置传感器可分为接触式开关、非接触式开关等。接触式开关包含封入式、微动开关、精密式等极限开关；非接触式又分为接近开关和光电开关。近年来，非接触式的接近传感器和光电传感器获得了极为广泛的应用。

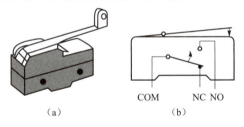

图 3-2 极限开关

(a) 外观；(b) 接触形式：逆切换型

1. 极限开关（微动开关）

接触式极限开关主要用于极限位置的检测，当机械挡块撞击到极限开关滚轮上时，极限开关动作。极限开关的外观和内部结构如图 3-2 所示。

这种极限开关具有以下特点。

① 能够实现大容量（10 A、250 V AC）的开闭。

② 寿命长［机械寿命 2 000 万次以上，电气寿命 50 万次以上（10 A、250 V AC）］。

③ 具有优良的动作位置精度。动作位置精度可达±0.4 mm。

④ 取得各国安全标准认证（UL、CSA、SEMKO）。

图 3-3 所示为利用极限开关对 CNC 机床的进给平台进行位置控制时的一个实例。

接触式极限开关的优点是：可以制成各种大小和形状来适应安装环境，以供使用者选择，同时，价格便宜。其缺点主要有两点：一是由于是接触式，使用时故障

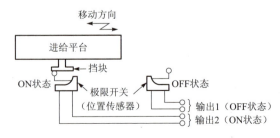

图 3-3 极限开关在数控机床上的应用

率较高;二是会产生电气噪声,需要采取措施来防止噪声。

由于接触式极限开关和微动开关存在上述不足之处,近年来普遍使用噪声较小的非接触式位置传感器。非接触式位置传感器主要有接近传感器和光电传感器等。有代表性的接近传感器主要有舌簧传感器;有代表性的光电传感器主要有光电开关等。

2. 接近传感器

接近传感器是一种非接触式位置传感器,能够感知物体的靠近,利用位移传感器对接近物体所具有的敏感特性,达到识别物体靠近、并输出开关信号的目的。它具有速度快、频率高等特点。其代表舌簧传感器结构如图 3-4 所示。舌簧传感器由两个簧片组成,在常态下处于断开状态,当与磁块接近时,簧片被磁化结合,转为接通状态,发出信号表明物体的靠近,当用于自动生产线时,可用于检测物体的有无。其位置控制方法如图 3-5 所示。

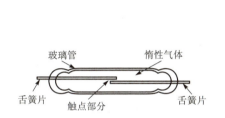

图 3-4 舌簧传感器结构图

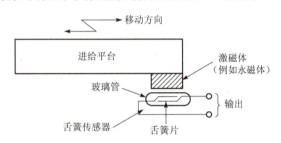

图 3-5 舌簧传感器的位置控制方法

3. 光电传感器

光电传感器是指能够将可见光转换成某种电量的传感器,又称为光电开关。光电二极管是最常见的光电传感器。光电二极管外形与一般二极管一样,在管壳上开有一个嵌着玻璃的窗口,以便光线射入,为增加受光面积,PN 结的面积做得较大,光电二极管工作在反向偏置工作状态,并与负载电阻串联。当有光照时,在负载电阻上就能得到随光照强度变化而变化的电信号。

光敏三极管除了具有光电二极管能将光信号转换成电信号的功能外,还有对电信号放大的功能。光敏三极管的外形与一般三极管相差不大,一般光敏三极管只引出两个极——发射极和集电极,基极不引出,管壳同样开窗口,以便光线射入。光电三极管要比光电二极管具有更高的灵敏度。

在物理上,由光引起的效应主要有 3 种类型,见表 3-2。

表 3-2 光电效应的种类

光电效应种类	元件名称	特　　点
光电效应	光电二极管、光敏三极管、太阳电池	响应速度快 一般波长频域较窄
光导电效应	CdS、CdSe、PbS 元件	响应速度慢,内部结构为阻性,容易作成接近于视觉感度的元件
光电子发射效应	光电管、光电子倍增管	一般容量较大,所消耗功率较大

光电传感器一般由发光元件(发光二极管,即 LED)和受光元件(光敏三极管)组合

构成。其原理如图3-6所示。其中发光元件将电信号变换成光信号，而受光元件则把光信号重新变换为电信号。

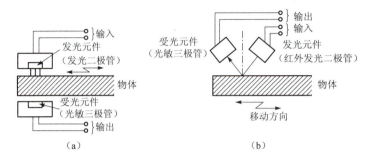

图3-6 光电传感器的位置控制方法
(a) 透过型；(b) 反射型

图3-6（a）所示传感器可检测出物体是否从两元件间通过，称为透过型光电传感器。图3-6（b）所示传感器则将光投向物体，然后检测其反射光，称为反射型光电传感器。

3.2.2 位移传感器

按照运动形态，位移传感器可分为直线位移传感器和角位移传感器。直线式位移传感器主要有差动变压器、电位器、光栅尺、光学式位移测定装置等。角位移传感器主要有旋转编码器等。

位移传感器还可以分为模拟式传感器和数字式传感器，模拟式传感器输出是以幅值形式表示输入位移的大小，如电容式传感器、电感式传感器等；数字式传感器的输出是以脉冲数量的多少表示位移的大小，如光栅传感器、磁栅传感器、感应同步器等。光电编码盘的输出是一组不同的编码代表不同的角度位置。下面分别介绍模拟式位移传感器、数字式传感器的原理。

1. 模拟式位移传感器

由于电容式、电感式传感器在原理上有相似之处，所以下面以电感式传感器为例来介绍模拟式传感器测量位移的原理。

电感式传感器是基于电磁感应原理，将被测非电量转换为电感量变化的一种结构型传感器。按其转换方式的不同，可分为自感型和互感型两种，自感型电感传感器又分为可变磁阻式和涡流式。互感型又称为差动变压器式。

（1）可变磁阻式电感传感器。典型的可变磁阻式电感传感器的结构如图3-7所示，主要由线圈、铁芯和活动衔铁所组成。在铁芯和活动衔铁之间保持一定的空气隙δ，被测位移构件与活动衔铁相连，当被测构件产生位移时，活动衔铁随着移动，空气隙δ发生变化，引起磁阻变化，从而使线圈的电感值发生变化。

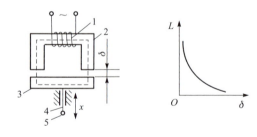

图3-7 可变磁阻式电感传感器

1—线圈；2—铁芯；3—活动衔铁；4—测杆；5—被测件

该传感器的灵敏度与空气隙 δ 的平方成反比，δ 越小，灵敏度越高，但该传感器会出现非线性误差。为了减小非线性误差，通常规定传感器应在较小间隙的变化范围内工作。在实际应用中，可取 $\Delta\delta/\delta_0 \leq 0.1$。这种传感器适用于较小位移的测量，一般为 0.001~1 mm。

（2）差动变压器式电感传感器。互感型电感传感器是利用互感 M 的变化来反映被测量的变化。这种传感器实质是一个输出电压的变压器。当变压器初级线圈输入稳定交流电压后，次级线圈便产生感应电压输出，该电压随被测量的变化而变化。

差动变压器式电感传感器是常用的互感型传感器，其结构形式有多种，以螺管形应用较为普遍，其结构及工作原理如图 3-8（a）、图 3-8（b）所示。传感器主要由线圈、铁芯和活动衔铁三个部分组成。线圈包括一个初级线圈和两个反接的次级线圈，当初级线圈输入交流激励电压时，次级线圈将产生感应电动势 e_1 和 e_2。由于两个次级线圈极性反接，因此传感器的输出电压为两者之差，即 $e_y = e_1 - e_2$。活动衔铁能改变线圈之间的耦合程度。输出 e_y 的大小随活动衔铁的位置而变。当活动衔铁的位置居中时，即 $e_1 = e_2$，$e_y = 0$；当活动衔铁向上移时，即 $e_1 > e_2$，$e_y > 0$；当活动衔铁向下移时，即 $e_1 < e_2$，$e_y < 0$。活动衔铁的位置往复变化，其输出电压 e_y 也随之变化，输出特性如图 3-8（c）所示。

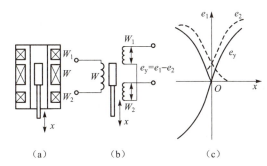

图 3-8　差动变压器式电感传感器
（a），（b）工作原理；（c）输出特性

值得注意的是：首先，差动变压器式传感器输出的电压是交流电压，如用交流电压表指示，则输出值只能反应铁芯位移的大小，而不能反映移动的极性；其次，交流电压输出存在一定的零点残余电压。零点残余电压是由于两个次级线圈的结构不对称，以及初级线圈铜损电阻、铁磁材质不均匀、线圈间分布电容等原因所形成。所以，即使活动衔铁位于中间位置时，输出也不为零。鉴于这些原因，差动变压器的后接电路应采用既能反应铁芯位移极性，又能补偿零点残余电压的差动直流输出电路。

2. 数字式位移传感器

数字式位移传感器有光栅、磁栅、感应同步器等，它们的共同特点是利用自身的物理特征，制成直线形和圆形结构的位移传感器，输出信号都是脉冲信号，每一个脉冲代表输入的位移当量，通过计数脉冲就可以统计位移的尺寸。下面主要以光栅传感器和感应同步器来介绍数字式传感器的工作原理。

（1）光栅位移传感器。光栅是一种新型的位移检测元件，有圆光栅和直线光栅两种。它的特点是测量精确高（可达 ±1 μm）、响应速度快和量程范围大（一般为 1~2 m，连接使用可达到 10 m）等。

光栅由标尺光栅和指示光栅组成，两者的光刻密度相同，但体长相差很多，其结构如图 3-9 所示。

光栅条纹密度一般为每毫米 25，50，100，250 条等。把指示光栅平行地放在标尺光栅上面，并且使它们的刻线相互倾斜一个很小的角度 θ，这时在指示光栅上就出现几条较粗的明暗条纹，称为莫尔条纹。它们是沿着与光栅条纹几乎成垂直的方向排列，如图 3-10 所示。

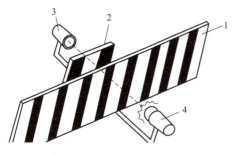

图 3-9 光栅测量原理

1—光栅；2—光栏板；3—光电接收元件；4—光源

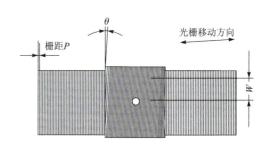

图 3-10 莫尔条纹示意

光栅莫尔条纹的特点是起放大作用，用 W 表示条纹宽度，P 表示栅距，θ 表示光栅条纹间的夹角，则有

$$W \approx \frac{P}{\theta}$$

若 $P=0.01$ mm，把莫尔条纹的宽度调成 10 mm，则放大倍数相当于 1 000 倍，即利用光的干涉现象把光栅间距放大 1 000 倍，因而大大减轻了电子线路的负担。

光栅可分为透射和反射光栅两种。透射光栅的线条刻制在透明的光学玻璃上，反射光栅的线条刻制在具有强反射能力的金属板上，一般用不锈钢。

光栅测量系统的基本构成如图 3-11 所示。光栅移动时产生的莫尔条纹明暗信号可以用光电器件接受，图 3-11 中的 a，b，c，d 是四块光电池产生的信号，相位彼此差 90°，对这些信号进行适当的处理后，即可变成光栅位移量的测量脉冲。

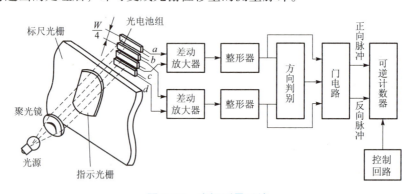

图 3-11 光栅测量系统

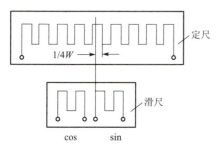

图 3-12 感应同步器原理图

（2）感应同步器。感应同步器是一种应用电磁感应原理制造的高精度检测元件，有直线和圆盘式两种，分别用作检测直线位移和转角。

直线感应同步器由定尺和滑尺两部分组成。定尺较长（200 mm 以上，可根据测量行程的长度选择不同规格长度），上面刻有均匀节距的绕组；滑尺表面刻有两个绕组，即正弦绕组和余弦绕组，见图 3-12。当余弦绕组与定子绕组相位相同时，正弦绕组与定子绕组错开 1/4 节距。滑尺在通有电流的定尺表面相对运动,产生感应电势。

圆盘式感应同步器,如图 3-13 所示,其转子相当于直线感应同步器的滑尺,定子相当于定尺,而且定子绕组中的两个绕组也错开 1/4 节距。

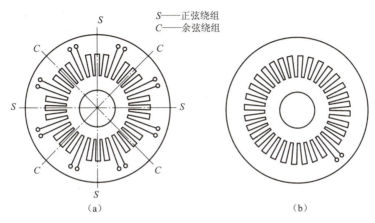

图 3-13 圆盘式感应同步器摇组图形
(a) 定子; (b) 转子

3.2.3 速度和加速度传感器

速度、加速度测试有许多方法,可以使用直流测速机直接测量速度,也可以通过检测位移换算出速度和加速度,还可以通过测试惯性力换算出加速度等。下面介绍几种典型的测试方法。

1. 直流测速机速度检测

直流测速机是一种测速元件,实际上它就是一台微型的直流发电机。根据定子磁极激磁方式的不同,直流测速机可分为电磁式和永磁式两种。如以电枢的结构不同来分,可分为无槽电枢、有槽电枢、空心杯电枢和圆盘电枢等。近年来,又出现了永磁式直线测速机。常用的为永磁式测速机。

测速机的结构有多种,但原理基本相同。图 3-14 所示为永磁式测速机原理电路图。恒定磁通由定子产生,当转子在磁场中旋转时,电枢绕组中即产生交变的电势,经换向器和电刷转换成与转子速度成正比的直流电势。

直流测速机的输出特性曲线,如图 3-15 所示。从图中可以看出,当负载电阻 $R_L \to \infty$ 时其输出电压 V_0 与转速 n 成正比。随着负载电阻 R_L 变小,其输出电压下降,而且输出电压与转速之间并不能严格保持线性关系。由此可见,对于要求精度比较高的直流测速机,除采取其他措施外,负载电阻 R_L 应尽量大。

直流测速机的特点是输出斜率大、线性好,但由于有电刷和换向器,构造和维护比较复杂,摩擦转矩较大。

直流测速机在机电控制系统中,主要用作测速和校正元件。在使用中,为了提高检测灵敏度,尽可能把它直接连接到电动机轴上。有的电动机本身就已安装了测速机。

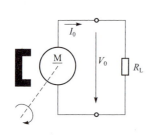

图 3-14　永磁式测速机原理电路图

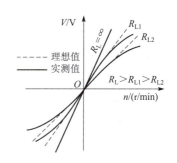

图 3-15　直流测速机输出特性曲线

2. 光电式转速传感器

光电式转速传感器是一种角位移传感器，由装在被测轴（或与被测轴相连接的输入轴）上的带缝隙圆盘、光源、光电器件和指示缝隙盘组成，如图 3-16 所示。光源发出的光通过缝隙圆盘和指示缝隙照射到光电器件上。当缝隙圆盘随被测轴转动时，由于圆盘上的缝隙间距与指示缝隙的间距相同，因此圆盘每转一周，光电器件输出与圆盘缝隙数相等的电脉冲，根据测量单位时间内的脉冲数 N，则可测出转速为

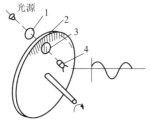

图 3-16　光电式转速传感器的结构原理图

1—透镜；2—带缝隙圆盘；
3—指示缝隙盘；4—光电器件

$$n = \frac{60N}{Zt}$$

式中　Z——圆盘上的缝隙数；
　　　n——转速，r/min；
　　　t——测量时间，s。

一般取 $Zt = 60 \times 10^m$（$m = 0, 1, 2, \cdots$），利用两组缝隙间距 W 相同，而位置相差 $(i/2 + 1/4)'W$（$i = 0, 1, 2, \cdots$）的指示缝隙和两个光电器件，则可辨别出圆盘的旋转方向。

3. 加速度传感器

作为加速度检测元件的加速度传感器有多种形式，它们的工作原理都是利用惯性质量受加速度所产生的惯性力而造成的各种物理效应，进一步转化成电量，间接度量被测加速度。最常用的有应变式、压电式、电磁感应式等。

应变式传感器加速度测试原理如图 3-17 所示，它是通过测试惯性力引起弹性敏感元件的变形换算出力的关系，相关原理在后续内容中介绍。电磁感应式传感器是借助弹性元件在惯性力的作用下，变形位移引起气隙的变化导致的电磁特性。压电式传感器是利用某些材料在受力变形的状态下产生电的特性的原理，下面重点介绍压电式传感器原理及使用方法。

（1）压电效应及压电材料。当某些材料沿某一方向施加压力或拉力时，会产生变形，并在材料的某一相对表面产生符号相反的电荷；当去掉外力后，它又重新回到不带电的状

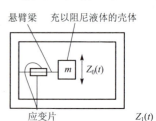

图 3-17　应变式加速度传感器

态。这种现象被称为压电效应。具有压电效应的材料叫压电材料。另外，当给压电材料的某一方向施加电场，压电材料会产生相应的变形，这是压电材料的逆压电效应。常见的压电材料有单晶体结构的石英晶体和多晶体结构的人造压电陶瓷（如钛酸钡和锆钛酸铅等）。

压电材料的压电特性只和变形有关，施加的外力是产生变形的手段。石英晶体产生压电效应的方向只有 x 轴方向，其他方向都不会产生电荷。

（2）压电传感器结构及特性。压电传感器是以电荷或两极间的电势作为输出信号。当测试静态信号时，由于任何阻抗的电路都会产生电荷泄漏，因此测量电势的方法误差很大，只能采用测量电荷的方法。当给压电传感器施加交变的外力，传感器就会输出交变的电势，信号处理电路相对简单，因此压电式传感器适合测试动态信号，且频率越高越好。

压电传感器结构一般由两片或多片压电晶体黏合而成，由于压电晶片有电荷极性，因此接法上分成并联和串联两种（如图 3-18）。并连接法虽然输出电荷大，但由于本身电容也大，故时间常数大，可以测量较慢变化的信号，并以电荷作为输出参数测量。串连接法输出电压高，本身电容小，适应以电压输出的信号和测量电路输出阻抗很高的情况。

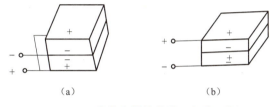

图 3-18 压电传感器的并联、串联示意图

（a）并联；（b）串联

由于压电传感器信号较弱，且是电荷的表现形式，因此测量电路必须进行信号放大。目前，压电传感器应用相当普遍，且生产厂家都专门配备有传感器处理电路。

（3）压电传感器应用。压电传感器可以用在压力和加速度检测、振动检测、超声波探测等，还可以应用在拾音器、助听器、点火器等产品中。

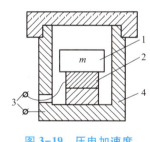

图 3-19 压电加速度传感器机构

压电加速度测试传感器结构原理如图 3-19 所示。图中 1 是质量块，当加速运动时质量块产生的惯性力加载在 2（压电材料切片）上，3 是电荷（或电势）的输出端。该压电传感器是两片压电材料切片组成，下面一片的输出引线是通过壳体与电极平面相连。

使用时，传感器固定在被测物体上，感受该物体的振动，惯性质量块产生惯性力，使压电元件产生变形。压电元件产生的变形和由此产生的电荷与加速度成正比。压电加速度传感器可以做得很小，质量很轻，故对被测机构的影响就小。压电式加速度传感器的频率范围广、动态范围宽、灵敏度高，应用较为广泛。

3.2.4 温度传感器

无论在家用电器产品中的温度控制以及化学工厂中的温度检测等应用场合，还是在水位、温度、流速、压力等应用场合的计量与控制中，都广泛采用了各种温度传感器。按温度测量方式来分，温度传感器可分为接触式和非接触式。

所谓接触式，就是温度传感器直接接触被测物体表面的一种测量方式。这种测量方式应用广泛，传感器的结构简单。有代表性的接触式温度传感器主要有热敏电阻器、铂热电阻器和热电偶等。而非接触式温度传感器，则是通过测定从发热物体放射出的红外线，从红外线的量来间接测定物体的温度。在这种测定方式下，传感器的结构比较复杂。有代表性的非接触式温度传感器主要有热电堆等。

热敏电阻器是一种有代表性的接触式温度传感器。它是一种半导体热敏元件，其电阻值随温度的变化而变化。正是利用了这一特性，人们制成了热敏电阻式温度传感器。由于热敏电阻器的特性具有明显的非线性，使其测温精度较低。但是，热敏电阻器的灵敏度约为铂热电阻器的10倍，因此作为温度传感器，目前仍然获得了广泛的应用。其制作方法是以锰（Mn）、镍（Ni）、钴（Co）等金属氧化物为主要成分的半导体，在高温下烧结成陶瓷热敏电阻器。热敏电阻器的形状可制成珠形、片形、圆盘形等。各种不同形状的热敏电阻器的外观和内部结构如图3-20所示。

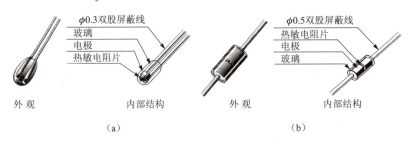

图3-20 热敏电阻器的各种形状
(a) 珠形；(b) 片形

表3-3列出了常用热敏电阻器的种类和特性。可以看出，随着温度的升高，有在特定温度下阻抗急剧增加的PTC型，有在特定温度下阻抗急剧减小的CTR型，以及阻抗随温度按指数规律减小的NTC型等。PTC型不能在宽广的温度范围内作为温度传感器使用，但是与NTC型相比较，其温度系数高出接近一个数量级，因此常作为定温温度传感器使用。作为定温温度传感器使用的还有CTR型，只是其阻抗在特定温度下不是急剧增加，而是急剧减小。由于PTC型热敏电阻器具有特异的阻抗—温度特性，因此广泛应用于电饭锅、干燥机、干燥器等很多种工业制品中，作为温度传感器使用。

表3-3 热敏电阻器的种类与特性

种类	特性	使用温度范围	特性曲线	备 注
NTC	随着温度升高阻抗值减小的负温度系数	-50 ℃ ~ 400 ℃	阻抗随温度升高递减曲线	各种温度测量
PTC	随着温度升高阻抗值增大的正温度系数	-50 ℃ ~ 150 ℃	阻抗随温度升高递增曲线	温度开关

续表

种类	特性	使用温度范围	特性曲线	备注
CTR	在某一温度下，内部阻抗急剧变化的负温度系数（开关特性）	−50 ℃ ~ 150 ℃		温度报警

（1）铂热电阻器。通过测取金属的电阻来求得温度的温度传感器称为测温电阻器，其中广泛应用的是化学性能稳定并容易获得高纯度的铂热电阻式温度传感器。图 3-21 显示了具有保护管的铂热电阻器测温元件的外观、温度特性以及与热敏电阻的比较。一般大多将铂热电阻器的细丝卷绕成线圈状，与其他传感器相比，从外形上看，铂热电阻器的尺寸较大，这也是它的一个缺点。目前，铂热电阻器小型化的制品已经实用化，如电饭锅和电热器的传感器。

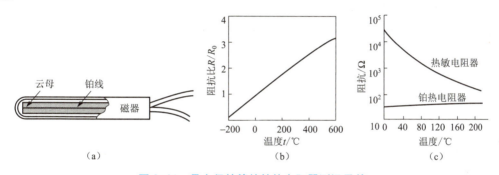

图 3-21 具有保护管的铂热电阻器测温元件
（a）外观；（b）温度特性；（c）与热敏电阻器的比较

（2）热电偶。热电偶是利用热电效应原理而制成的一种温度传感器。当两种不同材料的导体构成一个闭合回路时（参见图 3-22），如果两端结点的温度不同，回路中就会产生电动势和电流，这种现象称为热电效应，所产生的电动势称为热电动势，热电动势的大小与两种导体材料的性质及结点温度有关。热电偶的两个结点分别称为测温结点和基准结点。当采用热电偶测温时，实际上就是测定测温结点与基准结点之间的热电动势。因此，为了测得测温结点的温度，必须使基准结点的温度保持一定。一般用基准结点温度为零度时的热电动势来定义测温结点的温度。

热电偶具有以下优点：比较便宜、容易买到，测量方法简单、测温精度高，测量时间上的滞后小，可以实现很宽范围内的温度测量（与热敏电阻等相比）。可以选用与灵敏度和寿命等状况相适应的热电偶类型。利用热电偶可以进行小型被测物和狭窄场所的测温，可以进行较长距离（即被测物体与测温仪表之间的距离较远）的温度测量，对于测量电路到测温仪表中间的电路，即使局部的温度发生变化，也基本上不会对测定值造成影响。图 3-23 显示了典型热电偶的热电动势—温度特性。

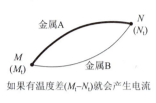
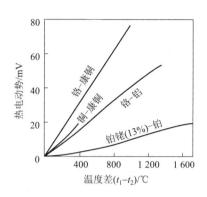

图 3-22 热电偶原理　　　　图 3-23 几种热电偶的热电动势—温度特性

（3）非接触式温度传感器。具有代表性的非接触式温度传感器是热电式温度传感器。热电式温度传感器利用了强电介体陶瓷的热电效应，通过测定从被测物体放射出的红外线的波长来测定温度。一般情况下，红外线的波长较短时被测物体的温度较高，波长较长时温度较低。热电式温度传感器的优点是：实现了非接触式测值，不为红外线的波长所左右，可获得稳定的检测灵敏度。可以实现对高、低温物体以及移动中的气体、液体、固体检测对象的远程温度测量。另外，这种温度传感器使用简单、价格便宜。

3.2.5 红外线传感器

1800 年，英国人 W. Herschel 在进行证明红外线（接近于可视光线的波长为 1~700 nm 的电磁波）存在的实验时使用了水银温度计。可以说，水银温度计是一种使用最早的红外线传感器。

红外线传感器接收红外光的照射，并将红外光的辐射能量转换成电信号。根据红外线传感器的工作原理，大体上可以分为两种类型：一种为热型红外线传感器，另一种为量子型红外线传感器。热型红外线传感器的特点是：灵敏度和响应速度均较低，波长带域较宽，可以在常温下使用，使用时比较方便等。量子型红外线传感器则具有检测的灵敏度高，响应速度快等特点。

热型红外线传感器利用了红外线的热效应，使传感元件受热而温度上升，因而使传感元件的电气性能发生变化，检测这一变化并转换成标准电信号输出，这就是热型红外线传感器的原理。很长时间以来，热型红外线传感器主要作为红外分光器使用。主要有以热电动势效应为中心的热电堆和以热电效应为中心的 PZT、$LiTaO_3$ 等。表 3-4 列出了热型红外线传感器的原理、特点及应用实例。

表 3-4　热型红外线传感器的原理、特点及应用实例

工作原理	优点	缺点	应用举例
热电动势（红外线—温度差—产生热电动势）	无电源、机械强度大、直流响应、价格低	敏感度比较小	放射温度计、防灾、防盗、家用电器

续表

工作原理	优点	缺点	应用举例
热电效应（红外线—温度变化—产生电荷）	无电源、可高速响应、价格低	振动影响、直流光不感应	防灾、防盗、家用电器
惰性气体的热膨胀（红外线—密封气体的体积膨胀—膜变位—光学检测）	检测灵敏度高	很容易损坏、价格高	物理化学仪器、分光光度仪
电阻随温度变化（红外线—温度变化—电阻变化）	机械强度大、直流响应	需要电源	放射计、分析仪
特定气体的热膨胀（红外线—密封气体的体积膨胀—膜变位—电容量变化）	高选择性	不能用于全波长感应	公害分析仪、过程控制

3.3 传感器的选择方法

传感器在原理与结构上差异很大，怎样合理选用传感器，是进行测量前首先应解决的问题。当传感器确定之后，配套的测量方法和测量设备也就可以确定。测量结果的成败，在很大程度上取决于传感器的选用是否合理。在选择传感器时，可按照下面步骤进行。

（1）根据测量对象选择相应传感器类型。
（2）明确传感器使用目的和条件，选择传感器工作方式。
（3）了解所测量的范围、精度和灵敏度。
（4）考虑测量环境、测量的稳定性、寿命、使用的方便性、是否容易买到以及价格等因素。

要进行具体的测量工作，首先要分析多方面的因素，考虑采用何种原理的传感器。即使是测量同一物理量，也有多种原理的传感器可供选用，哪一种原理的传感器更为合适，则需要根据被测量的特点和传感器的使用条件考虑以下一些具体问题：量程的大小；被测位置对传感器体积的要求；测量方式为接触式还是非接触式；信号的引出方法，有线或是非接触测量；传感器的来源，国产还是进口，价格能否承受，还是自行研制等。在考虑上述问题之后就能确定选用何种类型的传感器，然后再考虑传感器的具体性能指标。

1. 灵敏度的选择

通常，在传感器的线性范围内，希望传感器的灵敏度越高越好。因为只有灵敏度高时，与被测量变化对应的输出信号的值才比较大，有利于信号处理。但要注意的是，传感器的灵敏度高，与被测量无关的外界噪声也容易混入，同样也会被放大系数放大，影响测量精度。因此，要求传感器本身应具有较高的信噪比，尽量减少从外界引入的干扰信号。传感器的灵敏度是有方向性的。当被测量是单向量，而且对其方向性要求较高，则应选择其他方向灵敏度小的传感器；如果被测量是多维向量，则要求传感器的交叉灵敏度越小越好。

2. 响应特性（反应时间）

传感器的频率响应特性决定了被测量的频率范围，必须在允许频率范围内保持不失真的测量条件，实际上传感器的响应总有一定延迟，希望延迟时间越短越好。传感器的频率响应高，可测的信号频率范围就宽，而由于受到结构特性的影响，机械系统的惯性较大，因而频率低的传感器可测信号的频率较低。在动态测量中，应根据信号的特点（稳态、瞬态、随机等）响应特性，以免产生过大的误差。

3. 线性范围

传感器的线性范围是指输出与输入成正比的范围。理论上讲，在此范围内，灵敏度保持定值。传感器的线性范围越宽，则其量程越大，并且能保证一定的测量精度。在选择传感器时，当传感器的种类确定以后首先要看其量程是否满足要求。但实际上，任何传感器都不能保证绝对的线性，其线性度也是相对的。当所要求测量精度比较低时，在一定的范围内，可将非线性误差较小的传感器近似看作线性的，这会给测量带来极大的方便。

4. 稳定性

传感器使用一段时间后，其性能保持不变化的能力称为稳定性。影响传感器长期稳定性的因素除传感器本身结构外，主要是传感器的使用环境。因此，要使传感器具有良好的稳定性，传感器必须要有较强的环境适应能力。在选择传感器之前，应对其使用环境进行调查，并根据具体的使用环境选择合适的传感器，或采取适当的措施，减小环境的影响。传感器的稳定性有定量指标，在超过使用期后，在使用前应重新进行标定，以确定传感器的性能是否发生变化。

在某些要求传感器能长期使用而又不能轻易更换或标定的场合，所选用的传感器稳定性要求更严格，要能够经受住长时间的考验。

5. 精度

精度是传感器的一个重要性能指标，它是关系到整个测量系统测量精度的一个重要环节。传感器的精度越高，其价格越昂贵。因此，传感器的精度只要满足整个测量系统的精度要求就可以，不必选得过高。这样就可以在满足同一测量目的的诸多传感器中选择比较便宜和简单的传感器。如果测量目的是定性分析的，选用重复精度高的传感器即可，不宜选用绝对量值精度高的；如果是为了定量分析，必须获得精确的测量值，就需选用精度等级能满足要求的传感器。

对某些特殊使用场合，无法选到合适的传感器，则需自行设计制造传感器。自制传感器的性能应满足使用要求。

3.4 传感器数据采集及其与计算机接口

在机电一体化系统中，传感器获取系统的有关信息并通过检测系统进行处理，以实施系统的控制，传感器处于被测对象与检测系统的界面位置，是信号输入的主要窗口，为检测系统提供必需的原始信号。中间转换电路将传感器的敏感元件输入的电参数信号转换成易于测量或处理的电压或电流等信号。通常，这种电量信号很弱，需要由中间转换电路进行放大、调制解调、A/D、D/A 转换等处理以满足信号传输及计算机处理的要求，根据需要还必须进行阻抗匹配、线性化及温度补偿等处理。中间转换电路的种类和构成由传感器的类型决定，不同的传感器要求配用的中间转换电路经常具有自己的特色。

需要指出的是，在机电一体化系统设计中，所选用的传感器多数已由生产厂家配好转换放大控制电路而不需要用户设计，除非是现有传感器产品在精度或尺寸、性能等方面不能满足设计要求，才自己选用传感器的敏感元件并设计与此匹配的转换测量电路。

传感器输出信号（模拟信号、数字信号和开关信号）的不同，其测量电路也有模拟型测量电路、数字型测量电路和开关型测量电路之分。

1. 模拟型测量电路

模拟型测量电路适合于电阻式、电感式、电容式、电热式等输出模拟信号的传感器。当传感器为电参量式时，即被测量的变化引起敏感元件的电阻、电感或电容的参数变化时，则需通过基本转换电路将其转换成电量（电压、电流等）。若传感器的输出已是电量，则不需基本转换电路。为了使测量信号具有区别于其他杂散信号的特征，以提高其抗干扰能力，采用中间转换电路对信号进行"调制"的方法，信号的调制一般在转换电路中进行。调制后的信号经放大再通过解调器将信号恢复原有形式，通过滤波器选取其有效信号。未调制的信号不需要解调，也不需要振荡器提供调制载波信号和解调参考信号。为适应不同测量范围的需要，还可以引入量程切换电路。为了获得数字显示或便于与计算机连接，常采用 A/D 转换电路将模拟信号处理成数字信号。

2. 数字型测量电路

数字型测量电路有绝对码数字式和增量码数字式。绝对码数字式传感器输出的编码与被测量一一对应，每一码道的状态由相应的光电元件读出，经光电转换、放大整形后，得到与被测量相对应的编码。

输出信号为增量码数字信号的传感器，如光栅、磁栅、容栅、感应同步器、激光干涉仪等传感器均使用增码测量电路。为了提高传感器的分辨力，常采用细分的方法，使传感器的输出变化 $1/N$ 周期时计一个数，N 称为细分数。细分电路还常同时完成整形作用，有时为便于读出还需要进行脉冲当量变换。辨向电路用于辨别运动部件的运动方向，以正确进行加法或减法计算。经计算后的数值被传送到相关的地方（显示或控制器）显示或控制。

3. 开关型测量电路

传感器的输出信号为开关信号，如光电开关和电触点开关的通断信号等。这类信号的测量电路实质为功率放大电路。

4. 转换电路

中间转换电路的种类和构成由传感器的类型决定。这里对常用的转换电路，如电桥、放大电路、调制与解调电路、模/数（A/D）与数/模（D/A）转换电路等的作用做一简单说明，其工作原理及应用电路请参考相关资料。

(1) 电桥。电桥适用于参量式传感器。其作用是被测物理量的变化引起敏感元件的电阻、电感或电容等参数的变化,转化为电量。

（2）放大电路。放大电路通常由运算放大器、晶体管等组成,用来放大来自传感器的微弱信号。为得到高质量的模拟信号,要求放大电路具有抗干扰、高输入阻抗等性能。常用的抗干扰措施有屏蔽、滤波、正确的接地等方法。屏蔽是抑制场干扰的主要措施,而滤波则是抑制干扰最有效的手段,特别是抑制导线耦合到电路中的干扰。对于信号通道中的干扰,可根据测量中的有效信号频谱和干扰信号的频谱,设计滤波器,以保留有用信号,剔除干扰信号。接地的目的之一是给系统提供一个基准电位,若接地方法不正确,会引起干扰。

（3）调制与解调电路。由传感器输出的电信号多为微弱的、变化缓慢的类似于直流的信号,若采用一般直流放大器进行放大和传送,零点漂移及干扰等会影响测量精度。因此常先用调制器把直流信号变换成某种频率的交流信号,经交流放大器放大后再通过解调器将此交流信号重新恢复为原来的直流信号形式。

（4）模/数与数/模转换电路。在机电一体化系统中,传感器输出的信号如果是连续变化的模拟量,为了满足系统信息的传输、运算处理、显示或控制的需要,应将模拟量变为数字量,或再将数字量变为模拟量,前者就是模/数转换,后者就是数/模转换。

传感器的计算机接口参见第 5.4.1 节。

小结

1. 传感器一般由敏感元件、转换元件和其他辅助部件组成。
2. 传感器是能感受规定的被测量并按照一定的规律转换成可用输出信号的器件或装置。
3. 按传感器输出信号类型分为模拟型、开关型和数字型传感器。
4. 按照是否为接触检测,位置传感器可分为接触式开关、非接触式开关等。接触式开关包含封入式、微动开关、精密式等极限开关;非接触式又分为接近开关和光电开关。
5. 位移传感器可分为直线位移传感器和角位移传感器。直线式位移传感器主要有差动变压器、电位器、光栅尺、光学式位移测定装置等。角位移传感器主要有旋转编码器等。
6. 光栅莫尔条纹的特点是起放大作用,用 W 表示条纹宽度,P 表示栅距,表示光栅条纹间的夹角,则有 $W=P/\theta$。
7. 直流测速机是一种测速元件,当转子在磁场中旋转时,电枢绕组中即产生交变的电势,经换向器和电刷转换成与转子速度成正比的直流电势。
8. 在传感器线性范围内,灵敏度越高,与被测量变化对应的输出信号的值才比较大,有利于信号处理。但传感器灵敏度高,外界噪声也容易混入,也会被放大系统放大,影响测量精度。

思考与练习 3

3-1 传感器的分类方法有哪些?

3-2 试说明位移传感器的分类。

3-3 列举常用的温度传感器,试说明其工作原理。

3-4 简单说明传感器的选择方法。

项目工程 3：典型机电一体化系统传感器的使用和选择方法

知识点：
- 传感器的分类（按照被测物理量）；
- 光电传感器的工作原理、结构；
- 传感器的安装与接线。

技能点：
- 具有根据测量目的正确选择和使用传感器的能力。

一、任务引入

MPS（模块化生产加工系统）是一种典型的机电一体化系统。本项目以 MPS 中的上料检测单元为例来探讨机电一体化系统传感器的使用方法和选择方法。

上料检测单元作为 MPS 系统中的起始单元，在整个系统中，起着向系统中的其他单元提供原料的作用。它的具体功能是：按照需要将放置在料盘中的待加工工件（原料）自动地取出，并检测出工件的颜色，最后将其提升到输出工件，等待下一个工作单元来抓取。上料检测单元示意图如图 3-24 所示。根据本章所学知识，选用合适传感器检测工件颜色，检测工件是否到位。

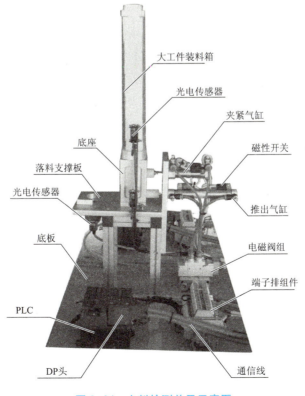

图 3-24　上料检测单元示意图

二、任务分析

上料检测单元主要由 I/O 接线端口、料盘模块、提升模块、工件检测组件、气源处理组件等部件组成。该单元具体工作过程如下。

工件散落在料盘中，当需要输出工件时，料盘旋转，工件通过分隔条一一排列输出圆形料盘，进入滑道，在后续工件的推动下，前面的工件依次从滑道滑入到工件平台中去。提升模块将料盘输出的工件提升到输出工件台。

工件平台在双作用气缸的驱动下，实现上下运动；滑动导向装置保证了工件平台不偏转。根据上料检测单元结构及要求来选用适当的传感器。

三、实施过程

根据以下步骤来进行传感器的选择。

（1）根据测量对象选择相应传感器类型。首先分析，所要检测的是工件的颜色和工件是否到达工作位置（即是否有物体靠近传感器）。可根据这点查阅资料选择传感器类型、位置、位移、速度、角度、力（压力）类型。

（2）明确传感器使用目的和条件，选择传感器工作方式。根据上料检测单元的具体结构，选择传感器的工作方式。

（3）了解所测量的范围、精度和灵敏度。根据设备具体要求查阅传感器手册，查找符合测量要求的传感器。

（4）考虑测量环境、测量的稳定性、寿命、使用的方便性、是否容易买到以及价格因素。

四、示例方案

该部分的检测由两个光电传感器组成：一个反射式光电式接近开关和一个漫反射式光电接近开关。具体如表 3-5 所示。

表 3-5　上料检测单元传感器及其用途

设备名称	设备用途	信号特征
反射式光电传感器	判断有无输入工件	信号为 1：有输入工件 信号为 0：无工件
漫射式光电传感器	判断工件的颜色	信号为 1：工件为白色 信号为 0：工件为黑色

反射式光电接近开关安装在底部，用于检测工件平台上是否有工件。

漫反射式光电接近开关安装在上部（输出工位），用于检测工件的颜色。

因为物体对不同频率的光吸收作用不同，白色物体会将所有频率的光（白光）全部反射回来，这样漫反射式光电接近开关感测这些光，就会有信号输出；而黑色物体会把所有频率的光全部吸收，原则上黑色物体是不能被漫反射式光电开关检测到的，漫反射式光电接近开关没有信号输出。这样我们的上料检测单元和检测单元上检测工件颜色就能分辨出工件的黑与白了。

注意：在检测工件平台上是否有工件时需要加入抗干扰条件，因为有时我们的肢体或其他物体的移动可能会造成反射式光电接近开关检测到有信号，当我们需要屏蔽这些干扰信号时，通常最简单的做法是在程序中加上一个计时器，当反射式光电接近开关检测到有工件后，再延时一段时间用以确认是否为真正的工件。

五、巩固练习

除了上料检测站外，MPS 还包含操作手站、加工站等，在后期学习过程中，根据以上步骤，可练习选择其他工作站合适的传感器。

单元四

机电一体化伺服驱动技术

A. 教学目标

1. 掌握机电一体化的伺服控制系统的结构、类型
2. 熟悉机电一体化伺服系统典型执行元件：电气式、液压式、气压式
3. 掌握步进电动机及其控制系统
4. 掌握伺服电动机结构及工作原理
5. 熟悉交流伺服电动机及其速度控制
6. 掌握液压执行元件工作原理及应用
7. 掌握气压执行元件工作原理
8. 熟悉常用执行元件功率驱动接口

B. 引言

伺服驱动系统是机电一体化技术的重要组成部分，其技术的发展程度直接关系到数控机床、工业机器人及其他产业控制技术的发展，是相关产业发展的关键技术之一。随着世界装备制造业的迅猛发展，高速切削、超精密加工、网络制造、具有网络接口的全数字交流伺服驱动系统、直线伺服系统和高速电主轴已成为伺服驱动系统的发展新方向。现代交流伺服系统最早被应用到宇航和军事领域，比如火炮、雷达控制。逐渐进入到工业领域和民用领域。工业应用主要包括高精度数控机床、机器人和其他广义的数控机械，比如纺织机械、印刷机械、包装机械、医疗设备、半导体设备、邮政机械、冶金机械、自动化流水线、各种专用设备等。其中伺服用量最大的行业依次是：机床、食品包装、纺织、电子半导体、塑料、印刷和橡胶机械，合计超过75%。

4.1 概 述

伺服驱动技术指执行系统和机构中的一些技术问题。伺服的意思就是"伺候服侍"，就是在控制指令的指挥下，控制驱动元件，使机械系统的运动部件按照指令要求进行运动。伺服系统是一种能够跟踪输入的指令信号进行动作，从而获得精确的位置、速度及动力输出的自动控制系统。伺服系统主要用于机械设备位置和速度的动态控制。加工中心的机械加工过程就是一个典型的伺服控制过程，位移传感器不断地将刀具进给的位移传送给计算机，通过与加工位置目标比较，计算机输出继续加工或停止加工的控制信号。

4.1.1 伺服驱动系统的种类及特点

绝大部分机电一体化系统都具有伺服功能，机电一体化系统中的伺服控制是为执行机构按设计要求实现运动而提供控制和动力的重要环节。

伺服系统本身就是一个典型的机电一体化系统。无论多么复杂的伺服系统都是由若干功能元件组成的。图 4-1 是由各功能元件组成的伺服系统基本结构方框图。

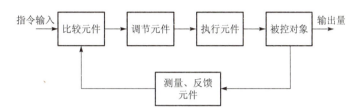

图 4-1　伺服系统基本结构方框图

（1）比较元件是将输入的指令信号与系统的反馈信号进行比较，以获得输出与输入间的偏差信号的环节，通常由专门的电路或计算机来实现。

（2）调节元件又称控制器，通常是计算机或 PID 控制电路，主要任务是对比较元件输出的偏差信号进行变换处理，以控制执行元件按要求动作。

（3）执行元件的作用是按控制信号的要求，将输入的各种形式的能量转化成机械能，驱动被控对象工作。机电一体化系统中的执行元件一般指各种电动机或液压、气动伺服机构等。

（4）被控对象是指被控制的机构或装置，是直接完成系统目的的主体。一般包括传动系统、执行装置和负载。

（5）测量、反馈元件是指能够对输出进行测量，并转换成比较元件所需要的量纲的装置。一般包括传感器和转换电路。无论采用何种控制方案，系统的控制精度总是低于检测装置的精度。

在实际的伺服控制系统中，上述每个环节在硬件特征上并不独立，可能几个环节在一个硬件中，如测速直流电动机既是执行元件又是检测元件。

伺服系统的种类很多，按其驱动元件的类型分类，可分为电气伺服系统、液压伺服系统、气动伺服系统。电气伺服系统根据电动机类型的不同又可分为直流伺服系统、交流伺服系统和步进电动机控制伺服系统。一般我们也将驱动元件称作执行元件或执行器、执行机构。

按控制方式分类，伺服系统又可分为开环控制伺服系统、闭环控制伺服系统和半闭环控制伺服系统。

开环控制伺服系统结构简单、成本低廉、易于维护，但由于没有检测环节，系统精度低、抗干扰能力差。闭环控制伺服系统能及时对输出进行检测，并根据输出与输入的偏差，实时调整执行过程，因此系统精度高，但成本也大幅提高。半闭环控制伺服系统的检测反馈环节位于执行机构的中间输出上，因此一定程度上提高了系统的性能。如位移控制伺服系统中，为了提高系统的动态性能，增设的电动机速度检测和控制就属于半闭环控制环节。

4.1.2 执行器及其选取依据

执行器通常又称为驱动器、调节器等，是驱动、传动、拖动、操纵等装置、机构或元器件的总称。目前，我国关于执行器的称谓还不尽一致。以往所指的电动、液动、气动执行器大多是按照采用动力源形式进行分类的器件，都是通过物体的结构要素实现对目的物的驱动和操作。与其相对应的则是物性型执行器，这种执行器主要是利用物体的物性效应（包括物理效应、化学效应、生物效应等）实现对目的物的驱动与操作。例如，利用逆压电效应的压电执行器，利用静电效应的静电执行器，利用电致与磁致伸缩效应的电与磁执行器，利用光化学效应的光化学执行器，利用金属的形状记忆效应的仿生执行器等。由此可见，这种利用物性效应的执行器与利用该效应的传感器一一对应且两者互为逆效应。此外，执行器还有更为广泛的概念：如果把工程实体看作一个系统，传感器担当信息采集，电子计算机担当信息处理，那么，信息的执行就是执行器的任务了。如果把计算机称为"电脑"，传感器称为"电五官"，那么，执行器就是"电手足"了。只有三者有机结合才能构成完整的自动化、智能化系统。足见执行器涵盖领域之广泛。

在许多工业应用中，至少有一个阶段是利用执行器（如电动机）将原动能（主要是指电能）转化为机械运动。更为重要的是，在系统中有诸如液压和气动系统等中间转化环节的存在。这些环节大大影响着整部机器的总效率。例如，气缸用来对某一负载定位似乎是有效的手段，但在设计整个系统时，必须考虑到从电动机到空气压缩机各个阶段的损失，包括压缩过程、压缩空气传输系统以及气缸本身的控制方法等因素。对于控制用的执行器，除能量转换效率外，更注重速度、位置精度等性能指标。

动力转换装置和运动转换装置是难以区分的，因为各种不同类型的转换装置能完成同一种功能。选用何种动力和运动转换装置，取决于考虑问题的角度和设计者的经验偏好，可以有多种可行选择。

机电应用中，无非控制以下几种物理量。

（1）在机械系统中：力、扭矩、位移、速度。

（2）在电气系统中：电压、电流。

（3）在液压系统中：流量、压力。

选择执行器时，首先应根据该机构所产生的运动和系统所需的运动之间的关系来考虑。执行器的输出由控制器的算法和计算过程决定，也与传感器测得的结果有关。但是，执行器的输出也受到控制器处理速度和系统饱和等因素的限制，如果需要的加速度超出系统本身的加速度能力，执行器的输出也会受到限制。执行器主要有旋转运动机构和直线运动机构两大类，再配之以适当的运动转换机构，如伞齿轮、齿条和齿轮箱等。选用执行器不仅要先考虑被控参数的量程范围，还要考虑体积、质量、成本、精度、分辨率、响应速度等。

根据主要被控参数选择能量和运动转换装置的大致原则如下。

（1）直线运动能量转换装置：根据力和距离。

（2）旋转运动能量转换装置：根据扭矩和速度。

（3）运动转换机构：根据输入/输出速度大小和方向的变化。

4.1.3 输出接口装置

执行元件与负载之间的连接方式一般有两种形式：一种是与负载固连，直接驱动；另一种是通过不同的机械传动装置（如齿轮传动链、带传动）与负载相连。这些机械传动装置就是执行元件的输出接口装置。

执行元件选用直线运动的液压缸或气缸时,往往采用直接驱动方式;选用回转运动的电动机或液压电动机时,若负载惯量和负载力矩较小,宜采用低速电动机或采用低传动比的机械传动装置与负载相连,以得到较大的力矩惯量比,获得好的加速性能,而负载惯量较大时,宜采用高传动比的机械传动装置与负载相连,以便获得较高的驱动系统固有频率。

4.2 典型执行元件

执行元件是将控制信号转换成机械运动和机械能量的转换元件。机电一体化伺服系统要求执行元件具有转动惯量小、输出动力大、便于控制、可靠性高和安装维护简便等特点。电气式、液压式和气动式执行元件是三种最常用的执行元件,其具体特点见表4-1,下面我们对这三种执行元件分别进行分析。

表4-1 电气式、液压式和气动式执行元件的具体特点

种类	特　　点	优　　点	缺　　点
电气式	可用商业电源;信号与动力传送方向相同;有交流直流之分;注意使用电压和功率	操作简便;编程容易;能实现定位伺服控制;响应快、易与计算机(CPU)连接;体积小、动力大、无污染	瞬时输出功率大、过载差一旦卡死,会引起烧毁事故;受外界噪声影响大
气压式	气体压力源压力5~7 MPa;要求操作人员技术熟练	气源方便、成本低;无泄漏而污染环境;速度快、操作简便	功率小、体积大、难于小型化;动作不平稳、远距离传输困难;噪声大;难于伺服
液压式	液体压力源压力20~80 MPa;要求操作人员技术熟练	输出功率大,速度快、动作平稳,可实现定位伺服控制;易与计算机(CPU)连接	设备难于小型化;液压源和液压油要求严格;易产生泄漏而污染环境

4.2.1 电气执行元件

电气式执行元件是将电能转化成电磁力,并用电磁力驱动执行机构运动。如交流电动机、直流电动机、力矩电动机、步进电动机等。对控制用电动机性能除要求稳速运转之外,还要求加速、减速性能和伺服性能,以及频繁使用时的适应性和便于维护性。

电气执行元件的特点是操作简便、便于控制、能实现定位伺服、响应快、体积小、动力较大和无污染等优点,但过载能力差、易于烧毁线圈、容易受噪声干扰。

1. 步进电动机及其控制系统

步进电动机伺服系统一般构成典型的开环伺服系统,其结构原理如图4-2所示。在开环伺服系统中,执行元件是步进电动机,它能将CNC装置输出的进给脉冲转换成机械角位移运动,并通过齿轮、丝杠带动工作台直线移动。步进电动机伺服系统中无位置、速度检测环节,其精度主要取决于步进电动机的步距角以及与之相连传动链的精度。步进电动机的最高转速通常要比直流伺服电动机和交流伺服电动机低,且在低速时容易产生振动,影响加工

精度。但步进电动机伺服系统的制造与控制比较容易，在速度和精度要求不太高的场合有一定的使用价值，特别适合于中、低精度的经济型数控机床和普通机床的数控化改造。

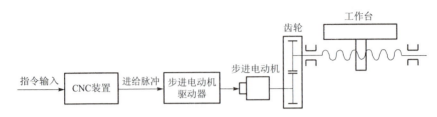

图 4-2　步进电动机伺服系统结构原理图

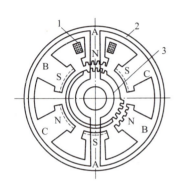

图 4-3　单定子、径向分相、
反应式步进电动机结构原理图
1—绕组；2—定子铁芯；3—转子铁芯

（1）步进电动机的结构。我国使用的反应式步进电动机较多，图 4-3 所示是一典型的单定子、径向分相、反应式步进电动机的结构原理图。它与普通电动机一样，也是由定子和转子构成，其中定子又分为定子铁芯和定子绕组。定子铁芯由硅钢片叠压而成，定子绕组是绕置在定子铁芯六个均匀分布的齿上的线圈，在径向上相对的两个齿上的线圈串联在一起，构成一相控制绕组。

图 4-3 所示的步进电动机可构成 A、B、C 三相控制绕组，故称三相步进电动机。若任一相绕组通电，便形成一组定子磁极，其方向即图中所示的 NS 极。在定子的每个磁极上，面向转子的部分，又均匀分布着 5 个小齿，这些小齿呈梳状排列，齿槽等宽，齿距角为 9°。转子上没有绕组，只有均匀分布的 40 个齿，其大小和间距与定子上的完全相同。此外，三相定子磁极上的小齿在空间位置上依次错开 1/3 齿距，即 3°，如图 4-4 所示。当 A 相磁极上的小齿与转子上的小齿对齐时，B 相磁极上的齿刚好超前（或滞后）转子齿 1/3 齿距角，C 相磁极齿超前（或滞后）转子齿 2/3 齿距角。步进电动机每走一步所转过的角度称为步距角，其大小等于错齿的角度。错齿角度的大小取决于转子上的齿数，磁极数越多，转子上的齿数越多，步距角越小，步进电动机的位置精度越高，其结构也越复杂。

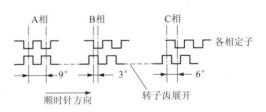

图 4-4　步进电动机的齿距

除上面介绍的反应式步进电动机之外，常见的步进电动机还有永磁式步进电动机和永磁反应式步进电动机，它们的结构虽不相同，但工作原理相同。

（2）步进电动机的工作原理。步进电动机的工作原理是：当某相定子绕组通电励磁后，吸引转子转动，使转子的齿与该相定子磁极上的齿对齐，实际上就是电磁铁的作用原理。

现以图 4-5 所示的三相反应式步进电动机为例来说明步进电动机的工作原理。其定子上有 A、B、C 三对磁极，在相应磁极上有 A、B、C 三相绕组，假设转子上有四个齿，相邻两齿所对应的空间角度为齿距角，即齿距角为 90°。

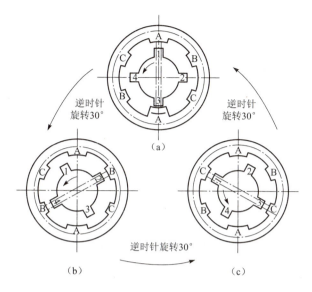

图 4-5 步进电动机工作原理图

三相反应式步进电动机的工作方式有三种：三相单三拍、三相双三拍、三相单双六拍。"三相"是指定子绕组数有 A、B、C 三相；"单"是指每次只有一相绕组通电（"双"是指每次有两相绕组同时通电）；"拍"是指定子绕组的通电状态改变一次，例如"三拍"是指经过三次通电状态的改变，又重复以上通电变化规律。

三相单三拍：当 A 相绕组通电时，转子的齿 1、3 与定子 AA 上的齿对齐。若 A 相断电，B 相通电，由于磁力的作用，转子的齿与定子的齿就近转动对齐，转子的齿 2、4 与定子 BB 上的齿对齐，转子沿逆时针方向转过 30°，如果控制线路不停地按 A→B→C→A…的顺序控制步进电动机绕组的通断电，步进电动机的转子便不停地逆时针转动。若通电顺序改为 A→C→B→A…，步进电动机的转子将顺时针转动。

在三相单三拍通电方式中，由于每次只有一相绕组通电，在相邻节拍转换瞬间失去自锁力矩，容易使转子在平衡位置附近产生振动，因此稳定性不好，实际中很少采用。同样的步进电动机可以采用双节拍或单双节拍工作方式。

三相双三拍：当 A、B 相绕组同时通电时，转子的磁极将同时受到 A 相和 B 相磁极的吸引力，因此转子的磁极只好停在 A、B 相磁极吸引力作用平衡的位置。若改变成 A 相断电，B、C 相同时通电时，由于磁力的作用，转子就近转动，转子的磁极停在 B、C 相磁极吸引力作用平衡的位置，转子沿逆时针方向转过 30°，如果控制线路不停地按 AB→BC→CA→AB…的顺序控制步进电动机绕组的通断电，步进电动机的转子便不停地逆时针转动。若通电顺序改为 AB→CA→BC→AB…，步进电动机的转子将顺时针转动。

三相单双六拍：首节拍只有 A 相绕组通电，转子与定子 AA 对齐；下一拍变成 A、B 相绕组同时通电，这时 A 相磁极吸引 1、3 齿，B 相磁极吸引 2、4 齿，转子逆时针转过 15°，此时转子所受 A、B 相磁极吸引力正好平衡，以此类推，单相绕组通电和双相绕组同时通电依次交替改变，其逆时针转动通电顺序为 A→AB→B→BC→C→CA→A…，顺时针转动通电顺序为 A→AC→C→CB→B→BA→A…，相应地，定子绕组的通电状态每改变一次，转子转过15°。

(3) 步进电动机的特点。步进电动机是一种可将电脉冲信号转换为机械角位移的控制电动机，利用它可以组成一个简单实用的全数字化伺服系统，并且不需要反馈环节。概括起来它主要有如下特点。

① 步进电动机定子绕组每接收一个脉冲信号，控制其通电状态改变一次，它的转子便转过一定角度，即步距角 α。

② 改变步进电动机定子绕组的通电顺序，转子的旋转方向随之改变。

③ 步进电动机定子绕组通电状态的变化频率越高，转子的转速越高，但脉冲频率变化过快，会引起失步或过冲（即步进电动机少走或多走）。

④ 定子绕组所加电源要求是脉冲电流形式，故也称之为脉冲电动机。

⑤ 有脉冲就走，无脉冲就停，角位移随脉冲数的增加而增加。

⑥ 输出转角精度较高，一般只有相邻误差，但无累积误差。

⑦ 步距角 α 与定子绕组相数 m、转子齿数 z、通电方式 k 有关，可用下式表示：

$$\alpha = 360°/(mzk) \tag{4-1}$$

式中，m 相 m 拍时，$k=1$；m 相 $2m$ 拍时，$k=2$。

对于图4-5所示的反应式步进电动机，当它以三相三拍通电方式工作时，其步距角为

$$\alpha = 360°/(mzk) = 360°/(3×4×1) = 30° \tag{4-2}$$

若按三相六拍通电方式工作，则步距角为

$$\alpha = 360°/(mzk) = 360°/(3×4×2) = 15° \tag{4-3}$$

(4) 步进电动机的分类。步进电动机根据不同的分类方式，可将步进电动机分为多种类型，见表4-2。

表4-2 步进电动机的分类

分类方式	具 体 类 型
按力矩产生的原理	(1) 反应式：定子、转子均是软磁性材料制成，转子无绕组且做成齿形，由被激磁的定子绕组产生反应力矩实现步进运行，其控制简单，步距角小，效率低，断电后无锁定力矩。 (2) 永磁式：定子或转子的某一方具有永久磁钢，另一方由软磁性材料制成，由电磁力矩实现步进运行，其步距角大，效率高，断电后有锁定力矩。 (3) 永磁反应式（混合式）：定子、转子均是软磁性材料制成且其中一方具有永久磁钢，它综合了反应式和永磁式的优点，其步距角小，效率高，断电后有锁定力矩
按输出力矩大小	(1) 伺服式：输出力矩在百分之几到十分之几（N·m），只能驱动较小的负载，要与液压扭矩放大器配用，才能驱动机床工作台等较大的负载。 (2) 功率式：输出力矩在5~50 N·m以上，可以直接驱动机床工作台等较大的负载
按运动方式	(1) 旋转运动式。(2) 直线运动式。(3) 平面运动式。(4) 滚切运动式
按定子数	(1) 单定子式。(2) 双定子式。(3) 三定子式。(4) 多定子式

续表

分类方式	具 体 类 型
按各相绕组分布	（1）径向分相式：电动机各相按圆周依次排列。 （2）轴向分相式：电动机各相按轴向依次排列

（5）步进电动机的驱动控制。步进电动机的运行性能，不仅与步进电动机本身和负载有关，而且和与其配套的驱动控制装置有着十分密切的关系。步进电动机驱动控制装置主要由环形脉冲分配器和功率放大驱动电路两大部分组成，如图4-6所示。

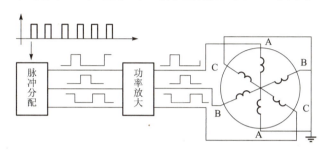

图 4-6　步进电动机的控制框图

① 功率放大驱动电路。功率放大驱动电路完成由弱电到强电信号的转换和放大，也就是将逻辑电平信号变换成电动机绕组所需的具有一定功率的电流脉冲信号。

一般情况下，步进电动机对驱动电路的要求主要有：能提供足够幅值，前后沿较好的励磁电流；功耗小，变换效率高；能长时间稳定可靠运行；成本低且易于维护。

② 脉冲分配器。脉冲分配器完成步进电动机绕组中电流的通断顺序控制，即控制插补输出脉冲，按步进电动机所要求的通断电顺序规律分配给步进电动机驱动电路的各相输入端，例如三相单三拍驱动方式，供给脉冲的顺序为 A→B→C→A 或 A→C→B→A。由于电动机有正反转要求，所以脉冲分配器的输出既是周期性的，又是可逆性的，因此也称为环形脉冲分配。

脉冲分配有两种方式：一种是硬件脉冲分配（或称为脉冲分配器），另一种是软件脉冲分配，通过计算机编程控制。

a. 硬件脉冲分配。硬件脉冲分配器由逻辑门电路和触发器构成，提供符合步进电动机控制指令所需的顺序脉冲。目前已经有很多可靠性高、尺寸小、使用方便的集成电路脉冲分配器供选择，按其电路结构不同，可分为TTL集成电路和CMOS集成电路。

目前市场上提供的国产TTL脉冲分配器有三相、四相、五相和六相，均为18个引脚的直插式封装。CMOS集成脉冲分配器也有不同型号，例如CH250型用来驱动三相步进电动机，封装形式为16脚直插式。它可工作于单三拍、双三拍、三相六拍等方式，如图4-7所示。

硬件脉冲分配器的工作方法基本相同，当各个引脚连接好之后，主要通过一个脉冲输入端控制步进的速度；一个输入端控制电动机的转向；并有与步进电动机相数同数目的输出端分别控制电动机的各相。如图4-7（b）所示为三相六拍的接线图。当进给脉冲CP的上升沿有效，并且方向信号为"1"则正转，为"0"则反转。

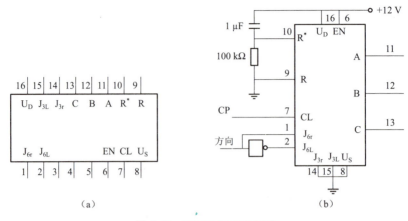

图 4-7 CH250 环形分配器

(a) 引脚图；(b) 三相六拍接线图

b. 软件脉冲分配。在计算机控制的步进电动机驱动系统中，可以采用软件的方法实现环形脉冲分配。软件环形分配器的设计方法有很多，如查表法、比较法、移位法等，它们各有特点，其中常用的是查表法。

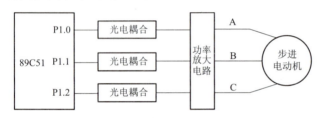

图 4-8 单片机控制的步进电动机驱动电路框图

图 4-8 所示是一个 89C51 单片机与步进电动机驱动电路接口连接的框图。P1 口的三个引脚经过光电隔离、功率放大之后，分别与电动机的 A、B、C 三相连接。当采用三相六拍方式时，电动机正转的通电顺序为 A→AB→B→BC→C→CA→A；电动机反转的顺序为 A→AC→C→CB→B→BA→A。它们的环形分配见表 4-3。把表中的数值按顺序存入内存的 EPROM 中，并分别设定表头的地址为 2000H，表尾的地址为 2005H。计算机的 P1 口按从表头开始逐次加 1 的地址依次取出存储内容进行输出，电动机则正向旋转。如果按从 2005H，逐次减 1 的地址依次取出存储内容进行输出，电动机则反转。

表 4-3 三相六拍环形分配表

序号	通电顺序	C P1.2	B P1.1	A P1.0	存储单元 地址	存储单元 内容	方向 正转	方向 反转
1	A	0	0	1	2000H	01H		
2	AB	0	1	1	2001H	03H	↓	↑
3	B	0	1	0	2002H	02H		
4	BC	1	1	0	2003H	06H		
5	C	1	0	0	2004H	04H		
6	CA	1	0	1	2005H	05H		

采用软件进行脉冲分配虽然增加了软件编程的复杂程度，但它省去了硬件环形脉冲分配器，系统减少了器件，降低了成本，也提高了系统的可靠性。

c. 速度控制。对于任何一个驱动系统来讲，都要求能够对速度实行控制，特别在数控系统中，这种要求就更高。在开环进给系统中，对进给速度的控制就是对步进电动机速度的控制。

由前面步进电动机原理分析可知，通过控制步进电动机相邻两种励磁状态之间的时间间隔即可实现步进电动机速度的控制。对于硬件环形分配器来讲，只要控制 CP 的频率就可控制步进电动机的速度。对于软件环形分配器来讲，只要控制相邻两次输出状态之间的时间间隔，也就是控制相邻两节拍之间延时时间的长短。其中，实现延时的方法又分为两种：一种是纯软件延时；另一种是定时中断延时。从充分利用时间资源来看，后者更理想一些。

2. 直流伺服电动机

（1）直流伺服电动机的工作原理。直流伺服电动机的结构是由定子、转子、电刷与换向器等部分组成，在定子上有永久磁铁或有励磁绕组所形成的磁极，转子绕组（即电枢绕组）通过电刷供电。工作时转子绕组是载流导体，在定子磁场中受到电磁力的作用而形成电磁力矩使转子转动进而带动负载。如图 4-9 所示，N 极与 S 极为定子磁极，转子绕组的线圈两端分别连在换向片 1、2 上，换向片上压着 A、B 两电刷，电刷是固定不动的，将直流电源加在两

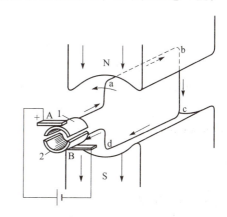

图 4-9 直流伺服电动机的工作原理示意图

电刷之间。通过换向片，电流流入电枢绕组线圈，由于电刷的机械换向作用，N 极和 S 极相邻的线圈导体中电流方向不变，即所受到的电磁力矩方向不变。根据物理学中的理论，载流导体在磁场中受到电磁力，其方向由左手定则确定，图中载流导体受到逆时针方向的电磁力矩，形成逆时针转动。电动机的转动方向由电磁力矩的方向确定，改变直流电动机转向的方法是改变励磁电流的方向或改变电枢电流的方向。

（2）直流伺服电动机的分类。

① 小惯量直流伺服电动机。小惯量伺服电动机结构上与一般电动机的区别为：转子为光滑无槽的铁芯，线圈用绝缘黏合剂黏在铁芯表面上，电枢的长度与外径之比在 5 倍以上，气隙尺寸比一般直流电动机大 10 倍以上。目前，小惯量直流伺服电动机的输出功率在几十瓦至几千瓦，主要应用于要求快速动作、功率较大的数控系统。

② 大惯量宽调速直流伺服电动机。小惯量直流伺服电动机必须经齿轮减速才能与大惯量的数控设备相连接，因此其精度、低速性能都与齿轮有关，而且带来机械噪声。而大惯量宽调速直流伺服电动机是用提高转矩的方法来改善其动态性能。其负载能力强，可与设备丝杠直接连接，其精度、低速性能不受齿轮等转动装置的影响，因此在要求较高的闭环数控系统中得到了广泛应用。

③ 无刷直流伺服电动机。无刷直流伺服电动机也叫无换向器直流电动机，它是由同步电动机和逆变器组成的，逆变器由装在转子上的转子位置传感器控制。它实际上就是一种交

流调速电动机,由于其调速性能可达到直流伺服电动机的水平,又取消了换向装置和电刷部件,因而大大提高了电动机的使用寿命。

3. 交流伺服电动机及其速度控制

由于直流伺服电动机具有良好的调速性能,因此长期以来,在要求调速性能较高的场合,直流电动机调速系统一直占据主导地位。但由于电刷和换向器易磨损,需要经常维护;并且有时换向器换向时产生火花,电动机的最高速度受到限制;且直流伺服电动机结构复杂,制造困难,所用铜铁材料消耗大,成本高,所以在使用上受到一定的限制。而交流伺服电动机无电刷,结构简单,转子的转动惯量较直流电动机小,使得动态响应好,且输出功率较大(较直流电动机提高10%~70%)。从20世纪80年代中期以后,交流伺服系统在数控机床上得到了广泛的应用,目前已经取代了直流伺服系统而占据主导地位。

交流伺服电动机分为交流永磁式伺服电动机和交流感应式伺服电动机。交流永磁式电动机相当于交流同步电动机,其具有硬的机械特性及较宽的调速范围,常用于进给驱动系统;交流感应式相当于交流异步电动机,它与同容量的直流电动机相比,质量可轻1/2,价格仅为直流电动机的1/3,常用于主轴驱动系统。

(1) 交流永磁式同步电动机原理与特点。交流永磁式同步电动机主要由定子、转子和检测元件三部分组成,其结构示意如图4-10所示。其中定子内有三相绕组,转子由多块永久磁铁组成。交流永磁式同步电动机的工作原理如图4-11所示,当定子三相绕组通上交流电源后,产生一个旋转磁场,这个磁场将以同步转速n_s旋转。根据磁极的同性相斥、异性相吸的原理,定子旋转磁极吸引转子永磁磁极,并带动转子一起旋转,因此转子也将以同步转速n_s的速度旋转。当转子轴加上外部负载转矩后,转子磁极的轴线与定子磁极的轴线相差一个θ角。随着负载的增加,θ角也随之增大,当负载减小时,θ角也随之减小。当负载超过一定极限后,转子不再按同步转速n_s旋转,甚至可能不转,这就是同步电动机的失步现象,因此此负载极限称为最大同步转矩。只要外负载不超过最大同步转矩,转子就会与定子旋转磁场一起旋转,设转子转速为n_r,则

$$n_r = n_s = \frac{60f_1}{p} \tag{4-4}$$

式中　f_1——定子交流供电电源频率;
　　　p——定子和转子的磁极对数。

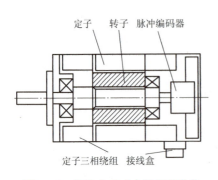

图4-10　交流永磁式电动机的结构

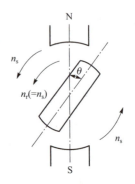

图4-11　交流永磁式电动机的工作原理

永磁式同步电动机的优点是结构简单、运行可靠、效率高；缺点是体积大、启动难。启动难是由于转子本身的惯量、定子与转子之间的转速差过大，使转子在启动时所受的电磁转矩的平均值为零所致，因此电动机难以启动。解决的办法是在设计时设法减小电动机的转动惯量，或在速度控制单元中采取先低速后高速的控制方法。若采用高剩磁感应、高矫顽力的稀土类磁铁材料后，电动机在外形尺寸、质量及转子惯量方面都比直流电动机大幅度减小。

（2）交流伺服电动机的调速。交流伺服电动机的旋转原理都是由定子绕组产生旋转磁场使转子运转。不同点是交流永磁式伺服电动机的转速和外加电源频率存在严格的关系，所以电源频率不变时，它的转速是不变的；交流感应式伺服电动机由于需要转速差才能在转子上产生感应磁场，所以电动机的转速比其同步转速小，外加负载越大，转速差越大。旋转磁场的同步速度由交流电的频率来决定：频率低，转速低；频率高，转速高。因此，这两类交流电动机的调速方法主要是改变供电频率来实现。

① 变频器。对交流电动机实现变频调速的装置叫变频器，其功能是将电网电压提供的恒压恒频交流电变换为变压变频交流电。如图 4-12 所示，变频器有交流—交流变频和交流—直流—交流变频两大类。交—交变频器也称作直接变频器，是用晶闸管整流器将工频交流电直接变成频率较低的脉动交流电，其正组输出正脉冲，反组输出负脉冲，这个脉动交流电的基波就是所需的变频电压。这种方法获得的交流电波动较大。交—直—交变频器也称作间接变频器，是先将交流电整流成直流电，然后将直流电压变成矩形脉冲波动电压，这个脉动交流电的基波就是所需的变频电压。这种方法获得的交流电的波动小，调频范围宽，调节线性度好。数控机床常采用这种方法。

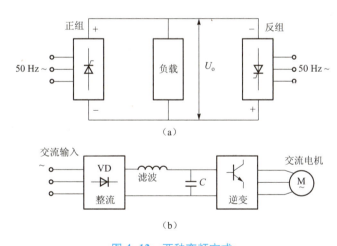

图 4-12　两种变频方式

（a）交—交变频；（b）交—直—交变频

交—直—交型变频器中交流—直流的变换是将交流电变成为直流电，而直流—交流变换是将直流变成为调频、调压的交流电，采用脉冲宽度调制逆变器来完成。逆变器分为晶闸管和晶体管逆变器，数控机床上的交流伺服系统多采用晶体管逆变器，它克服或改善了晶闸管相位控制中的一些缺点。

SPWM 变频器，即正弦波脉宽调制变频器，是目前应用较为广泛的一种交—直—交变频器，不仅适合于交流永磁式伺服电动机，也适合于交流感应式伺服电动机。SPWM 变频器采用正弦规律脉宽调制原理，其调制的基本特点是等距、等幅，但不等宽。因其脉宽按正弦规律变化，具有功率因数高，输出波形好等优点，因而在交流调速系统中获得广泛应用。

② 三相SPWM原理。在直流电动机PWM调速系统中，PWM输出电压是由三角载波调制电压得到的。同理，在交流SPWM中，输出电压是由三角载波调制的正弦电压得到。SPWM的输出电压是幅值相等、宽度不等的方波信号。其各脉冲的面积与正弦波下的面积成比例，其脉宽基本上按正弦分布，其基波是等效正弦波。用这个输出脉冲信号经功率放大后作为交流伺服电动机的相电压（电流）。改变正弦基波的频率就可以改变电动机相电压（电流）的频率，实现调频调速的目的。

在三相SPWM调制中，三角调制波u_t是共用的，而每一相有一个输入正弦波信号和一个SPWM调制器，如图4-13所示。图中输入的u_a、u_b、u_c信号是相位相差120°的正弦交流信号，其幅值和频率都是可调的。改变输出的等效正弦波的幅值和频率，即可实现对电动机的控制。

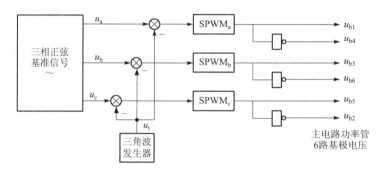

图4-13 三相SPWM波调制原理框图

③ 三相SPWM变频器的主回路。SPWM调制波经功率放大后才可驱动电动机。在图4-14所示的双极性SPWM变频器主回路中，左边是桥式整流电路，其作用是将工频交流电变为直流电；右边是逆变器，用$VT_1 \sim VT_6$六个大功率开关管将直流电变为脉宽按正弦规律变化的等效正弦交流电，用以驱动交流伺服电动机。图4-13中输出的SPWM调制波$u_{b1} \sim u_{b6}$控制图4-14中$VT_1 \sim VT_6$的基极，$VD_1 \sim VD_6$是续流二极管，用来导通电动机绕组产生的反电动势，功放的输出端（右端）接在电动机上。直流电源并联有大容量电容器件C_d，由于存在这个大电容，直流输出电压具有电压源特性，内阻很小，这使逆变器的交流输出电压被钳位为矩形波，与负载性质无关，交流输出电流的波形与相位则由负载功率因数决定。在异步电动机变频调速系统中，这个大电容同时又是缓冲负载无功功率的储能元件。

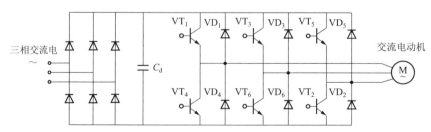

图4-14 双极性SPWM变频器主回路

由 SPWM 的调制原理可知,调制主回路功率器件在输出电压的半周内要多次开关,而器件本身的开关能力与主回路的结构及其换流能力有关,所以开关频率和调制度对 SPWM 调制有重要的影响。

由于功率器件的开关损耗限制了脉宽调制的脉冲频率,且各种功率开关管的频率都有一定的限制,使得所调制的脉冲波有最小脉宽与最小间隙的限制,以保证脉冲宽度小于开关器件的导通时间和关断时间,这就要求输入参考信号的幅值小于三角波峰值。

4.2.2 液压执行元件

液压式执行元件是先将电能变化成液体压力,并用电磁阀控制压力油的流向,从而使液压执行元件驱动执行机构运动。液压式执行元件有直线式油缸、回转式油缸、液压电动机等。液压执行元件的特点是输出功率大、速度快、动作平稳、可实现定位伺服、响应特性好和过载能力强。缺点是体积庞大、介质要求高、易泄漏和污染环境。

1. 液压缸的类型和特点

液压缸是使负载作直线运动或小于 360°摆动运动的能量转换装置,它将液压油的机械能转化为机械能的形式输出,它是整个液压系统的执行部分。

液压缸按结构特点不同可分为活塞式、柱塞式和组合式三类。按活塞杆的形式分,可分为单活塞杆缸和双活塞杆缸。按缸的特殊用途分,可分为伸缩缸、串联缸、增压缸、增速缸、步进缸、齿条缸、定位缸等。

(1) 活塞式液压缸。活塞式液压缸可分为双杆式和单杆式两种结构形式,其安装又有缸体固定和活塞杆固定两种方式。

双杆活塞式液压缸的活塞两端都带有活塞杆,分为缸体固定和活塞杆固定两种安装形式,如图 4-15 所示。前者工作台移动范围约等于活塞有效行程 L 的三倍,常用于中小型设备。后者工作台的移动范围只约等于液压缸行程 L 的两倍,常用于大型设备。单杆活塞液压缸的活塞仅一端带有活塞杆,活塞双向运动可以获得不同的速度和输出力。其简图及油路连接方式如图 4-16 所示。

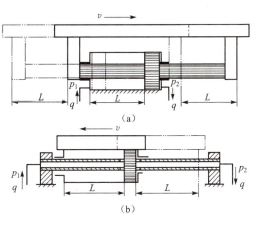

图 4-15 双杆活塞式液压缸
(a) 缸体固定;(b) 活塞杆固定

当单杆活塞缸两腔同时通入压力油时,由于无杆腔有效作用面积大于有杆腔的有效作用面积,使得活塞向右的作用力大于向左的作用力,因此,活塞向右运动,活塞杆向外伸出。与此同时,又将有杆腔的油液挤出,使其流进无杆腔,从而加快了活塞杆的伸出速度,单杆活塞液压缸的这种连接方式被称为差动连接。如图 4-16(c) 差动连接时,液压缸的有效作用面积是活塞杆的横截面积,工作台运动速度比无杆腔进油时的速度大,而输出力则减小。差动连接是在不增加液压泵容量和功率的条件下,实现快速运动的有效办法。

(2) 柱塞式液压缸。如图 4-17(a) 所示为柱塞式液压缸的结构简图。柱塞缸由缸筒

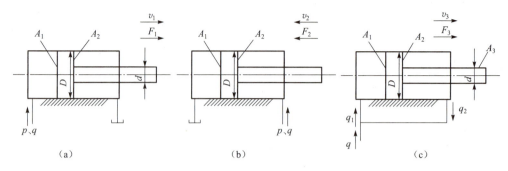

图 4-16 单杆活塞式液压缸

(a) 无杆腔进油；(b) 有杆腔进油；(c) 差动连接

2、柱塞 1、导向套、密封圈和压盖等零件组成。柱塞和缸筒内壁不接触，因此缸筒内孔不需精加工，工艺性好，成本低。柱塞式液压缸是单作用的，它的回程需要借助自重或弹簧等其他外力来完成。如果要获得双向运动，可将两柱塞液压缸成对使用，如图 4-17（b）所示。柱塞缸的柱塞端面是受压面，其面积大小决定了柱塞缸的输出速度和推力。为保证柱塞缸有足够的推力和稳定性，一般柱塞较粗，质量较大，水平安装时易产生单边磨损，故柱塞缸适宜于垂直安装使用。为减轻柱塞的质量，有时制成空心柱塞。柱塞缸结构简单，制造方便，常用于工作行程较长的场合。

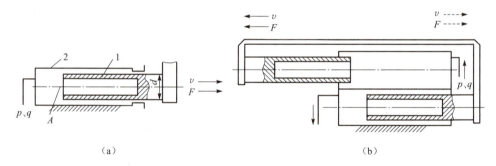

图 4-17 柱塞式液压缸

（3）组合式液压缸。

① 伸缩缸。伸缩缸又称多级缸，它由两级或多级活塞缸套装而成，前一级活塞缸的活塞是后一级活塞缸的缸筒。图 4-18 所示为其结构示意图。工作时外伸动作逐级进行，首先是最大直径的缸筒外伸，当其达到行程终点的时候，稍小直径的缸筒开始外伸，这样各级缸筒依次外伸。由于有效工作面积逐次减小，因此，当输入流量相同时，外伸速度逐次增大；当负载恒定时，液压缸的工作压力逐次增高。空载缩回的顺序一般是从小活塞到大活塞，收缩后液压缸总长度较短，结构紧凑，适用于安装空间受到限制而行程要求很长的场合。例如起重机伸缩臂液压缸、自卸汽车举升液压缸等。

② 齿条活塞缸。齿条活塞缸又称无杆式液压缸，它由带有齿条杆的双活塞缸和齿轮齿条机构所组成，如图 4-19 所示。活塞的往复移动经齿轮齿条机构转换成齿轮轴的周期性往复转动。它多用于自动生产线、组合机床等的转位或分度机构中。

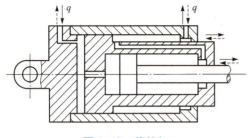

图 4-18　伸缩缸

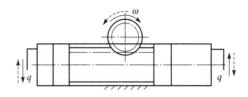

图 4-19　齿条活塞缸

2. 液压电动机

液压电动机是执行元件。液压电动机和液压泵一样，都是依靠密封工作容积的变化实现能量的转换，都属容积式，同样具有配流机构。液压电动机与液压缸的不同在于：液压电动机是实现旋转运动，输出机械能的形式是转矩和转速；液压缸是实现往复直线运动（或往复摆动），输出机械能的形式是力和速度（或扭矩和角速度）。液压电动机图形符号如图 4-20 所示。下面我们简单介绍一下轴向柱塞式液压电动机、低速大转矩液压电动机以及液压电动机的性能及选用。

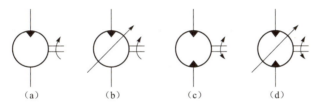

图 4-20　液压电动机图形符号

（a）单向定量电动机；（b）单向变量电动机；（c）双向定量电动机；（d）双向变量电动机

（1）轴向柱塞式液压电动机。图 4-21 是轴向柱塞式液压电动机的工作原理图。当压力油经配油盘通入柱塞底部孔时，柱塞受压力油作用向外伸出，并紧压在斜盘上，这时斜盘对柱塞产生一反作用力 F。由于斜盘倾斜角为 γ，所以 F 可分解为两个分力：一个轴向分力 F_X，它和作用在柱塞上的液压作用力相平衡；另一个分力 F_Y，它使缸体产生转矩。

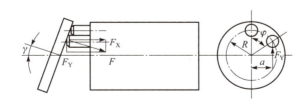

图 4-21　轴向柱塞液压电动机工作原理图

（2）低速大转矩液压电动机。低速大转矩液压电动机的基本形式是径向柱塞式，它的特点是输入油液压力高、排量大、可在电动机轴转速为 10 r/min 以下平稳运转，低速稳定性好，输出转矩大。

图 4-22 所示为曲轴连杆径向柱塞式电动机又称星形电动机的结构原理图。这种液压电

动机的优点是结构简单，工作可靠，但其缺点是体积和质量较大，转矩脉动较大，低速稳定性比多作用内曲线式稍差。

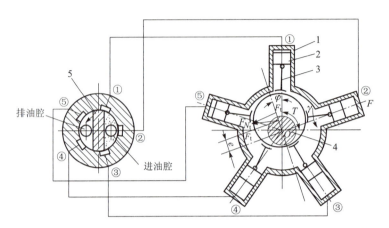

图 4-22　曲轴连杆径向柱塞电动机

1—壳体；2—柱塞；3—连杆；4—曲轴；5—配流盘

（3）液压电动机的性能及选用。高速小转矩液压电动机多数需要配置减速机来带动外负载。除轴向柱塞式液压电动机外，齿轮式和叶片式电动机效率相对偏低，大多用于较小负载转矩的场合，若配置减速机构输出，效率较低。因此对于大转矩负载，当采用高速小转矩电动机时，常用性能较好的轴向柱塞电动机配置减速机构输出。高速液压电动机大多有较高的噪声，且低速性能不佳，它与对应的泵具有相同原理和结构。

齿轮液压电动机输出转矩小，泄漏大，但结构简单，价格便宜，可用于高转速低转矩的场合。叶片液压电动机惯性小，动作灵敏，但容积效率不够高，机械特性软，适用于转速较高、转矩不大而要求启动换向频繁的场合。轴向柱塞液压电动机应用广泛，容积效率较高，调整范围也较大，且稳定转速较低；但耐冲击振动性较差，油液要求过滤清洁，价格也较高。要求低转速大转矩，常采用径向柱塞式液压电动机。

4.2.3　气压执行元件

气压执行元件与液压执行元件的原理相同，只是介质由液体改为气体。气压式执行元件的特点是介质来源方便、成本低、速度快、无环境污染，但功率较小、动作不平稳、有噪声、难于伺服。同液压执行元件一样，气压执行元件也分成气缸和气动电动机，在这里我们简单地介绍一下气缸的分类及工作原理。

1. 气缸

气缸是气压传动系统中使用最多的一种执行元件，根据使用条件、场合的不同，其结构、形状也有多种形式。要确切地对气缸进行分类是比较困难的，常见的分类方法有按结构分类、按缸径分类、按缓冲形式分类、按驱动方式分类和按润滑方式分类。其中最常用的是普通气缸，即在缸筒内只有一个活塞和一根活塞杆的气缸，主要有单作用气缸和双作用气缸两种。单作用气缸只在活塞一侧通入压缩空气使其伸出或缩回，另一侧是通过呼吸孔开放在大气中的。这种气缸只能在一个方向上做功。活塞的反向动作则靠一个复位弹簧或施加外力来实现，如图 4-23 所示。由于压缩空气只能在一个方向上控制气缸活塞的运动，所以称为单作用气缸。双作用气缸活塞的往返运动是依靠压缩空气从缸内被活塞分隔开的两个腔室（有杆腔、无杆腔）交替进入和排出来实现的，压缩空气可以在两个方向上做功。由于气缸活塞的往返运动全部靠压缩空气来完成，所以称为双作用气缸，如图 4-24 所示。

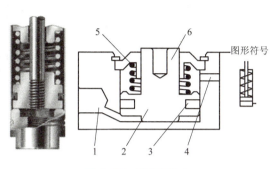

图 4-23　单作用气缸

1—进、排气口；2—活塞；3—活塞密封圈；4—呼吸孔；5—复位弹簧；6—活塞杆

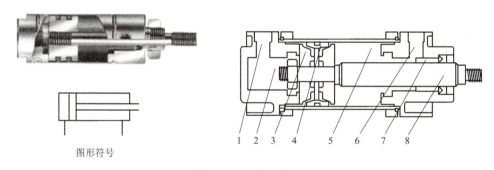

图 4-24　双作用气缸

1，6—进、排气口；2—无杆腔；3—活塞；4—密封圈；5—有杆腔；7—导向环；8—活塞杆

在机电设备中，最常用的一种气缸是气动手指（气爪），它可以实现各种抓取功能，是现代气动机械手中一个重要部件。气动手指的主要类型有平行手指气缸、摆动手指气缸、旋转手指气缸和三点手指气缸等。气动手指能实现双向抓取、动对中，并可安装无接触式位置检测元件，有较高的重复精度。具体分类见表 4-4。

表 4-4　气爪的分类及其工作原理

气爪的种类	工作原理与应用	图　　例
平行气爪	平行气爪通过两个活塞工作。通常让一个活塞受压，另一活塞排气实现手指移动。平行气爪的手指只能轴向对心移动，不能单独移动一个手指	

续表

气爪的种类	工作原理与应用	图　　例
摆动气爪	摆动气爪通过一个带环形槽的活塞杆带动手指运动。由于气爪手指耳环始终与环形槽相连，所以手指移动能实现自动对中，并保证抓取力矩的恒定	
旋转气爪	旋转气爪是通过齿轮齿条来进行手指运动的。齿轮齿条可使气爪手指同时移动并自动对中，并确保抓取力的恒定	
三点气爪	三点气爪通过一个带环形槽的活塞带动三个曲柄工作。每个曲柄与一个手指相连，因而使手指打开或闭合	

2. 气压系统与液压系统的比较

（1）空气可以从大气中取之不竭且不易堵塞；将用过的气体排入大气，无须回气管路处理方便；泄漏不会严重的影响工作，不污染环境。

（2）空气黏性很小，在管路中的沿程压力损失为液压系统的千分之一，易于远距离控制。

（3）工作压力低，可降低对气动元件的材料和制造精度要求。

（4）对开环控制系统，它相对液压传动具有动作迅速、响应快的优点。

（5）维护简便，使用安全，没有防火、防爆问题；适用于石油、化工、农药及矿山机械的特殊要求。对于无油的气动控制系统则特别适用于无线电元器件生产过程，也适用于食品和医药的生产过程。

3. 气压系统与电气、液压系统比较有以下缺点

（1）气动装置的信号传递速度限制在声速范围之内，所以它的工作频率和响应速度远不如电气装置，并且信号产生较大失真和延迟，也不便于构成十分复杂的回路。但这个缺点对生产过程不会造成困难。

（2）空气的压缩性远大于液压油的收缩性，精度较低。

（3）气压传动的效率比液压传动还要低，且噪声较大。

4.3 执行元件功率驱动接口

在机电一体化系统中，执行元件往往是功率较大的机电设备，如电磁铁、电磁阀、各类电动机、液动机及气缸等。微机控制系统后向通道输出的控制信号（数字量或模拟量）需要通过与执行元件相关的功率放大器才能对执行元件进行驱动，进而实现对机电系统的控制。在机电一体化系统中，功率放大器被称为功率驱动接口，其主要功能是把微机系统后向通道输出的弱电控制信号转换成能驱动执行元件动作的具有一定电压和电流的强电功率信号或液压气动信号。

4.3.1 功率驱动接口的分类和组成形式

功率驱动接口的组成原理及结构类型与控制方式、执行元件的机电特性及选用的电力电子器件密切相关，因此有不同的分类方式。

根据功率驱动接口选用的功率器件，功率驱动接口可分为功率晶体管、晶闸管、绝缘栅双极型晶体管、功率场效应管及专用功率驱动集成电路等多种类型。

根据控制方式，功率驱动接口分为锁相传动功率驱动接口、脉冲宽度调制型功率驱动接口、交流电动机调差调速功率驱动接口及变频调速功率驱动接口等。

根据负载的供电特性，功率驱动接口可分为直流输出和交流输出两类，其中交流输出功率驱动接口又分为单相交流输出和三相交流输出。

尽管功率驱动接口的类型繁多，特性各异，但它们在组成形式上却有共同的特点，如图 4-25 所示为功率驱动接口的一般组成形式。

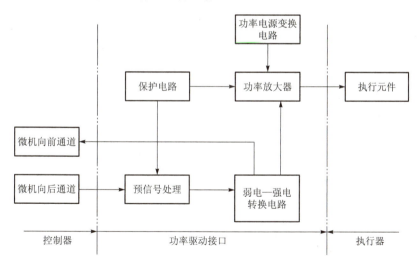

图 4-25 功率驱动接口的一般组成形式

图 4-25 中信号预处理部分直接接收控制器输出的控制信号，同时将控制信号进行调理变换、整形等处理生成符合控制要求的功率放大器控制信号，弱电—强电转换电路一般采用晶体管基极驱动电路。功率放大器按一定的控制形式直接驱动执行元件。功率放大电路的形式有多种，常用的有功率场效应管驱动电路及晶闸管驱动电路等，近年来绝缘栅场效应管及

大功率集成电路也得到推广应用。功率电源变换电路为功率放大电路提供工作电源,其输出参数一般由执行元件参数而定。

由于功率接口的驱动级一般工作于高电压大电流状态。当系统工作频率较大或失控时大功率器件往往会烧毁而使系统失效,利用保护电路对大功率器件工作参数进行在线采样,并反馈给控制器或信号预处理电路,使功率器件不致产生过流或过压,并使功率输出波形的失真度减少到最低程度。

为了更好地了解功率驱动接口的一般组成形式,图 4-26 给出了三相交流电动机变频驱动电路的一个例子。

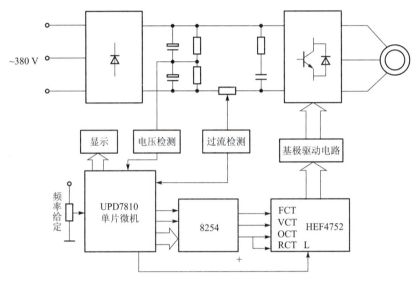

图 4-26 单片机控制变频调速框图

图 4-26 中,功率电源采用三相不可控桥式整流模块,供电电压为 380 V,滤波电路选用 3 000 μF/50 V 的电解电容串联而成。因三相整流电压 $U=1.35\times380=510$ V,功率放大电路采用额定电压≥1 000 V 的大功率晶体管模块,每个晶体管模块并联一个 RC 网络作为电压保护电路。在接口中还设有过流、欠压检测电路,一旦出现故障,实现对电动机的保护。

根据执行元件的类型,功率驱动接口可分为开关功率接口、直流电动机功率驱动接口、交流电动机功率驱动接口、伺服电动机功率驱动接口及步进电动机功率驱动接口等。其中开关功率驱动接口又包括继电接触器、电磁铁及各类电磁阀等的驱动接口。

功率驱动接口其他内容上文已有说明,不再赘述。下面仅就电力电子器件及开关功率驱动接口作一简单介绍。

4.3.2 电力电子器件

传统的开关器件包括晶闸管(SCR)、电力晶体管(GTR)、可关断晶闸管(GTO)、电力场效应晶体管(MOSFET)等。近年来,随着半导体制造技术和变流技术的发展,相继出现了绝缘栅极双极型晶体管(IGBT)、场控晶闸管(MCT)等新型电力电子器件。

电力电子器件的性能要求是大容量、高频率、易驱动和低损耗。因此,评价器件品质因素的主要标准是容量、开关速度、驱动功率、通态压降、芯片利用率。

开关器件分为晶闸管型和晶体管型，其共同特点是用正或负的信号施加于门极上（或栅极或基极）来控制器件的通与断。下面仅介绍几种驱动功率小、开关速度快、应用广泛的新型器件。

1. 绝缘栅极双极型晶体管（IGBT）

IGBT（Insulated Gate Bipolar Transistor）是在 GTR 和 MOSFET 之间取其长、避其短而出现的新器件，它实际上是用 MOSFET 驱动双极型晶体管，兼有 MOSFET 的高输入阻抗和 GTR 的低导通压降两方面的优点。电力晶体管饱和压降低，载流密度大，但驱动电流较大。MOSFET 驱动功率很小，开关速度快，但导通压降大，载流密度小。IGBT 综合了以上两种器件的优点，驱动功率小而饱和压降低。

IGBT 是多元集成结构，每个 IGBT 元的结构如图 4-27（a）所示，图 4-27（b）是 IGBT 的等效电路，它由一个 MOSFET 和一个 PNP 晶体管构成，给栅极施加正偏信号后，MOSFET 导通，从而给 PNP 晶体管提供了基极电流使其导通。给栅极施加反偏信号后，MOSFET 关断，使 PNP 晶体管基极电流为零而截止。图 4-27（c）是 IGBT 的电气符号。

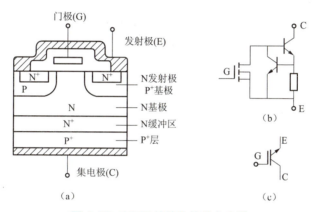

图 4-27　IGBT 的简化等效电路图

IGBT 的开关速度低于 MOSFET，但明显高于电力晶体管。IGBT 在关断时不需要负栅压来减少关断时间，但关断时间随栅极和发射极并联电阻的增加而增加。IGBT 的开启电压为 3～4 V，和 MOSFET 相当。IGBT 导通时的饱和压降比 MOSFET 低而和电力晶体管接近，饱和压降随栅极电压的增加而降低。

IGBT 的容量和 GTR 的容量属于一个等级，研制水平已达 1 000 V/800 A。但 IGBT 比 CTR 驱动功率小，工作频率高，预计在中等功率容量范围将逐步取代 GTR。同时，也已实现了模块化，并且已占领了电力晶体管的很大一部分市场。

2. 场控晶闸管（MCT）

MCT（MOS Controlled Thyristor）是 MOSFET 驱动晶闸管的复合器件，集场效应晶体管与晶闸管的优点于一身，是双极型电力晶体管和 MOSFET 的复合。MCT 把 MOSFET 的高输入阻抗、低驱动功率和晶闸管的高电压、大电流、低导通压降的特点结合起来，成为非常理想的器件。

一个 MCT 器件由数以万计的 MCT 元组成，每个元的组成为：PNPN 晶闸管一个（可等效为 PNP 和 NPN 晶体管各一个)、控制 MCT 导通的 MOSFET (on-FET) 和控制 MCT 关断的 MOSFET (off-FET) 各一个。

MCT 阻断电压高，通态压降小，驱动功率低，开关速度快。虽然目前的容量水平仅为 1 000 V/100 A，其通态压降只有 IGBT 或 GTR 的 1/3 左右，硅片的单位面积连续电流密度在各种器件中是最高的。另外，MCT 可承受极高的 di/dt 和 dv/di，这使得保护电路可以简化。MCT 的开关速度超过 GTR，开关损耗也小。总之，MCT 被认为是一种最有发展前途的电力电子器件。

另外，可关断晶闸管 (GTO) 是目前各种自关断器件中容量最大的，在关断时需要很大的反向驱动电流；电力晶体管 (GTR) 目前在各种自关断器件中应用最广，其容量为中等，工作频率一般在 10 kHz 以下。电力晶体管是电流控制型器件，所需的驱动功率较大；电力 MOSFET 是电压控制型器件，所需驱动功率最小。在各种自关断器件中，其工作频率最高，可达 100 kHz 以上。其缺点是通态压降大、器件容量小。

4.3.3 开关型功率接口

在开关型功率接口中，微机输出的是开关量控制信号，执行元件工作于低频开关状态，如电磁阀、电磁铁、机器主电动机、电热器件、电光器件等。这类接口一般采用晶闸管触发驱动或继电器电路切换的方法。

1. 晶闸管触发驱动电路

晶闸管是目前应用最广的半导体功率元件之一，具有弱电控制，强电输出的特点。它可用于电动机的开关控制、电磁阀控制以及大功率继电器触发的控制，具有开关无噪声、可靠性高、体积小的特点。采用晶体管做成的各种固态继电器 (SSR) 已成为开关型功率接口优先选用的功率器件。晶闸管的型号和品种十分齐全，常用的有单向晶闸管 SCR、双向晶闸管和可关断晶闸管 GTO 三种结构类型。

晶闸管功率接口电路的设计要点是触发电路的设计，微机输出的开关控制信号通常经脉冲变压器或光电耦合后加到晶闸管上。

单向晶闸管又称可控硅整流器，其最大特点是有截止和导通两个稳定状态（开关作用），同时又具有单向导电的整流作用。通过它可以用小的功率信号控制大功率设备，因此在交直流电动机的调速、调功、伺服控制及无触点开关等方面均有广泛的应用。

图 4-28 是单片机控制单向晶闸管实现 220 V 交流开关的例子。当单片机 P1.0 输出为低电平时，光电耦合器发光二极管截止，晶闸管门极不触发而断开。P1.0 输出为高电平时，经反向驱动器后，使光电耦合器发光二极管导通，交流电的正负半周均以直流方式加在晶闸

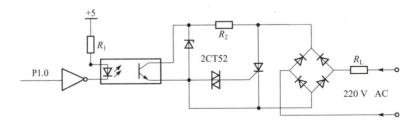

图 4-28 单片机与单向晶闸管接口电路

管的门极，触发晶闸管导通，这时整流桥路直流输出端被短路，负载即被接通。P1.0 回到低电平时，晶闸管门极无触发信号，而使其关断，负载失电。

2. 固态继电器接口

固态继电器 SSR 又称固态开关，是一种以弱电信号控制强电开关的无触点开关器件。它可用来代替各种继电接触控制器，实现功率设备的无触点、无火花、无噪声、高速开关。固态继电器为一个四端组件，它内部基本上由三个部分组成：输入受控部分、光电耦合部分及输出驱动部分，图 4-29 所示为固态继电器内部结构示意图。

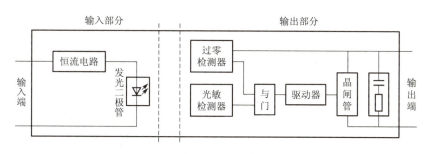

图 4-29　固态继电器内部结构示意图

固态继电器的输入端口可直接接收 TTL、CMOS 电路信号，其输出端按输出功能可分为直流输出型、非过零触发交流输出型（移相型）及过零触发交流输出型三种。这三种类型固态继电器的输入控制部分、隔离部分的工作原理基本相同，当无输入控制电压时没有电流通过发光二极管，输出驱动端不被触发；当输入直流电压为 3~14 V 时，发光二极管发光，光信号通过隔离部分传输给输出驱动部分。

3. 继电器型驱动接口

由于固态继电器是通过改变金属触点的位置使动触点与定触点闭合或分开，所以具有接触电阻小、流过电流大及耐高压等优点，但在动作可靠性上不及晶闸管。

继电器有电压线圈与电流线圈两种工作类型，它们在本质上是相同的，都是在电能的作用下产生一定的磁势，电压继电器的电气参数包括线圈的电阻、电感或匝数、吸合电压、释放电压和最大允许工作电压。电流继电器的电气参数包括线圈匝数、吸合电流和最大允许工作电流。

继电器/接触器的供电系统分为直流电磁系统和交流电磁系统，工作电压也较大，因此从微机输出的开关信号需经过驱动电路进行转换，使输出的电能能够适应其线圈的要求。继电器/接触器动作时，对电源有一定的干扰，为了提高微机系统的可靠性，在驱动电路与微机之间一般用光电耦合器隔离。

常用的继电器大部分属于直流电磁式继电器，一般用功率接口集成电路或晶体管驱动。在驱动多个继电器的系统中，宜采用功率驱动集成电路，例如使用 SN75468 等，这种集成电路可以驱动 7 个继电器，驱动电流可达 500 mA，输出端最大工作电压为 100 V。图 4-30 所示是典型的直流继电器接口电路。

交流电磁式继电器通常用双向晶闸管驱动或一个直流继电器作为中间继电器控制。

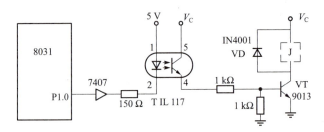

图 4-30 直流继电器接口电路

4. 液压输入接口装置

电液伺服阀是由电气—机械转换器和液压放大器两部分组成，阀的输入为小功率电流信号，输出为大功率的液压信号。图 4-31 所示为电液伺服阀的基本构成。

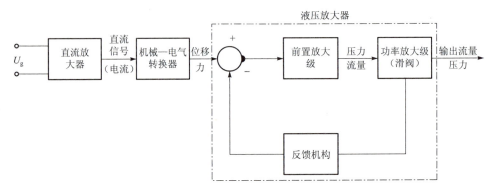

图 4-31 电液伺服阀的基本构成

电液比例阀是在传统液压阀基础上采用螺管式比例电磁阀进行控制调节的液压阀，这种阀的动态性能不及电液伺服阀，但却具有抗污染能力强、可靠、节能、价廉等优点。数字控制阀是利用数字信息直接控制的液压阀，可与微机直接相连，不需要 D/A 转换。常见的数字阀有采用脉宽调制原理控制的高速开关型数字阀，以及用步进电动机作 D/A 转换器，用增量方式进行控制的数字阀。

 小结

1. 伺服控制系统一般包括控制器、被控对象、执行环节、检测环节、比较环节等五部分。

2. 伺服系统按其驱动元件类型可分为电气伺服系统、液压伺服系统、气动伺服系统。

3. 伺服系统按控制方式可分为开环控制伺服系统、闭环控制伺服系统和半闭环控制伺服系统。

4. 电气式、液压式和气动式执行元件是三种最常用的执行元件。

5. 步进电动机按照力矩产生的原理一般分为反应式步进电动机、永磁式步进电动机和永磁反应式步进电动机。

6. 三相反应式步进电动机的工作方式有三种：三相单三拍、三相双三拍、三相单双六拍。

7.
（1）步进电动机定子绕组每接收一个脉冲信号，控制其通电状态改变一次，它的转子便转过一定角度，即步距角；
（2）改变步进电动机定子绕组的通电顺序，转子的旋转方向随之改变；
（3）步进电动机定子绕组通电状态的变化频率越高，转子的转速越高，但脉冲频率变化过快，会引起失步或过冲（即步进电动机少走或多走）；
（4）有脉冲就走，无脉冲就停，角位移随脉冲数的增加而增加；
（5）输出转角精度较高，一般只有相邻误差，但无累积误差；
（6）步距角与定子绕组相数 m、转子齿数 z、通电方式 k 有关，可用下式表示：

$$\alpha = 360°/(mzk)$$

式中，m 相 m 拍时，$k=1$；m 相 $2m$ 拍时，$k=2$。

8. 步进电动机驱动控制装置主要有环形脉冲分配器和功率放大驱动电路两大部分组成。

9. 液压式执行元件是先将电能变化成液体压力，并用电磁阀控制压力油的流向，从而使液压执行元件驱动执行机构运动。

10. 伸缩缸又称多级缸，它由两级或多级活塞缸套装而成，前一级活塞缸的活塞是后一级活塞缸的缸筒。

11. 液压马达与液压缸的不同在于：液压马达是实现旋转运动，输出机械能的形式是转矩和转速；液压缸是实现往复直线运动（或往复摆动），输出机械能的形式是力和速度（或扭矩和角速度）。

12. 气压式执行元件的特点是介质来源方便、成本低、速度快、无环境污染，但功率较小、动作不平稳、有噪声、难于伺服。

13. 电液伺服阀是由电气-机械转换器和液压放大器两部分组成，阀的输入为小功率电流信号，输出为大功率的液压信号。

思考与练习 4

4-1 步进电动机的工作原理是什么？其主要特点有哪些？
4-2 步进电动机的驱动控制电路主要由哪些部分组成？各组成部分功能如何？
4-3 交流伺服电动机的调速原理是什么？SPWM 型变频调速的工作原理是什么？
4-4 交流伺服电动机的主要分类？各自有何特点？
4-5 步进电动机的驱动控制电路主要有哪些部分组成？各组成部分功能？
4-6 液压缸和液压电动机有什么区别？
4-7 气压系统与电气、液压系统比较有哪些优缺点？
4-8 功率驱动接口的分类和组成形式有哪些？

项目工程4：典型机电一体化系统执行元件应用

本项目以 MPS 加工单元为例来介绍机电一体化系统典型执行元件的应用。一般 MPS 加工单元的功能是把待加工工件从物料台移送到加工区域冲压气缸的正下方；完成对工件的冲压加工，然后把加工好的工件重新送回物料台的过程。图 4-32 所示为加工单元实物的全貌。

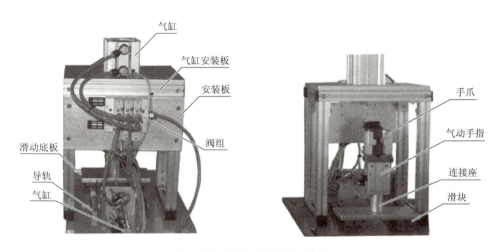

图 4-32　加工单元实物的全貌

1. 加工单元的结构组成

加工单元主要结构组成为物料台及滑动机构、加工（冲压）机构、电磁阀组、接线端口、PLC 模块、急停按钮和启动/停止按钮、底板等，加工机构的总成如图 4-33 所示。

（1）物料台及滑动机构。物料台及滑动机构如图 4-34 所示。物料台用来固定被加工工件，并把工件移到加工（冲压）机构正下方进行冲压加工。它主要由手爪、气动手指、物料台伸缩气缸、线性导轨及滑块、磁感应接近开关、漫射式光电传感器组成。

滑动物料台的工作原理：滑动物料台在系统正常工作后的初始状态为伸缩气缸伸出，物料台气动手爪张开的状态，当输送机构把物料送到料台上，物料检测传感器检测到工件后，PLC 控制程序驱动气动手指将工件夹紧→物料台回到加工区域冲压气缸下方→冲压气缸活塞杆向下伸出冲压工件→完成冲压动作后向上缩回→物料台重新伸出→到位后气动手指松开的顺序完成工件加工工序，并向系统发出加工完成信号。为下一次工件到来加工做准备。

（2）加工（冲压）机构。加工（冲压）机构如图 4-35 所示。加工机构用于对工件进行冲压加工。它主要由冲压气缸、冲压头、安装板等组成。冲压台的工作原理：当工件到达冲压位置即伸缩气缸活塞杆缩回到位，冲压缸伸出对工件进行加工，完成加工动作后冲压缸缩回，为下一次冲压做准备。

冲头根据工件的要求对工件进行冲压加工，冲头安装在冲压缸头部。安装板用于安装冲压缸，对冲压缸进行固定。

单元四　机电一体化伺服驱动技术

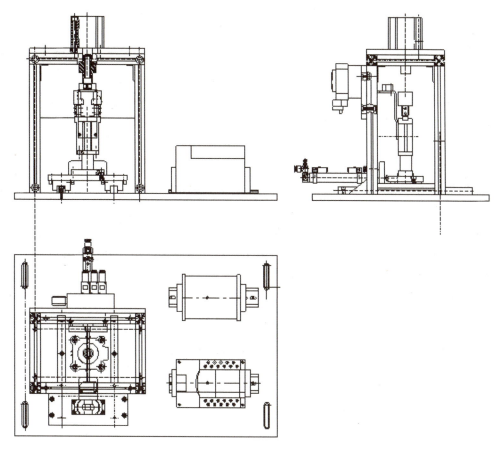

图 4-33　亚龙公司 YL-335 型自动化设备加工站总成

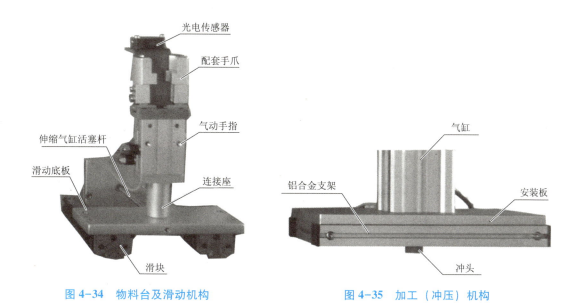

图 4-34　物料台及滑动机构　　　　图 4-35　加工（冲压）机构

（3）电磁阀组。加工单元的气爪、物料台伸缩气缸和冲压气缸可用三个带手控开关的单电控电磁阀控制，三个控制阀集中安装在带有消声器的汇流板。其中，前面的冲压缸控制

107

电磁阀所配的快速接头口径较大，这是由于冲压缸对气体的压力和流量要求比较高，冲压缸配套较粗气管的缘故。

这三个阀分别对冲压气缸、物料抬手爪气缸和物料台伸缩气缸的气路进行控制，以改变各自的动作状态。

电磁阀所带手控开关有锁定（LOCK）和开启（PUSH）两种位置。在进行设备调试时，使手控开关处于开启位置，可以使用手控开关对阀进行控制，从而实现对相应气路的控制，以改变冲压缸等执行机构的控制，达到调试的目的。

2. 气动执行元件的控制

加工单元气动控制回路工作原理如图 4-36 所示，1B1 和 1B2 为安装在冲压气缸两个极限工作位置的磁感应接近开关，2B1 和 2B2 为安装在物料台伸缩气缸两个极限工作位置的磁感应接近开关，3B1 为安装在手爪气缸工作位置的磁感应接近开关。1Y1、2Y1 和 3Y1 分别为控制冲压气缸、物料台伸缩气缸和手爪气缸电磁阀的电磁控制端。根据控制要求读者可自行编写其 PLC 控制梯形图，在此不再赘述。

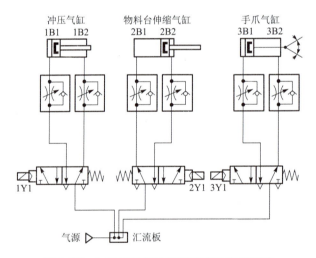

图 4-36 加工单元气动控制回路工作原理图

单元 五

机电一体化控制及接口技术

A. 教学目标

1. 掌握机电一体化系统控制形式
2. 掌握常用机电系统控制器 PLC 工作原理
3. 熟悉常用输入输出接口电路
4. 熟悉 A/D 转换器等机电接口电路

B. 引言

机电一体化控制是在以微型计算机为代表的微电子技术、信息技术迅速发展向机械工业领域迅猛渗透并与机械电子技术深度结合的现代工业的基础上，综合应用机械技术、微电子技术、信息技术、自动控制技术、传感测试技术、电力电子技术、接口技术及软件编程技术等群体技术。本单元重点讲述机电系统控制技术；常用控制器 PLC 工作原理以及人机接口、机电接口工作原理。

5.1 控制技术概述

机电一体化控制是一门理论性很强的工程技术，通常称为"自动控制技术"，把实现这种技术的理论称为"自动控制理论"。而由各种部件组成以实现具体生产对象的自动控制的系统，则称为"自动控制系统"。自动控制所使用的技术可以是电气、液压、气动、机电以及电液等诸多方法，而采用计算机实现自动控制是机电一体化控制技术中最为常见的手段。

5.1.1 机电一体化系统的控制形式

机电一体化控制本质上就是自动控制，机电一体化系统的控制形式就是自动控制系统的不同分类方式。自动控制是指在无人直接参与的情况下，利用控制装置，使被控对象的被控量准确地按照预期的规律变化。自动控制理论是研究自动控制过程共同规律的技术学科，是研究自动控制系统组成，进行系统分析设计的一般性理论。根据它的不同发展阶段与内容，可将其分为经典控制理论、现代控制理论及智能控制理论三个阶段。

按照输出量对控制作用的影响不同，机电一体化系统可分为开环控制系统和闭环控制系统。

1. 开环控制系统

开环控制的机电一体化系统是没有反馈的控制系统，这种系统的输入直接送给控制器，并通过控制器对受控对象产生控制作用。一些家用电器、简易 NC 机床和精度要求不高的机电一体化产品都采用开环控制方式。开环控制机电一体化系统的优点是结构简单、成本低、维修方便，缺点是精度较低，对输出和干扰没有诊断能力。

2. 闭环控制系统

闭环控制的机电一体化系统的输出结果经传感器和反馈环节与系统的输入信号比较产生输出偏差，输出偏差经控制器处理再作用到受控对象，对输出进行补偿，实现更高精度的系统输出。现在的许多制造设备和具有智能的机电一体化产品都选择闭环控制方式，如数控机床、加工中心、机器人、雷达、汽车等。闭环控制的机电一体化系统具有高精度、动态性能好、抗干扰能力强等优点。它的缺点是结构复杂，成本高，维修难度较大。

按输出量的形式，控制系统可分为位置、速度、加速度、力和力矩等类型。按输入信号的变化规律，可将控制系统分为恒值控制系统和随动系统。若系统给定值为一定值，而控制任务就是克服扰动，使被控量保持恒值，此类系统称为恒值系统。随动系统又可分为跟踪系统和程序控制系统，若系统给定值按照事先不知道的时间函数变化，并要求被控量跟随给定值变化，则此类系统称为跟踪系统；若系统的给定值按照一定的时间函数变化，并要求被控量随之变化，则此类系统称为程序控制系统。恒温调节系统、自动火炮系统、机床的数控系统则分别是恒值、跟踪及程控系统的一个实例。

按系统中所处理信号的形式，控制系统又可分为连续控制系统和离散控制系统。若系统各部分的信号都是时间的连续函数即模拟量，则称系统为连续系统。若系统中有一处或多处信号为时间的离散函数，如脉冲或数码信号，则称之为离散系统。如果离散系统中既有离散信号又有模拟量，也称为采样系统。

5.1.2 控制系统的基本要求和一般设计方法

为了使被控量按照预定的规律变化，对自动控制系统提出了稳（稳定性）、准（准确性）、快（快速性）的基本要求。

稳定性是保证控制系统正常工作的先决条件，这是对控制系统的一个基本要求。系统的稳定性有两层含义：一是系统稳定，叫做绝对稳定性，通常所讲的稳定性就是这个含义；另一方面的含义是输出量振荡的强烈程度，称为相对稳定性。线性控制系统的稳定性是由系统本身的结构与参数所决定的，与外部条件无关。

快速性是系统在稳定的条件下，衡量系统过渡过程的形式和快慢，通常称为"系统动态性能"。在实际的控制系统中，不仅要求系统稳定，而且要求被控量能迅速地按照输入信号所规定的形式变化，即要求系统具有一定的响应速度。

准确性是在系统过渡过程结束后，衡量系统输出（被控量）达到的稳态值与系统输出期望值之间的接近程度。除了要求控制系统稳定性好、响应速度快以外，还要求控制系统的控制精度高。

"稳"与"快"是说明系统动态（过渡过程）品质。系统的过渡过程产生的原因是系统中储能元件的能量不可能突变。"准"是说明系统的稳态（静态）品质。

在传统的控制系统设计中，把控制对象不作为设计内容，设计任务只是采用控制器来调节已经给定的被控对象的状态。而在机电一体化控制系统设计中，控制系统和被控对象是有机结合的，两者都在设计范畴之内，这就使得设计的选择性和灵活性更大。控制系统设计的基本方法是把系统中的各个环节先抽象成数学模型进行分析和研究，不论具有何种量纲，都在模型中以相同的形式表达，用相同的方法分析，因而各环节的特性可按系统整体要求进行匹配和统筹设计。

控制系统设计一般可按下面四个步骤来进行。

（1）准备阶段。对设计对象进行机理分析和理论分析，明确被控对象的特点及要求；限定控制系统的工作条件及环境，确定安全保护措施及等级；明确控制方案的特殊要求；确定技术经济指标；制定试验项目及指标。

（2）理论设计。建立被控对象的数学模型，把被控对象的控制特性用数学表达式加以描述，作为控制方案选择及控制器设计的依据；确定控制算法及控制器结构，选择中央处理单元、存储器等，主要硬、软件设计以及各种接口的选择和设计；确定系统的初步结构及参数，进行系统性能分析、优化。

（3）设计实施。模块组装，系统仿真、测试。

（4）设计定型。整理出设计图样、电子元器件明细表、系统操作程序及说明书、维修及故障诊断说明书和使用说明书等，形成相应技术文件。

5.1.3 计算机控制系统的组成及常用类型

1. 计算机控制系统的组成

计算机以其运算速度快，可靠性高，价格便宜，被广泛地应用于工业、农业、国防以及日常生活的各个领域。计算机技术已成为机电一体化技术发展和变革的最活跃的因素。

简单地说，计算机控制系统就是采用计算机来实现的自动控制系统。自动控制系统根据系统中信号相对于时间的连续性，分为连续时间系统和离散时间系统。计算机控制系统本质上讲是一种离散控制系统，图5-1给出了一个典型计算机控制系统的原理图。

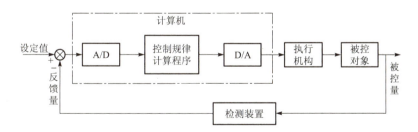

图5-1 计算机控制系统原理图

在控制系统中引入计算机，可以充分利用计算机的运算、逻辑判断和记忆等功能完成多种控制任务。在系统中，由于计算机只能处理数字信号，因而给定值和反馈量要先经过A/D转换器将其转换为数字量，才能输入计算机。当计算机接收了给定量和反馈量后，依照偏差值，按某种控制规律进行运算（如PID运算），计算结果（数字信号）再经过D/A转换器，将数字信号转换成模拟控制信号输出到执行机构，便完成了对系统的控制作用。

机电一体化系统中的计算机控制系统由硬件和软件两部分组成。典型的机电一体化控制系统结构可用图 5-2 来示意。

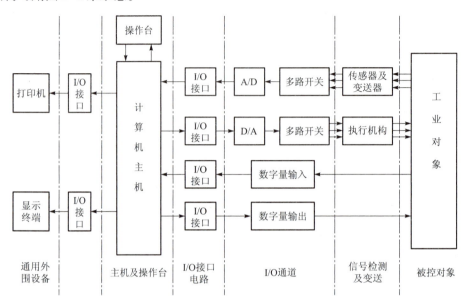

图 5-2 典型计算机控制系统的组成框图

硬件是指计算机本身及其外围设备，一般包括中央处理器、内存储器、磁盘驱动器、各种接口电路、以 A/D 转换和 D/A 转换为核心的模拟量 I/O 通道、数字量 I/O 通道以及各种显示、记录设备、运行操作台等。就计算机本体而言，随着微处理器技术的快速发展，针对工业领域相继开发出一系列的工业控制计算机，如单片微型计算机、可编程序控制器、总线式工业控制机、分散计算机控制系统等。这些工控设备弥补了商用计算机的缺点，大大推动了机电一体化控制系统的自动化程度。

计算机是整个控制系统的核心。它接收从控制台来的命令，对系统各参数进行巡回检测，执行数据处理、计算和逻辑判断、报警处理等，并根据计算的结果通过接口发出输出命令。

接口与输入/输出（I/O）通道是计算机与被控对象进行信息交换的桥梁。常用的 I/O 接口有并行接口和串行接口。由于计算机处理的只能是数字量，而被控对象的参数既有数字量又有模拟量，因此 I/O 通道有模拟量 I/O 通道和数字量 I/O 通道之分。

计算机控制系统中最基本的外部设备是操作台。它是人机对话的联系纽带，操作人员可通过操作台向计算机输入和修改控制参数，发出各种操作命令；计算机可向操作人员显示系统运行状况，发出报警信号。操作台一般包括各种控制开关、数字键、功能键、指示灯、声讯器、数字显示器或 CRT 显示器等。

传感器的主要功能是将被检测的非电学量参数转变成电学量，变送器的作用是将传感器得到的电信号转变成适用于计算机接口使用的标准的电信号（如 0~10 mA DC）。计算机控制系统需要把各种被测参数转变为电量信号送到计算机中，同时，也需要各种执行机构按计算机的输出命令去控制对象。常用的执行机构有各种电动、液动、气动开关，电液伺服阀，交、直流电动机，步进电动机等。

软件是指计算机控制系统中具有各种功能的计算机程序的总和,如完成操作、监控、管理、控制、计算和自诊断等功能的程序。整个系统在软件指挥下协调工作。从功能区分,软件可分为系统软件和应用软件。

系统软件是由计算机的制造厂商提供的,用来管理计算机本身的资源和方便用户使用计算机的软件。常用的有操作系统、开发系统等,它们一般不需用户自行设计编程,只需掌握使用方法或根据实际需要加以适当改造即可。

应用软件是用户根据要解决的控制问题而编写的各种程序,比如各种数据采集、滤波程序、控制量计算程序、生产过程监控程序等。

在计算机控制系统中,软件和硬件不是独立存在的,在设计时必须注意两者相互间的有机配合和协调,只有这样才能研制出满足生产要求的高质量的控制系统。

2. 计算机控制系统的类型

由于微型计算机的迅速发展,机电一体化系统大多采用计算机作为控制器,目前常用的有基于单片机、单板机、普通 PC 机、工业 PC 机和可编程序控制器(PLC)等多种类型的控制系统。表 5-1 给出了各种计算机控制系统性能比较。其中,由于 PLC 及单片机控制系统具有一系列优点而被越来越多地应用于机电一体化系统中。

表 5-1 各种计算机控制系统性能指标

控制装置 比较项目	普通计算机系统		工业控制机		可编程序控制器	
	单片(单板)系统	PC 扩展系统	STD 总线系统	工业 PC 系统	PLC(256)点以内	大型 PLC
控制系统的组成	自行研制(非标准化)	配备各类功能接口板	选购标准化 STD 模块	整机已成系统,外部另行配置	按使用要求选购相应的产品	
系统功能	简单的逻辑控制或模拟量控制	数据处理功能强,可组成功能强大的完整系统	可组成从简单到复杂的各种测控系统	本身已具备完整的控制功能,软件丰富,执行速度快	逻辑控制为主,也组成模拟控制系统	大型复杂的多点控制系统
通信功能	按需要自行配置	以备一个串行口,再多,另行配置	选用通用模板	产品已提供串行口	选用 RS232 通信模块	选取相应的模块
硬件制作工作量	多	稍少	少	少	很少	很少
程序语言	汇编语言为主	汇编和高级语言均可	汇编和高级语言均可	高级语言为主	梯形图编程为主	多种高级语言
软件工作开发量	很多	多	较多	较多	很少	较多

续表

控制装置 比较项目	普通计算机系统		工业控制机		可编程序控制器	
	单片（单板）系统	PC扩展系统	STD总线系统	工业PC系统	PLC（256）点以内	大型PLC
执行速度	快	很快	快	很快	稍慢	很快
输出带负载能力	差	较差	较强	较强	强	强
抗电干扰能力	较差	较差	好	好	很好	很好
可靠性	较差	较差	好	好	很好	很好
环境适应性	较差	差	较好	一般	很好	很好
应用场合	智能仪器，简单控制	实验室环境的信号采集及控制	一般工业现场控制	较大规模的工业现场控制	一般规模的工业现场控制	大规模的工业现场控制，可组成监控网络
价格	最低	较高	稍高	高	高	很高

5.2 可编程序控制器技术

可编程序控制器（PLC）是现代工业自动化领域中的一门先进控制技术，它已成为现代工业控制三大支柱（PLC、CAD/CAM、ROBOT）之一，其应用深度和广度已经成为一个国家工业先进水平的重要标志之一。PLC具有可靠性高、逻辑功能强、体积小、可在线修改控制程序、远程通信联网、易于与计算机接口、模拟量控制、高速计数及位控等一系列优异性能。由于目前各国生产的PLC种类繁多、性能规模各异、指令系统不尽相同，不可能一一罗列。本节主要针对PLC的基本原理、结构组成和应用特点等共性问题作一简要说明，并在此基础上对当前常用的典型PLC的基本性能、技术指标、相关设备给予介绍，使读者能借此掌握PLC的基本知识，为今后应用PLC解决生产实际问题打下基础。

5.2.1 PLC技术基础

1. PLC的分类

可编程序控制器（Programmable Logic Controller）简称PLC，是以微处理器为基础，综合了计算机技术、自动控制技术和通信技术而发展起来的一种新型、通用的自动控制装置。

可编程序控制器发展到今天，已经有多种形式，而且功能也不尽相同。按不同的原则可有不同的分类。

（1）根据结构分类。

① 整体式（箱体式）。整体式结构的特点是将PLC的基本部件，如CPU板、输入板、

输出板、电源板等紧凑地安装在一个标准机壳内，构成一个整体，组成 PLC 的一个基本单元（主机）或扩展单元。基本单元上没有扩展端口，通过扩展电缆与扩展单元相连，以构成 PLC 不同的配置。整体式结构的 PLC 体积小，成本低，安装方便。微型和小型 PLC 一般为整体式结构。

整体式 PLC 的基本组成框图如图 5-3 所示。

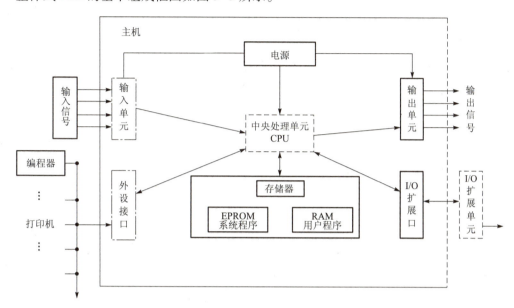

图 5-3　整体式 PLC 的基本组成框图

② 组合式（机架模块式）。组合式结构的 PLC 为总线结构，其总线做成总线板。它是由标准模块单元（如 CPU 模块、输入模块、输出模块、电源模块和各种功能模块等）构成，将这些模块插在框架上或总线板上即可。各模块功能是独立的，外形尺寸是统一的，插入什么模块可根据需要灵活配置。目前，中、大型 PLC 多采用这种结构形式。

组合式 PLC 的基本组成框图如图 5-4 所示。

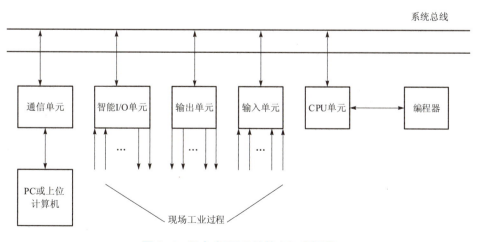

图 5-4　组合式 PLC 的基本组成框图

（2）按控制规模分类。一般而言，处理的 I/O 点数越多，则控制关系越复杂，用户要求的程序存储器容量越大，PLC 指令及其他功能也越多，指令执行的速度也越快。按 PLC 的 I/O 点数可将 PLC 分为以下三类。

① 小型 PLC。小型 PLC 的 I/O 总点数在 256 点以下，用户程序存储容量在 4 KB 以下。小型 PLC 的功能一般以开关量控制为主，现在的高性能小型 PLC 还具有一定的通信能力和少量的模拟量处理能力。这类 PLC 的特点是价格低廉，体积小巧，适合于控制单台设备，开发机电一体化产品。

典型的小型机有 SIEMENS 公司的 S7-200 系列、Rockwell（AB）公司的 SLC500 系列、MITSUBISH 公司的 FX 系列、OMRON 公司的 CPM1A 系列以及其新近推出的具有高度扩展性的小型一体化可编程控制器 CP1H 系列等产品。

② 中型 PLC。中型 PLC 的 I/O 总点数在 256~2 048 点之间，用户程序存储容量在 8 KB 左右。中型 PLC 不仅具有开关量和模拟量的控制功能，还具有更强的数字计算能力，它的通信功能和模拟量处理能力更强大。中型机的指令比小型机更丰富，中型机适用于复杂的逻辑控制系统以及连续生产过程控制场合。

典型的中型机有 SIEMENS 公司的 S7-300 系列、Rockwell（AB）公司的 ControlLogix 系列、OMRON 公司的 C200H 系列等产品。

③ 大型 PLC。大型 PLC 的 I/O 总点数在 2 048 点以上，用户程序存储容量在 16 KB 以上。大型 PLC 的性能已经与工业控制计算机相当，它具有计算、控制和调节的功能，还具有强大的网络结构和通信联网能力。它可以连接 HMI 作为系统监视或操作界面，能够表示过程的动态流程，记录各种曲线，PID 调节参数选择图，可配备多种智能模块，构成一个多功能系统。这种系统还可以和其他型号的控制器互联，和上位机相连，组成一个集中分散的生产过程和产品质量控制系统。大型机适用于设备自动化控制、过程自动化控制和过程监控系统。

典型的大型 PLC 有 SIEMENS 公司的 S7-400、OMRON 公司的 CVM1 和 CS1 系列、Rockwell（AB）公司的 ControlLogix 和 PLC5/05 系列等产品。

2. PLC 的硬件组成

PLC 种类繁多，但其组成结构和工作原理基本相同。由于 PLC 是专为工业现场应用而设计，因此在其设计中采用了一定的抗干扰技术。由上文可知，PLC 按照结构形式的不同可分为整体式（见图 5-3）和组合式（见图 5-4）两类。但不论哪种结构形式，都采用了典型的计算机结构，主要由 CPU、电源、存储器和专门设计的输入输出接口电路等组成。

下面具体介绍 PLC 各部分组成及其作用。

（1）中央处理器。中央处理单元（CPU）一般由控制器、运算器和寄存器组成，这些电路都集成在一个芯片内。CPU 通过数据总线、地址总线和控制总线与存储单元、输入输出接口电路相连接。与一般计算机一样，CPU 是 PLC 的核心，它按 PLC 中系统程序赋予的功能指挥 PLC 有条不紊地进行工作。用户程序和数据事先存入存储器中，当 PLC 处于运行方式时，CPU 按循环扫描方式执行用户程序。

CPU 的主要任务有：控制用户程序和数据的接收与存储；用扫描的方式通过 I/O 部件接收现场的状态或数据，并存入输入映像寄存器或数据存储器中；诊断 PLC 内部电路的工作故障和编程中的语法错误等；PLC 进入运行状态后，从存储器逐条读取用户指令，经过命令解释后按指令规定的任务进行数据传送、逻辑或算术运算等；根据运算结果，更新有关标志位的状态和输出映像寄存器的内容，再经输出部件实现输出控制、制表打印或数据通信等功能。

不同型号的 PLC 其 CPU 芯片是不同的，有采用通用 CPU 芯片的，有采用厂家自行设计的专用 CPU 芯片的。CPU 芯片的性能关系到 PLC 处理控制信号的能力与速度，CPU 位数越高，系统处理的信息量越大，运算速度也越快。PLC 的功能是随着 CPU 芯片技术的发展而提高和增强的。

（2）存储器。PLC 的存储器包括系统存储器和用户存储器两部分。

系统存储器用来存放由 PLC 生产厂家编写的系统程序，系统程序固化在 ROM 内，用户不能直接更改，它使 PLC 具有基本的功能，能够完成 PLC 设计者规定的各项工作。系统程序质量的好坏，很大程度上决定了 PLC 的性能，其内容主要包括三部分：第一部分为系统管理程序，它主要控制 PLC 的运行，使整个 PLC 按部就班地工作；第二部分为用户指令解释程序，通过用户指令解释程序，将 PLC 的编程语言变为机器语言指令，再由 CPU 执行这些指令；第三部分为标准程序模块与系统调用，它包括许多不同功能的子程序及其调用管理程序，如完成输入、输出及特殊运算等的子程序。PLC 的具体工作都是由这部分程序来完成的，这部分程序的多少也决定了 PLC 性能的高低。

用户存储器包括用户程序存储器（程序区）和功能存储器（数据区）两部分。用户程序存储器用来存放用户针对具体控制任务，用规定的 PLC 编程语言编写的各种用户程序，以及用户的系统配置。用户程序存储器根据所选用的存储器单元类型的不同，可以是 RAM（有掉电保护）、EPROM 或 EEPROM 存储器，其内容可以由用户任意修改或增删。用户功能存储器是用来存放（记忆）用户程序中使用器件的 ON/OFF 状态、数值数据等。用户存储器容量的大小，关系到用户程序容量的大小，是反映 PLC 性能的重要指标之一。

（3）输入单元。可编程序控制器的输入信号类型可以是开关量、模拟量和数字量。输入单元从广义上包含两部分：一是与被控设备相连接的接口电路，另一部分是输入映像寄存器。

输入单元接收来自用户设备的各种控制信号，如限位开关、操作按钮、选择开关、行程开关以及其他一些传感器的信号。通过接口电路将这些信号转换成中央处理器能够识别和处理的信号，并存到输入映像寄存器。运行时，CPU 从输入映像寄存器读取输入信息并进行处理，将处理结果存放到输出映像寄存器。

为防止各种干扰信号和高电压信号进入 PLC，影响其可靠性或造成设备损坏，现场输入接口电路一般由光电耦合电路进行隔离。光电耦合电路的关键器件是光耦合器，一般由发光二极管和光电三极管组成。

通常 PLC 的输入类型可以是直流（DC 24 V）、交流和交直流。输入电路的电源可由外部供给，有的也可由 PLC 内部提供。

（4）输出单元。可编程序控制器的输出信号类型可以是开关量、模拟量和数字量。输出单元从广义上包含两部分：一是与被控设备相连接的接口电路，另一部分是输出映像寄存器。

PLC 运行时 CPU 从输入映像寄存器读取输入信息并进行处理，将处理结果放到输出映像寄存器。输出映像寄存器由输出点相对应的触发器组成,输出接口电路将其由弱电控制信号转换成现场需要的强电信号输出,以驱动电磁阀、接触器、指示灯等被控设备的执行元件。

输出接口电路通常有三种类型:继电器输出型、晶体管输出型和晶闸管输出型。每种输出电路都采用电气隔离技术,电源由外部提供,输出电流一般为 1.5~2 A,输出电流的额定值与负载的性质有关。

为使 PLC 避免受瞬间大电流的作用而损坏,输出端外部接线必须采用保护措施:一是输出公共端接熔断器;二是采用保护电路,对交流感性负载,一般用阻容吸收回路;还可以对直流感性负载用续流二极管。

(5) 电源部分。PLC 中一般配有开关式稳压电源为内部电路供电。开关电源的输入电压范围宽、体积小、质量轻、效率高、抗干扰性能好。有的 PLC 能向外部提供 24 V 的直流电源,可给输入单元所连接的外部开关或传感器供电。

(6) I/O 扩展端口。当主机上的 I/O 点数或类型不能满足用户需要时,主机可以通过 I/O 扩展口连接 I/O 扩展单元来增加 I/O 点。没有 I/O 扩展口的 PLC 是不能进行 I/O 点扩展的。另外,通过 I/O 扩展口还可以连接各种特殊功能单元(智能 I/O 单元),以扩展 PLC 的功能。

(7) 外设接口。每台 PLC 都有外设接口。通过外设接口,PLC 可与外部设备相连接。PLC 的外部设备有编程器、计算机、打印机、EPROM 写入器、外存储器以及监视器、变频器等,以在各种不同的场合实现多种不同的应用。

以上就是一个 PLC 的基本组成。但是,如果要利用 PLC 完成更高级、更复杂的控制(例如集散控制),往往还需要借助 PLC 的高功能模块(特殊功能单元)、变频器、计算机等其他设备的支持以及通信功能的实现。

3. PLC 的工作原理

为了满足工业逻辑控制的要求,同时结合计算机控制的特点,PLC 的工作方式采用不断循环的顺序扫描工作方式。每一次扫描所用的时间称为扫描周期或工作周期。CPU 从第一条指令执行开始,按顺序逐条地执行用户程序直到用户程序结束,然后返回第一条指令开始新的一轮扫描。PLC 就是这样周而复始地重复上述循环扫描的。

当 PLC 处于正常运行时,它将不断重复扫描过程。分析上述扫描过程,如果对远程 I/O、特殊模块和其他通信服务暂不考虑,这样扫描过程就只剩下"输入采样""程序执行"和"输出处理"三个阶段了。这三个阶段是 PLC 工作过程的中心内容,理解透 PLC 工作过程的这三个阶段是学习好 PLC 的基础。下面就对这三个阶段进行详细的分析。图 5-5 即为输入采样阶段、程序执行阶段和输出处理阶段三个阶段的工作过程。

(1) 输入采样阶段。CPU 将全部现场输入信号如按钮、限位开关、速度继电器等的状态(通/断)经 PLC 的输入端子,读入映像寄存器,这一过程称为输入采样或扫描阶段。进入下一阶段即程序执行阶段时,输入信号若发生变化,输入映像寄存器也不予理睬,只有等到下一扫描周期输入采样阶段时才被更新。这种输入工作方式称为集中输入方式。

(2) 程序执行阶段。CPU 从 0000 地址的第一条指令开始,依次逐条执行各指令,直到执行到最后一条指令。PLC 执行指令程序时,要读入输入映像寄存器的状态(ON 或 OFF,即 1 或 0)和其他编程元件的状态,除输入继电器外,一些编程元件的状态随着指令的执行

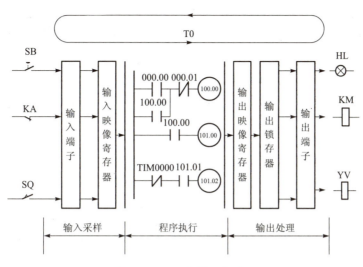

图 5-5　PLC 扫描工作过程

不断更新。CPU 按程序给定的要求进行逻辑运算和算术运算，运算结果存入相应的元件映像寄存器，把将要向外输出的信号存入输出映像寄存器，并由输出锁存器保存。程序执行阶段的特点是依次顺序执行指令。

（3）输出处理阶段。CPU 将输出映像寄存器的状态经输出锁存器和 PLC 的输出端子，传送到外部去驱动接触器、电磁阀和指示灯等负载。这时输出锁存器的内容要等到下一个扫描周期的输出阶段到来才会被刷新。这种输出工作方式称为集中输出方式。

由以上分析可知，可编程序控制器采用串行工作方式，由彼此串行的三个阶段可构成一个扫描周期，输入采样和输出处理阶段采用集中扫描工作方式。只要 CPU 置于"RUN"，完成一个扫描周期工作后，将自动转入下一个扫描周期，反复循环地工作，这与继电器控制是大不相同的。

CPU 完成一次包括输入采样阶段、程序执行阶段和输出处理阶段的扫描循环所占用的时间称为 PLC 的一个扫描周期，用 T_0 表示。其中输入和输出时间很短，约为 1 ms。程序执行时间与指令种类和 CPU 扫描速度相关。欧姆龙 C 系列 P 型机的 CPU 指令执行的平均时间约为 10 μs/指令。一个扫描周期只有几毫秒。

从输入触点闭合到输出触点闭合有一段时间延迟，我们一般把这段时间称作 I/O 响应时间。I/O 滞后现象是 PLC 工作时必须考虑的一个重要问题。

一般来说，影响 PLC 的 I/O 滞后现象的原因主要有以下几点。

① PLC 输入电路中设置的输入滤波器对信号的延迟作用；
② 输出继电器一般都有机械滞后所引起的动作延迟；
③ PLC 循环操作时，产生一个扫描周期的滞后；
④ 用户程序的语句编排不当也会影响输入/输出响应时间。

4. PLC 的性能指标

描述 PLC 性能时，经常用到位、数字、字节、字及通道等术语。

位指二进制的一位，仅有 1、0 两种取值。一个位对应 PLC 一个继电器，某位的状态为

1或0，分别对应继电器线圈通电或断电。

4位二进制数构成一个数字，这个数字可以是0000~1001（十进制数0~9），也可以是0000~1111（十六进制数0~F）。

2个数字或8位二进制数构成一个字节。

2个字节构成一个字。在PLC术语中，字也称为通道。一个字含16位，或者说一个通道含16个继电器。

下面给出了决定PLC性能的一些主要指标。

（1）输入/输出（I/O）点数。输入/输出（I/O）点数是指PLC外部I/O端子的总数，也即是PLC可以接受的输入信号和输出信号的总和，是衡量PLC性能的重要指标。I/O点数越多，外部可接的输入设备和输出设备就越多，控制规模就越大。

（2）存储容量。存储容量是指用户程序存储器的容量。用户程序存储器容量决定了PLC所能存放的用户程序的多少，一般以字（或步）为单位来计算。用户程序存储器的容量大，可以编制出复杂的程序。在有的PLC中，程序指令是按"步"存放的（一条指令往往不止一"步"），一"步"占用一个地址单元，一个地址单元一般占用一个字，实质上"步"和"字"在这里是等同的。如一个内存容量为1K步的PLC可推知其内存为1K字或2K字节。

（3）扫描速度。扫描速度是指PLC执行用户程序的速度，是衡量PLC性能的重要指标。一般以扫描1K步用户程序所需的时间来衡量扫描速度，通常以ms/K步为单位。PLC用户手册一般给出执行各条指令所用的时间，可以通过比较各种PLC执行相同操作所用的时间，来衡量扫描速度的快慢。

（4）指令的功能与数量。指令功能的强弱、数量的多少也是衡量PLC性能的重要指标。编程指令的功能越强、数量越多，PLC的处理能力和控制能力也越强，用户编程也越简单和方便，越容易完成复杂的控制任务。

（5）内部元件的种类与数量。内部元件的配置情况是衡量PLC硬件功能的一个指标。在编制PLC程序时，需要用到大量的内部元件来存放变量状态、中间结果、保持数据、定时计数、模块设置和各种标志位等信息。这些元件的种类与数量越多，表示PLC的存储和处理各种信息的能力越强。

（6）特殊功能单元。特殊功能单元种类的多少与功能的强弱是衡量PLC产品的一个重要指标。近年来各PLC厂商非常重视特殊功能单元的开发，特殊功能单元种类日益增多，功能越来越强，使PLC的控制功能日益扩大。

（7）可扩展能力。PLC的可扩展能力包括I/O点数的扩展、存储容量的扩展、联网功能的扩展、各种功能模块的扩展等。在选择PLC时，经常需要考虑PLC的可扩展能力。

5.2.2 PLC编程技术

目前，PLC在国际市场上已经是非常畅销的工业控制产品，采用PLC设计自动控制系统已成为世界潮流。PLC的生产厂家和品种很多，其中著名的有美国的AB公司、GE公司，德国的SIEMENS公司，法国的TE公司，日本的有OMRON、三菱、松下、富士等公司。我国从20世纪70年代后期相继引进了PLC控制系统和生产线。进入20世纪90年代以来，

PLC 的应用已渗透到国民经济的各行各业。

德国的西门子（SIEMENS）公司是欧洲最大的电子和电气设备制造商，20 世纪末推出了 S7 系列产品。最新的 SIMATIC 产品为 SIMATIC S7、M7 和 C7 等几大系列。从某种意义上说，SIMATIC S7 系列代表了当前现代可编程序控制器的方向。下面通过 SIMATIC S7-200 为例来介绍 PLC 编程技术。

1. S7-200 PLC 内部资源

PLC 在运行时需要处理的数据一般都根据数据的类型不同、数据的功能不同而把数据分成几类。这些不同类型的数据被存放在不同的存储空间，从而形成不同的数据区。S7-200 的数据区可以分为数字量输入和输出映像区、模拟量输入和输出映像区、变量存储器区、顺序控制继电器区、位存储器区、特殊存储器区、定时器存储器区、计数器存储器区、局部存储器区、高速计数器区和累加器区。

（1）数字量输入和输出映像区。

① 数字量输入映像区（I 区）。数字量输入映像区是 S7-200 CPU 为输入端信号状态开辟的一个存储区，用 I 表示。在每次扫描周期的开始，CPU 对输入点进行采样，并将采样值存于输入映像区寄存器中。该区的数据可以是位（1 bit）、字节（8 bit）、字（16 bit）或者双字（32 bit）。其表示形式如下。

a. 用位表示：I0.0、I0.1、…、I0.7~I15.0、I15.1、…、I15.7，共 128 点。

输入映像区每个位地址包括存储器标识符、字节地址及位号三部分。存储器标识符为"I"，字节地址为整数部分，位号为小数部分。比如 I1.0 表明这个输入点是第 1 个字节的第 0 位。

b. 用字节表示：IB0、IB1、…、IB15，共 16 个字节。

输入映像区每个字节地址包括存储器字节标识符、字节地址两部分。字节标识符为"IB"，字节地址为整数部分。比如 IB1 表明这个输入字节是第 1 个字节，共 8 位，其中第 0 位是最低位，第 7 位是最高位。

c. 用字表示：IW0、IW2、…、IW14，共 8 个字。

输入映像区每个字地址包括存储器字标识符、字地址两部分。字标识符为"IW"，字地址为整数部分。一个字含两个字节，一个字中的两个字节的地址必须连续，且低位字节在一个字中应该是高 8 位，高位字节在一个字中应该是低 8 位。比如，IW0 中的 IB0 应该是高 8 位，IB1 应该是低 8 位。

d. 用双字表示：ID0、ID4、…、ID12，共 4 个双字。

输入映像区每个双字地址包括存储器双字标识符、双字地址两部分。双字标识符为"ID"，双字地址为整数部分。一个双字含四个字节，四个字节的地址必须连续。最低位字节在一个双字中应该是最高 8 位。比如，ID0 中的 IB0 应该是最高 8 位，IB1 应该是高 8 位，IB2 应该是低 8 位，IB3 应该是最低 8 位。

② 数字量输出映像区（Q 区）。数字量输出映像区是 S7-200 CPU 为输出端信号状态开辟的一个存储区，用 Q 表示。在扫描周期的结尾，CPU 将输出映像寄存器的数值复制到物理输出点上。数字量输出映像区共有 QB0~QB15 等 16 个字节存储单元，能存储 128 点信息。该区的数据可以是位（1 bit）、字节（8 bit）、字（16 bit）或者双字（32 bit）。其表示

形式略。

应当指出，实际没有使用的输入端和输出端的映像区的存储单元可以作中间继电器用。SIMATIC S7-200 系列小型 PLC 第二代产品其 CPU 模块为 CPU 22X，它具有四种不同结构配置的 CPU 单元：CPU 221、CPU 222、CPU 224 和 CPU 226，除 CPU 221 之外，其他都可加扩展模块。CPU 224 主机有 I0.0~I0.7、I1.0~I1.5 共 14 个数字量输入点，其余数字量输入映像区可用于扩展；CPU 224 主机有 Q0.0~Q0.7、Q1.0~Q1.1 共 10 个数字量输出点，其余数字量输出映像区可用于扩展。

（2）模拟量输入和输出映像区。

① 模拟量输入映像区（AI 区）。模拟量输入映像区是 S7-200 CPU 为模拟量输入端信号开辟的一个存储区。S7-200 将测得的模拟值（如温度、压力）转换成 1 个字（16 bit）长的数字量，模拟量输入用区域标识符（AI）、数据长度（W）及字节的起始地址表示。该区的数据为 AIW0、AIW2、…、AIW30 共 16 个字，总共允许有 16 路模拟量输入。应当指出，模拟量输入值为只读数据。

② 模拟量输出映像区（AQ 区）。模拟量输出映像区是 S7-200 CPU 为模拟量输出端信号开辟的一个存储区。S7-200 把 1 个字长（16 bit）数字值按比例转换为电流或电压。模拟量输出用区域标识符（AQ）、数据长度（W）及起始字节地址表示。该区的数据为 AQW0、AQW2、…、AQW30 共 16 个字，总共允许有 16 路模拟量输出。

（3）变量存储器区（V 区）。PLC 执行程序过程中，会存在一些控制过程的中间结果，这些中间数据也需要用存储器来保存。变量存储器就是根据这个实际的要求设计的。变量存储器区是 S7-200 CPU 为保存中间变量数据而建立的一个存储区，用 V 表示，该区共有 VB0~VB5119 共 5 KB 存储容量。该区的数据可以是位（1 bit）、字节（8 bit）、字（16 bit）或者双字（32 bit）。其表示形式略。

应当指出的是，变量存储器区的数据可以是输入，也可以是输出。

（4）位存储器区（M 区）。PLC 执行程序过程中，可能会用到一些标志位，这些标志位也需要用存储器来寄存。位存储器就是根据这个要求设计的。位存储器区是 S7-200 CPU 为保存标志位数据而建立的一个存储区，用 M 表示，该区共有 MB0~MB31 共 32 个字节的存储容量。该区虽然叫位存储器，但是其中的数据不仅可以是位，也可以是字节（8 bit）、字（16 bit）或者双字（32 bit）。其表示形式略。

（5）顺序控制继电器区（S 区）。PLC 执行程序过程中，可能会用到顺序控制。顺序控制继电器就是根据顺序控制的特点和要求设计的。顺序控制继电器区是 S7-200 CPU 为顺序控制继电器的数据而建立的一个存储区，用 S 表示，在顺序控制过程中用于组织步进过程的控制，该区有 SB0~SB31 共 32 个字节的存储容量。顺序控制继电器区的数据可以是位，也可以是字节（8 bit）、字（16 bit）或者双字（32 bit）。其表示形式略。

（6）局部存储器区（L 区）。S7-200 PLC 有 64 个字节的局部存储器，其中 60 个可以用作暂时存储器或者给子程序传递参数。如果用梯形图或功能块图编程，STEP 7-Micro/WIN32 保留这些局部存储器的最后四个字节。如果用语句表编程，可以寻址所有的 64 个字节，但是不要使用局部存储器的最后 4 个字节。

局部存储器和变量存储器很相似，主要区别是变量存储器是全局有效的，而局部存储器是局部有效的。全局是指同一个存储器可以被任何程序存取（例如，主程序、子程序或中断程序）。局部是指存储器区和特定的程序相关联。S7-200 PLC 可以给主程序分配 64 个局部存储器，给每一级子程序嵌套分配 64 个字节局部存储器，给中断程序分配 64 个字节局部存储器。

子程序或中断子程序不能访问分配给主程序的局部存储器。子程序不能访问分配给主程序、中断程序或其他子程序的局部存储器。同样，中断程序也不能访问给主程序或子程序的局部存储器。

S7-200 PLC 根据需要分配局部存储器。也就是说，当主程序执行时，分配给子程序或中断程序的局部存储器是不存在的。当出现中断或调用一个子程序时，需要分配局部存储器。新的局部存储器在分配时，可以重新使用分配给不同子程序或中断程序的相向局部存储器。

局部存储器在分配时 PLC 不进行初始化，初值可能是任意的。当在子程序调用中传递参数时，在被调用子程序的局部存储器中，由 CPU 代替被传递的参数的值。局部存储器在参数传递过程中不接收值，在分配时不被初始化，也没有任何值。可以把局部存储器作为间接寻址的指针，但是不能作为间接寻址的存储器区。

局部存储器区是 S7-200 CPU 为局部变量数据建立的一个存储区，用 L 表示，该区有 LB0~LB63 共 64 个字节的存储容量，共 512 点。该区的数据可以是位、字节（8 bit）、字（16 bit）或者双字（32 bit）。其表示形式略。

（7）定时器存储器区（T 区）。PLC 在工作中少不了需要计时，定时器就是实现 PLC 具有计时功能的计时设备。S7-200 定时器的精度（时基或时基增量）分为 1 ms、10 ms、100 ms 三种。

① S7-200 定时器有三种类型：

接通延时定时器的功能是定时器计时到的时候，定时器常开触点由 OFF 转为 ON。

断开延时定时器的功能是定时器计时到的时候，定时器常开触点由 ON 转为 OFF。

有记忆接通延时定时器的功能是定时器累积计时到的时候，定时器常开触点由 OFF 转为 ON。

② 定时器有三种相关变量：

定时器的时间设定值（PT），定时器的设定时间等于 PT 值乘以时基增量。

定时器的当前时间值（SV），定时器的计时时间等于 SV 值乘以时基增量。

定时器的输出状态（0 或者 1）。

③ 定时器的编号：

T0、T1、…、T255。

S7-200 有 256 个定时器。

定时器存储器区每个定时器地址的表示应该包括存储器标识符、定时器号两部分。存储器标识符为"T"，定时器号为整数。比如 T1 表明定时器 1。

实际上 T1 既可以表示定时器 1 的输出状态（0 或者 1），也可以表示定时器 1 的当前计时值。这就是定时器的数据具有两种数据结构的原因所在。

（8）计数器存储器区（C 区）。PLC 在工作中有时不仅需要计时，还可能需要计数功能。计数器就是 PLC 具有计数功能的计数设备。

① S7-200 计数器有三种类型：

增计数器的功能是每收到一个计数脉冲，计数器的计数值加 1。当计数值等于或大于设定值时，计数器由 OFF 转变为 ON 状态。

减计数器的功能是每收到一个计数脉冲，计数器的计数值减 1。当计数值等于 0 时，计数器由 OFF 转变为 ON 状态。

增减计数器的功能是可以增计数也可以减计数。当增计数时，每收到一个计数脉冲，计数器的计数值加 1。当计数值等于或大于设定值时，计数器由 OFF 转变为 ON 状态。当减计数时，每收到一个计数脉冲，计数器的计数值减 1。当计数值小于设定值时，计数器由 ON 转变为 OFF 状态。

② 计数器有三种相关变量：

计数器的设定值（PV）。

计数器的当前值（SV）。

计数器的输出状态（0 或者 1）。

③ 计数器的编号：

C0、C1、…、C255。

S7-200 有 256 个计数器。

计数器存储区每个计数器地址的表示应该包括存储器标识符、计数器号两部分。存储器标识符为"C"，计数器号为整数。比如 C1 表明计数器 1。

实际上 C1 既可以表示计数器 1 的输出状态（0 或者 1），也可以表示计数器 1 的当前计数值。这就是说计数器的数据和定时器一样具有两种数据结构。

（9）高速计数器区（HSC 区）。高速计数器用来累计比 CPU 扫描速率更快的事件。S7-200 各个高速计数器不仅计数频率高达 30 kHz，而且有 12 种工作模式。

S7-200 各个高速计数器有 32 位带符号整数计数器的当前值。若要存取高速计数器的值，则必须给出高速计数器的地址，即高速计数器的编号。

高速计数器的编号 HSC0、HSC1、HSC2、HSC3、HSC4、HSC5。

S7-200 有 6 个高速计数器。其中，CPU221 和 CPO222 仅有 4 个高速计数器（HSC0、HSC3、HSC4、HSC5）。

高速计数器区每个高速计数器地址的表示应该包括存储器标识符、计数器号两部分。存储器标识符为"HSC"，计数器号为整数。比如 HSC1 表明高速计数器 1。

（10）累加器区（AC 区）。累加器是可以像存储器那样进行读/写的设备。例如，可以用累加器向子程序传递参数，或从子程序返回参数，以及用来存储计算的中间数据。

S7-200 CPU 提供了 4 个 32 位累加器（AC0，AC1，AC2，AC3）。

可以按字节、字或双字来存取累加器数据中的数据。但是，以字节形式读/写累加器中的数据时，只能读/写累加器 32 位数据中的低 8 位数据。如果是以字的形式读/写累加器中的数据时，只能读/写累加器 32 位数据中的低 16 位数据。只有采取双字的形式读/写累加器中的数据才能一次读写其中的 32 位数据。

因为 PLC 的运算功能是离不开累加器的。因此不能像占用其他存储器那样占用累加器。

（11）特殊存储器区（SM 区）。特殊存储器是 S7-200 PLC 为 CPU 和用户程序之间传递信息的媒介。它们可以反映 CPU 在运行中的各种状态信息，用户可以根据这些信息来判断机器工作状态，从而确定用户程序该做什么，不该做什么。这些特殊信息也需要用存储器来寄存。特殊存储器就是根据这个要求设计的。

S7-200 CPU 的特殊存储器区用 SM 表示，该区有 SMB0~SMB195 共 196 个字节的存储容量。特殊存储器区的数据有些是可读可写的，有一些是只读的。特殊存储器区的数据可以是位，也可以是字节（8 bit）、字（16 bit）或者双字（32 bit）。其表示形式略。应当指出 S7-200 PLC 的特殊存储器区头 30 个字节为只读区。

常用的特殊继电器及其功能可参考相关手册和教程。

2. S7-200 PLC 指令系统

（1）S7-200 PLC 寻址方式。S7-200 PLC 编程语言的基本单位是语句，而语句的构成是指令。每条指令有两部分组成：一部分是操作码，另一部分是操作数。操作码是指出这条指令的功能是什么，操作数则指明了操作码所需要的数据所在。所谓寻址，就是寻找操作数的过程。S7-200 CPU 的寻址方式可以分为三种，即立即寻址、直接寻址和间接寻址。

① 立即寻址。在一条指令中，如果操作码后面的操作数就是操作码所需要的具体数据，这种指令的寻址方式就叫做立即寻址。

S7-200 指令中的立即数（常数）可以为字节、字或双字。CPU 可以以二进制方式、十进制方式、十六进制方式、ASCII 方式、浮点数方式来存储。

  a. 十进制格式　　　［十进制数］
   取值范围为　　　字节 0~255、字 0~65 535、双字 0~4 294 967 295
   例如　　　　　　255

  b. 十六进制格式　　16#［十六进制数］
   取值范围为　　　字节 0~FF、字 0~FFFF、双字 0~FFFF FFFF。
   例如　　　　　　16#100F

  c. 实数或浮点格式［浮点数］
   例如：　　　　　2.05
   　　　　　　　　+1.175495E-3

  d. ASCII 码格式　　"［ASCII 码文本］"
   例如　　　　　　"ABCDEF"

  e. 二进制格式　　　2#［二进制数］
   例如　　　　　　2#1010-0101-1010-0101

应当指出，S7-200 CPU 不支持"数据类型"或数据的检查（例如指定常数作为整数、带符号整数或双整数来存储），且不检查某个数据的类型。

② 直接寻址。在一条指令中，如果操作码后面的操作数是以操作数所在地址的形式出现的，这种指令的寻址方式就叫做直接寻址。

在直接寻址中，指令中给出的是操作数的存放地址。在 S7-200 中，可以存放操作数的存储区有输入映像寄存器（I）存储区、输出映像寄存器（Q）存储区、变量（V）存储区、位存储器（M）存储区、顺序控制继电器（S）存储区、特殊存储器（SM）存储区、局部存储器（L）存储区、定时器（T）存储区、计数器（C）存储区、模拟量输入（AI）存储区、模拟量输出（AQ）存储区、累加器区和高速计数器区。

③ 间接寻址。在一条指令中，如果操作码后面的操作数是以操作数所在地址的形式出

现的,这种指令的寻址方式就叫做间接寻址。

S7-200 的间接寻址方式适用的存储区为 I 区、Q 区、V 区、M 区、S 区、T 区（限于当前值）、C 区（限于当前值）。除此之外,间接寻址还需要建立间接寻址的指针和对指针的修改。

(2) S7-200 PLC 常用指令。S7-200 PLC 的指令系统非常丰富,主要分为位逻辑指令、定时器和计数器指令、传送和比较指令、运算指令、程序控制指令、特殊功能指令、堆栈和时钟指令等几个系列。下面仅对位逻辑、定时器和计数器、程序控制等基本指令做一简单介绍,详细内容可参考相关手册或教程。

① S7-200 的位逻辑指令。S7-200 的指令有三种表达形式。这三种形式为语句表、梯形图和功能块图。实际应用中采用梯形图编写程序较为普遍。这是因为梯形图是一种通用的图形编程语言,不同类型 PLC 的梯形图的图形表达相差无几。语句表编写的程序是最接近机器代码的文本程序。在 S7-200 的三种编程语言中,语句表适用最广,保存、注释最方便。本节中介绍的指令和编程都是以梯形图和语句表为主。

a. 标准触点。标准常开触点由标准常开触点和触点位地址 bit 构成。标准常闭触点由标准常闭触点和触点位地址 bit 构成。标准常开触点由操作码"LD"和标准常开触点位地址 bit 构成。标准常闭触点由操作码"LDN"和标准常闭触点位地址 bit 构成。标准触点用梯形图、语句表的表示如图 5-6 所示。

常开触点是在其线圈不带电时其触点是断开的（其触点的状态为 OFF 或为 0）,而其线圈带电时其触点是闭合的（其触点的状态为 ON 或为 1）。常闭触点是在其线圈不带电时其触点是闭合的（其触点的状态为 ON 或为 1）,当其线圈带电时其触点是断开的（其触点的状态为 OFF 或为 0）。在程序执行过程,标准触点起开关的触点作用。标准触点的取值范围是 I、Q、M、SM、T、C、V、S、L（位）。

b. 立即触点。立即常开触点由立即常开触点和触点位地址 bit 构成。立即常闭触点由立即常闭触点和触点位地址 bit 构成。立即常开触点操作码"LDI"和立即常开触点位地址 bit 构成。立即常闭触点由操作码"LDNI"和立即常闭触点位地址 bit 构成。立即触点用梯形图、语句表的表示如图 5-7 所示。

含有立即触点的指令叫立即指令。当立即指令执行时,CPU 直接读取其物理输入的值,而不是更新映像寄存器。在程序执行过程,立即触点起开关的触点作用。其操作数范围是 I（位）。

c. 输出操作。输出操作由输出线圈和位地址 bit 构成。输出操作由输出操作码"="和线圈位地址 bit 构成。输出操作用梯形图、语句表的表示如图 5-8 所示。

输出操作是把前面各逻辑运算的结果复制到输出线圈,从而使输出线圈驱动的输出常开触点闭合,常闭触点断开。输出操作时,CPU 是通过输入/输出映像区来读/写输出的状态的。输出操作的操作数范围是 I、Q、M、SM、T、C、V、S、L（位）。

d. 立即输出操作。立即输出操作由立即输出线圈位和位地址构成。立即输出操作由操作码"=I"和立即输出线圈位地址 bit 构成。立即输出操作用梯形图和语句表的表示如图 5-9 所示。

含有立即输出的指令叫立即指令。当立即指令执行时,CPU 直接读取其物理输入的值,而不是更新映像寄存器。立即输出操作是把前面各逻辑运算的结果复制到标准输出线圈,从而使立即输出线圈驱动的立即输出常开触点闭合，常闭触点断开。其操作数范围是 Q（位）。

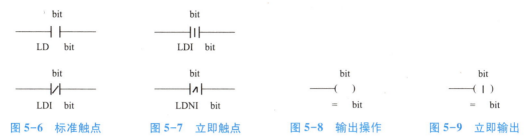

图 5-6　标准触点　　图 5-7　立即触点　　图 5-8　输出操作　　图 5-9　立即输出

　　e. 与逻辑与操作。与逻辑与操作由标准触点或立即触点的串联构成。与逻辑与操作由操作码"A"和触点的位地址构成。其梯形图和语句表表示形式和对应的逻辑关系如图 5-10 所示。

　　与逻辑是指两个元件的状态都是 1 时才有输出，两个元件中只要有一个为 0，就无输出。其操作数范围是 I、Q、M、SM、T、C、V、S、L（位）。

　　f. 或逻辑或操作。或逻辑或操作由标准触点或立即触点的并联构成。或逻辑或操作由操作码"O"和触点的位地址构成。其梯形图和语句表表示形式和对应的逻辑关系如图 5-11 所示。

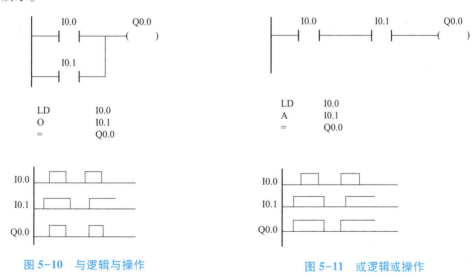

图 5-10　与逻辑与操作　　　　　　　图 5-11　或逻辑或操作

　　或逻辑是指两个元件的状态只要有一个是 1 就有输出，只有当两个元件都是 0 时才无输出。其操作数范围是 I、Q、M、SM、T、C、V、S、L（位）。

　　g. 取非操作。取非操作是在一般触点上加写"NOT"字符构成。取非操作是由操作码"NOT"构成，它只能和其他操作联合使用，本身没有操作数。其梯形图和语句表的表示如图 5-12 所示。

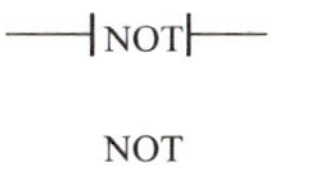

图 5-12　取非操作

　　取非操作就是把源操作数的状态取反作为目标操作数输出。当操作数的状态为 OFF（或 0）时，对操作数取非操作的结果状态应该是 ON（或 1）；若操作数的状态是 ON（或 1），对操作数取非操作的结果状态应该是 OFF（或 0）。

　　h. 串联电路的并联连接。这是一个由多个触点的串联构成一条支路，一系列这样的支路再互相并联构成的复杂电路。串联电路的并联连接的语句表示是在两个与逻辑的语句后面用操作码"OLD"连接起来,表示上面两个与逻辑之间是"或"的关系。串联电路的并联连接的梯形图和语句表表示形式如图 5-13 所示。

所谓串联就是指触点间是与的逻辑关系,多个触点的与的连接就构成了一个串联电路。串联电路的并联连接就是指多个串联电路之间又构成了或的逻辑操作。在执行程序时,先算出各个串联支路(与逻辑)的结果,然后再把这些结果的或传送到输出。

i. 并联电路的串联连接。这是一个由多个触点的并联构成一个局部电路,一系列这样的一个局部电路再互相串联构成的复杂电路。并联电路的串联连接的语句表表示是在两个或逻辑的语句后面用操作码"ALD"连接起来,表示上面两个或逻辑之间是"与"的关系。并联电路的串联连接的梯形图和语句表表示形式如图 5-14 所示。

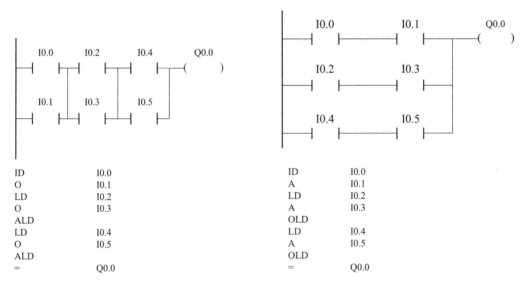

图 5-13 串联电路的并联连接　　　图 5-14 并联电路的串联连接

所谓并联就是指触点间是或的逻辑关系,多个触点的或的连接就构成了一个并联电路。并联电路的串联连接就是指多个并联电路之间又构成了与的逻辑操作。在执行程序时,先算出各个并联支路(或逻辑)的结果,然后再把这些结果的与传送到输出。

j. 置位与复位操作。置位操作是由置位线圈、置位线圈的位地址和置位线圈数目 n 构成。置位操作是由置位操作码 S、置位线圈的位地址和置位线圈数目 n 构成。置位操作的梯形图和语句表的表示如图 5-15 所示。

当置位信号(图中为 I0.0)为 1 时,被置位线圈(图中为 Q0.0)置 1。当置位信号变为 0 以后,被置位位的状态可以保持,直到使其复位的信号到来。

执行置位指令时,应当注意被置位的线圈数目是从指令中指定的位元件开始共有 n 个。图 5-15 中,若 n=8,被置位的线圈为 Q0.0、Q0.1、…、Q0.7。其操作数范围为,置位线圈 bit:I、Q、M、SM、T、C、V、S、L(位);置位线圈数目 n:VB、IB、QB、MB、SB、LB、AC、常数、*VD、*AC、*LD。

复位操作是由复位线圈、复位线圈的位地址和复位线圈数 n 构成。复位操作是由复位操作码 R、复位线圈的位地址和复位线圈数 n 构成。复位操作的梯形图和语句表的表示如

图 5-16 所示。

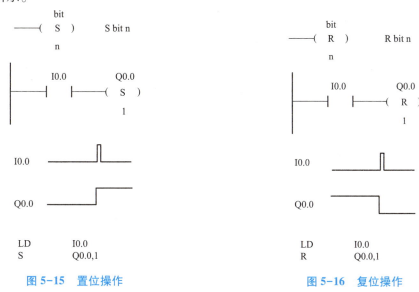

图 5-15　置位操作　　　　　　　　　　　图 5-16　复位操作

当复位信号（图中为 I0.0）为 1 时，被复位位（图中为 Q0.0）置 0。当复位信号变为 0 以后，被复位位的状态可以保持，直到使其置位信号的到来。

执行复位指令时，应当注意被复位的线圈数目是从指令中指定的位元件开始共有 n 个。图 5-16 中，若 n＝10，被复位的线圈为 Q0.0、Q0.1、…、Q1.1。其操作数范围为，复位线圈 bit：I、Q、M、SM、T、C、V、S、L（位）；复位线圈数目 n：VB、IB、QB、MB、SB、LB、AC、常数、*VD、*AC、*LD。

② S7-200 的定时器和计数器指令。定时器和计数器是 PLC 的重要元件，S7-200 PLC 共有三种定时器和三种计数器。定时器可分为接通延时定时器（TON）、断开延时定时器（TOF）和带有记忆接通延时定时器（TONR）。这些定时器分布于整个 T 区。计数器可分为增计数器（CTU）、减计数器（CTD）和增减计数器（CTUD）。这些计数器分布在 C 区。

a. 接通延时定时器：梯形图和语句表表示见图 5-17。

接通延时的工作原理：当定时器的启动信号 IN 的状态为 0 时，定时器的当前值 SV＝0，定时器 Tn 的状态也是 0，定时器没有工作。当 Tn 的启动信号由 0 变为 1 时，定时器开始工作，每过一个时基时间，定时器的当前值 SV＝SV＋1，当定时器的当前值 SV 等于大于定时器的设定值 PT 时，定时器的延时时间到了，这时定时器的状态由 0 转换为 1，在定时器输出状态改变后，定时器继续计时，直到 SV＝32 767（最大值）时，才停止计时，SV 将保持不变。只要 SV＞PT 值，定时器的状态就为 1，如果不满足这个条件定时器的状态应为 0。

当 IN 信号由 1 变为 0，则 SV 被复位（SV＝0），Tn 状态也为 0。当 IN 从 0 变为 1 后，维持的时间不足以使得 SV 达到 PT 值时，Tn 的状态不会由 0 变为 1。

接通延时定时器的注意事项：接通延时定时器的作用是进行精确的定时。应用时要注意恰当地使用不同时基的定时器，以提高定时器的时间精度。

时基为 1 ms 的定时器有：T32、T96。

时基为 10 ms 的定时器有：T33～T36、T97～T100。

时基为 100 ms 的是时器有：T37～T63、T101～T255。

操作数范围：

定时器编号 n：0~255。

IN 信号范围：I、Q、M、SM、T、C、V、S、L（位）。

PT 值范围：IW、QW、MW、SMW、VW、SW、LW、AIW、T、C、常数、AC、*VD、*AC、*LD（字）。

b. 断开延时定时器：梯形图和语句表表示见图 5-18。其他略。

c. 带有记忆接通延时定时器：梯形图和语句表表示见图 5-19。其他略。

图 5-17　接通延时　　　图 5-18　断开延时　　　图 5-19　带有记忆接通
　　定时器　　　　　　　　定时器　　　　　　　　延时定时器

d. 增计数器：梯形图和语句表表示如图 5-20 所示。

增计数器的工作原理：增计数器在复位端信号为 1 时，其计数器的当前值 SV=0，计数器的状态也为 0。当复位端的信号为 0 时，其计数器可以工作。每当一个输入脉冲到来时，计数器的当前值做加 1 操作，即 SV=SV+1。当当前值大于等于设定值（SV>=PV）时，计数器的状态变为 1，这时再来计数脉冲时，计数器的当前值仍不断地累加，直到 SV=32767 时停止计数，直到复位信号到来计数器的 SV 值等于零，计数器的状态变为 0。

增计数器的注意事项：用语句表表示时，要注意计数输入（第一个 LD）、复位信号输入（第二个 LD）和增计数指令的先后顺序不能颠倒。

操作数范围：

计数器编号 n：0~255。

CU 信号范围：I、Q、M、SM、T、C、V、S、L（位）。

R 信号范围：I、Q、M、SM、T、C、V、S、L（位）。

PV 值范围：VW、IW、QW、MW、SMW、SW、LW、AIW、AC、T、C、常数、*VD、*AC、*LD（字）。

e. 减计数器：梯形图和语句表表示如图 5-21 所示。其他略。

f. 增减计数器：梯形图和语句表表示如图 5-22 所示。其他略。

图 5-20　增计数器　　　图 5-21　减计数器　　　图 5-22　增减计数器

③ S7-200 的程序控制指令。

a. 结束指令。结束指令由结束条件、指令助记符（END）构成。其梯形图和语句表表示如图 5-23 所示。

结束指令根据先前逻辑条件终止用户程序。可以在主程序内使用结束指令，但不能在子程序或中断程序内使用。

STEP7-Micro/WIN32 软件自动在主程序结尾添加了无条件结束语句。在编制主程序时不需要用户自己再在程序末尾添加结束语句（END）。

b. 暂停指令。暂停指令由暂停条件、指令助记符（STOP）构成，其梯形图和语句表表示如图 5-24 所示。

暂停指令使 PLC 从运行模式进入停止模式，立即终止程序的执行。

如果在中断程序内执行暂停指令，中断程序立即终止，并忽略全部等待执行的中断。对程序剩余部分进行扫描，并在当前扫描结的尾处完成从运行模式到停止模式的转换。

c. 跳转操作。在执行程序时，可能会由于条件的不同，需要产生一些分支，这些分支程序的执行可以用跳转操作来实现。跳转操作是由跳转指令和标号指令两部分构成的。

跳转指令由跳转条件、跳转助记符 JMP 和跳转的标号 n 构成。标号指令由标号指令助记符 LBL 和标号 n 构成。跳转指令和标号指令的梯形图和语句表表示如图 5-25 所示。

图 5-23 结束指令　　　图 5-24 暂停指令　　　图 5-25 跳转操作

d. 子程序调用与返回指令。S7-200 PLC 把程序主要分为 3 大类：主程序（OB1）、子程序（SBR n）和中断程序（INT n）。子程序由子程序标号开始，到子程序返回指令结束。

子程序调用指令由子程序调用允许端 EN、子程序调用助记符 SBR 和子程序标号 n 构成。子程序返回指令由子程序返回条件、子程序返回助记符 RET 构成。

子程序调用指令由子程序调用助记符 CALL 和子程序标号 n 构成。子程序返回指令由子程序返回条件、子程序返回助记符 CRET 构成。

当子程序调用允许时，调用指令将程序控制转移给子程序 SBR n，程序扫描将转到子程序入口处执行。当执行子程序时，子程序将执行全部指令直至满足返回条件而返回，或者执行到子程序末尾而返回。当子程序返回时，返回到原主程序出口的下一条指令执行，继续往下扫描程序。子程序调用与返回指令的梯形图和语句表表示如图 5-26 所示。

e. 循环指令。循环指令由循环指令助记符 FOR、指令允许端 EN、循环起始值 INIT、循环结束值 FINAL、循环计数器 INDX 和循环结束助记符 NEXT 构成。

循环操作执行 FOR 与 NEXT 之间的指令。必须指定循环计数（INDX）、起始值（INIT）及结束值（FINAL）。每次执行 FOR 与 NEXT 之间的指令后，INDX 数值加 1，并将结果与结束值比较。如果 INDX 大于结束值，则循环终止。循环操作指令的梯形图和语句表表示如图 5-27 所示。

图 5-26　子程序调用与返回指令　　　　图 5-27　循环指令

3. S7-200 PLC 编程基础

在编制程序时首先要根据整个工程的要求把程序分块，其次是合理利用指令，严格注意信号名称定义，恰如其分地编写各个程序块的程序。然后经过单元调试，软硬件联调与系统总调，对程序进行修改。编好的程序还必须经过一定时间的运行考验，才可以投入实际现场工作。

在西门子 PLC 梯形图中，程序被分成网络的一个个段。一个网络就是触点、线圈和功能框的有顺序排列，这些元件连在一起组成一个从左母线到右母线之间的完整电路。

梯形图和功能块图中使用网络这个概念给程序分段和注释，语句表程序不使用网络，而是使用关键词"NETWORK"对程序进行分段。STEP-Micro/WIN32 允许以网络为单位给程序建立注释。

（1）S7-200 的程序结构。S7-200 的程序结构有两种，即线性结构和分块结构。在程序设计中叫线性程序设计和分块程序设计。

① 线性程序设计。线性程序设计就是把工程中需要控制的任务按照工艺要求书写在主程序（OB1）中。例如一个控制工程共有四个控制任务，分别为任务 A 控制、任务 B 控制、任务 C 控制和任务 D 控制。线性程序设计就是把这 4 个控制程序按照要求编写在一个主程序中。这种结构适用于编写一些规模较小，运行过程比较简单的控制程序。

② 分块程序设计。分块结构的程序是根据工程的特点，把一个复杂的控制工程分成多个比较简单的、规模较小的控制任务。可以把这些控制任务分配给一个个子程序块。在子程序中编制具体任务的控制程序，最后由主程序利用调用的方式把整个控制程序统管起来。

（2）S7-200 的编程方法。在了解了 PLC 程序结构之后，就要具体地编制程序了。编制 PLC 控制程序的方法很多，主要有下面几种典型的编程方法。

① 图解法编程。图解法是靠画图进行 PLC 程序设计。常见的主要有梯形图法、逻辑流程图法、时序流程图法和步进顺控法。

② 经验法编程。经验法是运用自己的或别人的经验进行设计。多数是设计前先选择与自己工艺要求相近的程序，把这些程序看成是自己的"试验程序"。

③ 计算机辅助设计编程。计算机辅助设计是通过 PLC 编程软件在计算机上进行程序设计、离线或在线编程、离线仿真和在线调试等。S7-200 的编程软件"STEP 7-Micro/WIN 32"是基于 Windows 平台的应用软件。

（3）S7-200 的编程步骤。在了解了程序结构和编程序方法的基础上，就要实际地编写

PLC 程序了。编写 PLC 程序和编写其他计算机程序一样，都需要经历如下过程。

① 对系统任务分块；

② 编制控制系统的逻辑关系图；

③ 绘制各种电路图；

④ 编制 PLC 程序并进行模拟调试；

⑤ 制作控制台与控制柜；

⑥ 现场调试；

⑦ 编写技术文件并现场试运行。

5.2.3　PLC 技术应用

1. PLC 控制系统程序设计方法

在 PLC 控制系统的设计中，应在满足控制要求的前提下，力求 PLC 控制系统简单、经济、安全、可靠、操作和维修方便，而且应使系统能尽量降低运行的成本。

程序设计的方法是指用什么方法和编程语言来编写用户程序。

可编程控制器的工作过程是依据一连串的控制指令来进行的，这些控制指令就是我们常说的编程语言。可编程控制器的编程语言一般有梯形图、语句表、功能块图和计算机高级语言等几种。

程序设计方法较多，本节主要通过功能流程图（也就是前面谈到的步进顺控法），介绍 PLC 系统程序设计。

（1）功能流程图概述。

① 组成。

a. 步。步是控制系统中的一个相对不变的性质，它对应于一个稳定的状态。在功能流程图中步通常表示某个执行元件的状态变化。步用矩形框表示，框中的数字是该步的编号，编号可以是该步对应的 T 步序号，也可以是与该步相对应的编程元件（如 PLC 内部通用辅助继电器等）。步的图形符号如图 5-28（a）所示。

初始步对应于控制系统的初始状态，是系统运行的起点。一个控制系统至少有一个初始步，初始步用双线框表示，如图 5-28（b）所示。

b. 有向线段和转移。有向线段和转移及转移条件如图 5-29 所示。

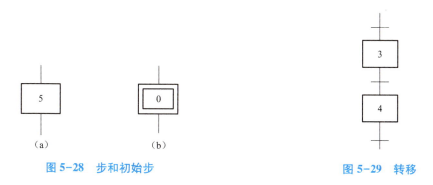

图 5-28　步和初始步　　　　图 5-29　转移

c. 动作说明。一个步表示控制过程中的稳定状态，它可以对应一个或多个动作。可以在步右边加一个矩形框，在框中用简明文字说明该步对应的动作，如图5-30所示。

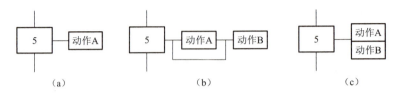

图5-30 步对应的动作形式

图5-30（a）表示一个步对应一个动作；图5-30（b）和图5-30（c）表示一个步对应多个动作，两种方法任选一种。

② 使用规则。

a. 步与步不能直接相连，必须用转移分开。

b. 转移与转移不能直接相连，必须用步分开。

c. 步与转移、转移与步之间的连线采用有向线段，画功能图的顺序一般是从上向下或从左到右，正常顺序时可以省略箭头，否则必须加箭头。

d. 一个功能图至少应有一个初始步。

③ 结构形式。结构形式分为顺序结构、分支结构（选择性分支、并发性分支）、循环结构、复合结构。循环结构用于一个顺序过程的多次或往复执行，这种结构可看做是选择性分支结构的一种特殊情况，如图5-31所示。

（2）由功能流程图到程序。

① 逻辑函数法。逻辑代数法包含三个步骤：通用辅助继电器的逻辑函数式、执行元件的逻辑函数式、由逻辑函数式画梯形图。

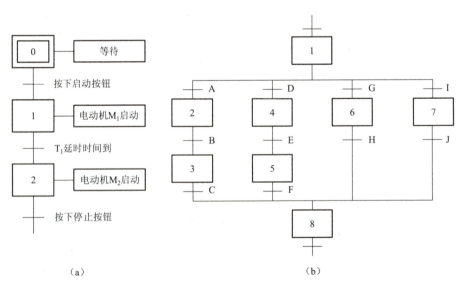

图5-31 结构形式

（a）顺序结构；（b）选择性分支

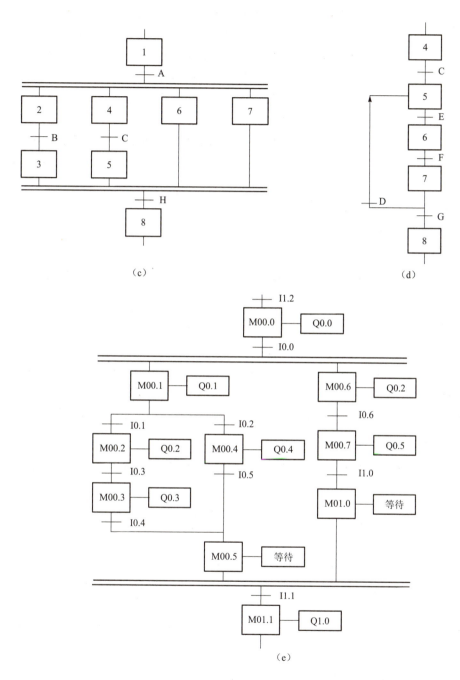

图 5-31 结构形式（续）

（c）并发性分支；（d）循环结构；（e）复合型结构

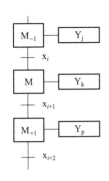

图 5-32 步与继电器

a. 通用辅助继电器的逻辑函数式。函数规则：除第一步外，每一步用一个通用辅助继电器（以下简称继电器）表示本步是否被执行，即步状态。如图 5-32 所示。

b. 执行元件的逻辑函数式。图 5-32 中的 Y_j、Y_k、Y_p 分别表示这 3 个步所对应的动作或输出，可以是执行元件或其他继电器，也可以是指令盒。一般情况下，一个步对应一个动作，当功能流程图中有多步对应同一个动作时，其输出可用这几个步对应的继电器"或"来表示。

c. 由逻辑函数式画梯形图。可由每个逻辑函数式中的与或逻辑关系，用串联或并联触点对应线圈的形式画出所有梯级的梯形图。

② 功能流程图实例。

a. 写通用辅助继电器的逻辑函数式。

- M00.1

M00.1 = I0.0 · M00.0 + M00.1 · $(\overline{M00.2} · \overline{M00.4})$　并发第一步且为选择分支前一步

- M00.6

M00.6 = I0.0 · M00.0 + M00.6 · $\overline{M00.7}$　并发分支第一步且为顺序结构的开始

- M00.2

M00.2 = I0.1 · M00.1 + M00.2 · $\overline{M00.3}$　选择分支第一步且为顺序结构的开始

- M00.3

M00.3 = I0.3 · M00.2 + M00.3 · $\overline{M00.5}$　开始于顺序结构且为选择分支最后一步

- M00.4

M00.4 = I0.2 · M00.1 + M00.4 · $\overline{M00.5}$　选择分支的第一步同时又是最后一步

- M00.7

M00.7 = I0.6 · M00.6 + M00.7 · $\overline{M01.0}$　单一顺序结构

- M00.5

M00.5 = （I0.4 · M00.3 + I0.5 · M00.4） + M00.5 · $\overline{M01.1}$

　　选择分支的结束且为并发最后一步

- M01.1

M01.0 = I1.0 · M00.7 + M01.0 · $\overline{M01.1}$　始于顺序结构且为并发顺序的最后一步

- M01.1

M01.1 = I1.1 · M00.5 · M01.0 + M01.1 · $\overline{M01.2}$　并发顺序的结束步

b. 写执行元件的逻辑函数式。

图 5-31（e）中除步 M00.2 和步 M00.6 对应同一个执行元件输出触点外，其他每一步对应一个不同的执行元件输出触点。

多步对应一动作：

f(Q0.2) = M00.2 + M00.6

一步对应一动作：

f(Q0.0)= M00.0;f(Q0.3)= M00.3;

f(Q0.5)= M00.7;f(Q1.0)= M01.1

其他输入点的逻辑函数式写法也都用相同方式。

c. 由逻辑函数式画梯形图。根据上述逻辑函数式可画出对应的梯形图，如图 5-33 所示。

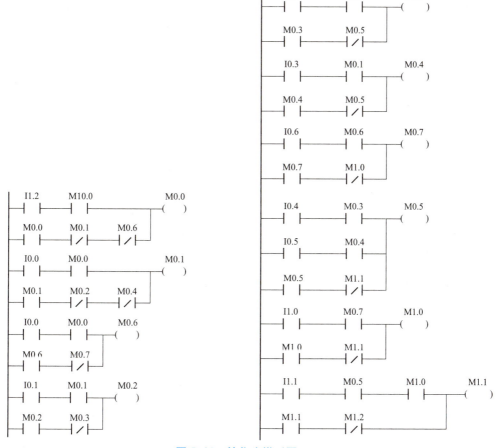

图 5-33 转化为梯形图

为节省篇幅，本程序中的所有标题栏 Network 都省略，且只列出了部分输出。

③ 步标志继电器法。S7-200 系列 PLC 有三条简单的顺序控制指令，其 STL、LAD 的形式如下：

a. 装载顺序控制继电器指令：LSCR n（顺控状态开始），其中 n 为 S 位。梯形图格式为 $\boxed{\begin{array}{c}n\\ \text{SCR}\end{array}}$ 。

b. 顺序控制继电器转换指令：SCRT n（顺控状态转移），其中 n 为 S 位。梯形图格式为 $-(\overset{n}{\text{SCRT}})$ 。

c. 顺序控制继电器结束指令 SCRE。该指令没有操作元件。梯形图格式为 ─(SCRE)。

采用步标志继电器法得出控制程序如图 5-34 所示。

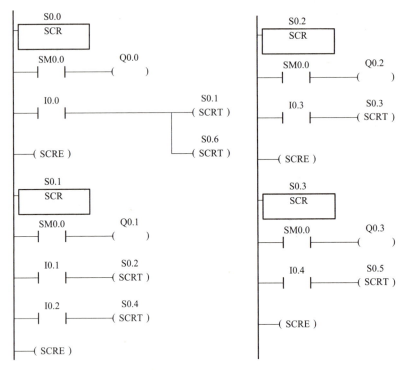

图 5-34　步标志继电器法

2. 应用举例

（1）系统描述。设计一个 3 工位旋转工作台，其工作示意图如图 5-35 所示。三个工位分别完成上料、钻孔和卸件。

① 动作特性。

工位 1：上料器推进，料到位后退回等待。

工位 2：将料夹紧后，钻头向下进给钻孔，下钻到位后退回，退回到位后，工件松开，放松完成后等待。

工位 3：卸料器向前将加工完成的工件推出，推出到位后退回，退回到位后等待。

② 控制要求。通过选择开关可实现自动运行、半自动运行和手动操作。

（2）制定控制方案。

① 用选择开关来决定控制系统的全自动、半自动运行和手动调整方式。

② 手动调整采用按钮点动的控制方式。

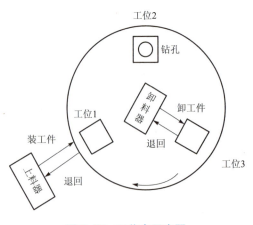

图 5-35　工作台示意图

③ 系统处于半自动工作方式时,每执行完成一个工作循环,用一个启动按钮来控制进入下一次循环。

④ 系统处于全自动运行方式时,可实现自动往复地循环执行。

⑤ 系统运动不很复杂,采用 4 台电动机。

⑥ 对于部分与顺序控制和工作循环过程无关的指令部件和控制部件,采用不进入 PLC 的方法以节省 I/O 点数。

⑦ 由于点数不多,所以用中小型 PLC 可以实现。可用 CPU 224 与扩展模块,或用一台 CPU 226。

(3) 系统配置及输入输出对照表。表 5-2 (a) 为输入信号对照表。表 5-2 (b) 为输出信号对照表。

表 5-2 (a) 输入信号

信号名称	外部元件	内部地址	信号名称	外部元件	内部地址
总停按钮	SB1	不进 PLC	钻头上升按钮	SB7	I1.1
主动电动机启动停止	SA1	不进 PLC	卸料器推出按钮	SB8	I1.2
液压电动机启动停止	SA2	不进 PLC	卸料器退回按钮	SB9	I1.3
冷却电动机启动停止	SA3	不进 PLC	工作台旋转按钮	SB10	I1.4
手动运行选择	SA4-1	I0.0	送料推进到位行程开关	SQ1	I1.5
半自动运行选择	SA4-2	I0.1	送料器退回到位行程开关	SQ2	I1.6
全自动运行选择	SA4-3	I0.2	钻头下钻到位行程开关	SQ3	I1.7
半自动运行按钮	SB11	I0.3	钻头上升到位行程开关	SQ4	I2.0
上料器推进按钮	SB2	I0.4	卸料器推出到位行程开关	SQ5	I2.1
上料器退回按钮	SB3	I0.5	卸料器退回到位行程开关	SQ6	I2.2
工件夹紧按钮	SB4	I0.6	工作台旋转到位行程开关	SQ7	I2.3
放松按钮	SB5	I0.7	工件夹紧完成压力继电器	SP1	I2.4
钻头下钻控制按钮	SB6	I1.0	工件放松完成压力继电器	SP2	I2.5

表 5-2 (b) 输出信号

信号名称	元件	内部地址	信号名称	元件	内部地址
主轴电动机接触器	KM1	不进 PLC	工件夹紧电磁阀	YV3	Q0.2
液压电动机接触器	KM2	不进 PLC	工件放松电磁阀	YV4	Q0.3
冷却电动机接触器	KM3	不进 PLC	钻头下钻电磁阀	YV5	Q0.4
旋转电动机接触器	KM4	Q1.0	钻头退回电磁阀	YV6	Q0.5
送料推进电磁阀	YV1	Q0.0	卸料推出电磁阀	YV7	Q0.6
送料退回电磁阀	YV2	Q0.1	卸料退回电磁阀	YV8	Q0.7

(4) 设计主电路及 PLC 外部接线图。图 5-36 为 PLC 外部接线的示意图,实际接线时,还应考虑到以下几个方面。

① 应有电源输入线,通常为 220 V,50 Hz 交流电源,允许电源电压有一定的浮动范围,并且必须有保护装置,如熔断器等。

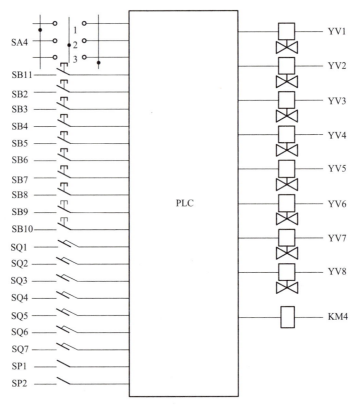

图 5-36 PLC 外部接线图

② 输入和输出端子每 8 个为一组，共用一个 COM 端。

③ 输出端的线圈和电磁阀必须加保护电路，如并接阻容吸收回路或续流二极管。

（5）设计功能流程图（图 5-37）。

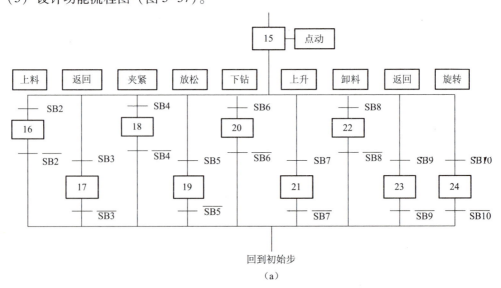

图 5-37 功能流程图

（a）手动部分功能流程图

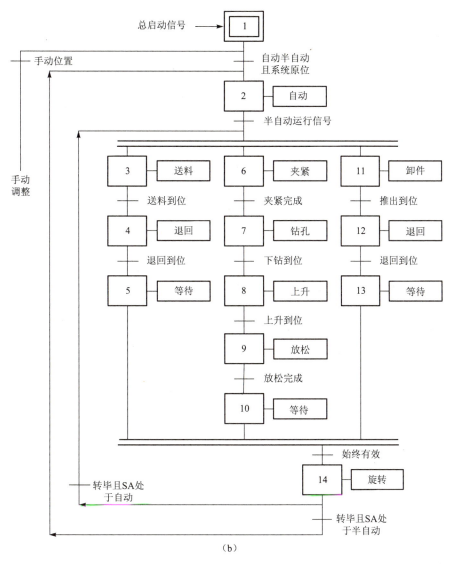

图 5-37 功能流程图（续）

（b）自动半自动功能流程图

（6）建立步与继电器对照表（表 5-3）。

表 5-3 通用继电器对照表

名　　称	编号	PLC 内部地址	名　　称	编号	PLC 内部地址
初始步	1	M0.0	向下钻孔	7	M0.6
自动半自动	2	M0.1	钻头上升	8	M0.7
送料	3	M0.2	工件放松	9	M1.0
送料器退回	4	M0.3	等待	10	M1.1
等待	5	M0.4	卸工件	11	M1.2
工件夹紧	6	M0.5	卸料器退回	12	M1.3

续表

名　　称	编号	PLC 内部地址	名　　称	编号	PLC 内部地址
等待	13	M1.4	放松点动	19	M2.2
工作台旋转	14	M1.5	下钻点动	20	M2.3
点动调整	15	M1.6	升钻头点动	21	M2.4
送料点动	16	M1.7	卸件点动	22	M2.5
退回点动	17	M2.0	退回点动	23	M2.6
夹紧点动	18	M2.1	旋转点动	24	M2.7

（7）写逻辑函数式。由本功能流程图写逻辑函数式时，采用关断优先规则。

① 继电器函数式。

初始步 1

手动调整步 15

手动操作步

自动和半自动调整步 2

工位 1：

工位 2：

工位 3：

② 执行元件函数式。

（8）画梯形图。将所有函数式写出后，就可以很容易地用编程软件做出梯形图。梯形图完成后便可以将可编程序控制器与计算机连接，把程序及组态数据下装到 PLC 进行调试，程序无误后即可结合施工设计将系统用于实际。

5.3　人机接口技术

人机接口是操作者与机电一体化系统（主要是控制微机）之间进行信息交换的接口。按照信息的传递方向，可以分为两大类：输入接口与输出接口。系统通过输出接口向操作者显示系统的各种状态、运行参数及结果等信息。另一方面，操作者通过输入接口向系统输入各种控制命令及控制参数，对系统运行进行控制，实现所要求完成的任务。

在机电一体化产品中，常用的输入设备有控制开关、BCD 或二进制码拨盘、键盘等；常用的输出设备有状态指示灯、发光二极管显示器、液晶显示器、微型打印机、阴极射线管显示器等。扬声器作为一种声音信号输出设备，在进行产品设计时经常被采用。人机接口作为人与微机之间进行信息传递的通道，有着其自身的一些特点，需要在进行设计时予以考虑。

5.3.1　输入接口技术

输入口输入设备的数据，要通过数据总线传送给 CPU，而 CPU 与存储器以及其他设备传输的输入/输出数据，也要通过这条数据总线分时地进行传输。因此，输入口的功能就是在只有 CPU 允许该输入口进行数据输入时，才将来自外设的数据传送到数据总线上。

键盘是计算机中不可缺少的输入设备,通过它可实现人机对话,完成各种功能的操作,键盘按其结构形式,有非编码键盘和编码键盘两种,前者用软件来识别和产生代码,后者则用硬件来识别。在单片机中普遍使用的是非编码键盘。下面分别对人机通道输入接口中最为常用的独立式键盘和矩阵式键盘接口技术作一简要说明。

1. 独立式键盘

在单片机系统中,与主机交换信息,有时并不需要复杂的键盘,只要几个简单的开关就可以了。例如紧急停机按钮、部件到位的行程开关、变速开关等。如果系统装备的开关数量不多,可以直接装在接口上,这种连接的键盘称为独立式键盘。

独立式键盘可以用查询指令检查某接口上的开关是否按下。例如要检查图 5-38 接在 P1.0 的开关是否按下,可使用以下指令:

SETB P1.0

JNB　P1.0,TOONE

但要注意,独立式键盘也必须采取防抖动的措施,以免误读。

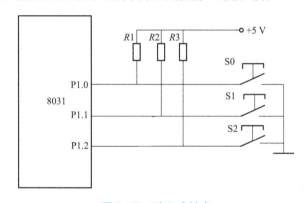

图 5-38　独立式键盘

2. 矩阵式键盘

矩阵(行列)式键盘上的键按行列构成矩阵,在行列交点上放置一个键,键实际上就是一个机械开关,被按下则其交点的行线和列线接通。矩阵式键盘的按键与接口输入线不是一对一的关系,所以使用中,除了要检查矩阵式键盘中是否有键按下外,同时还要检查按下的键是哪一个键,这两个工作都由键盘扫描程序完成。每执行一次键盘扫描程序大约为几十到几百个微秒,一般操作者按下键的持续时间至少在 100 ms 以上,只要在这个持续时间内,能执行一次键盘扫描程序,从操作者来看好像主机是立即响应一样。

键盘上有很多键,每一个键对应一个键码(或键值),以便根据键码转到相应的键处理子程序,进一步实现数据输入和命令处理功能。为了得到被按键的键码,有专门的键识别方法。常用的有:① 行扫描法;② 线翻转法;③ 利用 8279 键盘接口产生键盘中断。前两种都要占用 CPU 大量的时间,而后一种则会节约 CPU 时间。

(1) 典型行列式键盘识别方法。现以行扫描法为例,说明行扫描法识别键的过程。

① 测试有无键按下。图 5-39 以 8255 作为键盘接口,各列线的一端接 8255 的 A 口,另一端悬空。为了判断有没有键被按下,可先经 A 口向所有列线输出低电平,然后再经 C 口

输入各行线状态。若行线状态皆为高电平，则表明无键按下；若行线状态中有低电平，则表明有键按下。

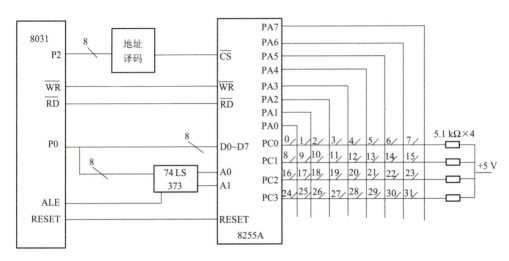

图 5-39　8255 作为键盘接口

② 去抖动。当测试表明有键被按下后，接着就要进行去抖动处理。这是因为键本身是一个机械开关，由于机械触点的弹性及电压突跳等原因，在触点闭合或断开瞬间会出现电压抖动现象。在发生抖动时，键是否按下就很难判别，为此需进行去抖动处理。一种用硬件电路去抖动，例如，如图 5-40 那样，加接一个 RS 触发器，只有开关脱离 A 而接到 B 时，触发器才能翻转，才能输出一个稳定的电平。而软件方法则采用时间延迟以躲过抖动，待信号稳定之后，再进行键扫描。一般为简单起见，多采用软件方法，大约延时 10~20 ms 即可。

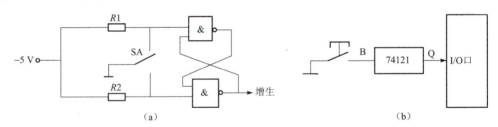

图 5-40　去抖动电路
(a) 利用 RS 触发器；(b) 利用单稳态电路

③ 键扫描以确定按键的物理位置。扫描的过程是，先使一条列线为低电平，例如，先向输出口（例如 8255A 口）输出 FEH，然后输入行线状态，再判断行线的状态中是否有低电平，如果没有低电平，再使输出口输出 FDH，再判断行线状态。假如输出口输出 FCH 时，行线中有状态为低电平，则闭合的那个键找到。实际上扫描线往往继续进行下去，以排除可能出现的多键同时被按下的现象。

④ 计算键码。由图 5-39 看出，键号是从左到右从上向下的顺序编排的，共 32 个键，第一行键号是 0~7H，第二行为 08H~0FH，第四行为 18H~1FH，于是键码=行号+列号。这

样，可得到各键的键码。

⑤ 等待键释放。计算键码后，再以延时和扫描的方法等待和判定键释放。当键盘释放之后就可根据键码，转相应的键处理子程序，进行数据的输入或命令的处理。

（2）行列式键盘应用实例。图 5-41 给出的矩阵式键盘应用实例中，在矩阵式键盘上用了一个锁存器，锁存输出的列数据，用 P1 口的低 3 位输入行的数据。键盘扫描的顺序为：

① 从第一列开始，逐列检查该列是否有键按下。
② 如有键按下，记下列号，再查按下的键是在该列的哪行。
③ 避开抖动，并确定按下键的列号和行号。
④ 根据列、行号计算出键（码）值，键值计算办法不是唯一的，可以由用户自行定义，图 5-41 的键盘，可以按表 5-4 定义。

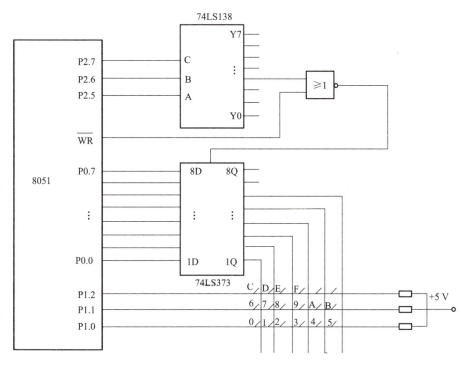

图 5-41 矩阵式键盘应用实例

表 5-4 键值表

行值	列值	键值	行值	列值	键值	行值	列值	键值
0	0	00H	1	0	06H	2	0	0CH
0	1	01H	1	1	07H	2	1	0DH
0	2	02H	1	2	08H	2	2	0EH
0	3	03H	1	3	09H	2	3	0FH
0	4	04H	1	4	0AH	2	4	未定义
0	5	05H	1	5	0BH	2	5	未定义

定义后，可按下式计算键（码）值：

$$键值 = 行值 * 6 + 列值$$

⑤ 根据键值转移到相应的程序。下面是按照上述顺序以及表的键值编的键盘扫描程序。

KEY：	MOV	DPTR，#6000H	
	MOV	A，#00H	
	MOVX	@DPTR，A	；送列值00H，检查所有列
	ORL	P1，#07H	
	MOV	A，P1	；读行值检查各行是否有键按下
	CPL	A	
	ANL	A，#07H	
	JZ	BACK	；无键按下
KEYGET：	ACALL	MS20	；避开抖动
	MOV	A，P1	
	CPL	A	
	ANL	A #07H	
	JZ	KEY	
KEYG2：	MOV	R2，#0FEH	；有键按下开始扫描
	MOV	R4，#00H	
KEYG3：	MOV	DPTR #6000H	
	MOV	A，R2	
	MOVX	@DPTR，A	；送列值
	MOV	A，P1	
	JB	ACC.0，LINE1	；该列第一行有键按下否
	MOV	A，#00H	；有，行值取00H
	AJMP	KEYEND	
LINEI：	JB	ACC.1，LINE2	；第一行无，第二行有否
	MOV	A，#06H	；有，行值取06H，
	AJMP	KEYEND	
LINE2：	JB	ACC.2.NEXTCL	；第二行无，第三行有否
	MOV	A，#0CH	；有，行值取0CH
KEYEND：	ADD	A，R4	；键值=行值+列值
	MOV	30H，A	；存键值
KEYFRE：	MOV	A，P1	；等待键释放
	CPL	A	
	ANL	A，#07H	
	JNZ	KEYFRE	
	ACALL	MS20	
BACK：	RET		
NEXTCL：	INC	R4	；调整列值

```
                MOV     A, R2
                JNB     ACC.5, KEYNEXT    ;扫描完6列否
                RL      A                 ;未完,调整列数
                MOV     R2, A
                AJMP    KEYG3
KEYNEXT:        RET
MS20:           MOV     R5, #20H
                MOV     R6, #0C8H
                DJNZ    R6, $
                DJNZ    R5, MS20
                RET
```

5.3.2 输出接口技术

从计算机输出的数据,要经过输出口传输给输出设备,但在输出口与实际的输出设备之间一般需要进行信号电平转换,并需要对输出数据的传输时序进行控制。输出接口是操作者对机电一体化系统进行检测的窗口,通过输出接口,系统向操作者显示自身的运行状态、关键参数及运行结果等,并进行故障报警。

下面对人机通道输出接口中最为常用的 LED 显示器接口技术作一简要说明。

1. LED 数码显示器的工作原理

(1) LED 数码显示器的结构。LED (Light Emitting Diode) 是发光二极管的缩写。LED 显示器应用非常普遍,从袖珍计算器到仪器仪表都用它,在单片机上的应用也很普遍。

通常所说的 LED 显示器由七个发光二极管组成,因此,也称为七段显示器。其排列形状如图 5-42 所示,有共阴极和共阳极两种。此外,还有一个圆点型发光二极管,用以显示小数点。发光二极管点亮时,需要的电流为 2~20 mA,压降为 1.2 V,因而用 TTL 电路即可与它接口。

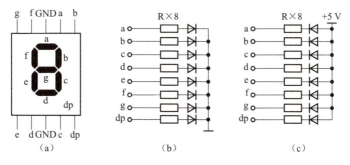

图 5-42 LED 显示器
(a) 符号和引脚;(b) 共阴极;(c) 共阳极

(2) LED 数码显示器的显示段码。为了显示字符,要为 LED 显示器提供显示段码(或称字形代码),可通过单片机接口使 LED 显示器某几段发亮来显示不同的数码,如除"g"段不亮其余六段全亮时,则为"0"字;七段全亮时,则为"8"字。七段发光二极管,再

加上一个小数点位，共计 8 段，因此，LED 显示器的字形代码正好一个字节。各代码位的对应关系如下：

段码位	D7	D6	D5	D4	D3	D2	D1	D0
显示段	dip	g	f	e	d	c	b	a

由图 5-42 可看出，共阳极发光二极管，输入低电平点亮某段 LED，而共阴极发光二极管，输入高电平点亮。LED 显示的字形编码表见表 5-5。

表 5-5　LED 字形编码表

字型	共阳极段码	共阴极段码	字型	共阳极段码	共阴极段码
0	C0H	3FH	9	90H	6FH
1	F9H	06H	A	88H	77H
2	A4H	5BM	B	83H	7CH
3	B0H	4FH	C	C6H	39H
4	99H	66H	D	A1H	5EH
5	92H	6DH	E	86H	79H
6	82H	7DH	F	84H	71H
7	F8H	07H	空白	FFH	00H
8	80H	7FH	P	8CH	73H

2. LED 数码显示器的接口及显示方法

单片机与显示器接口可以用硬件为主和用软件为主的方法。所谓硬件为主就是用 4 位数据线而后用锁存器、译码驱动器显示一位十六进制字符。由于使用硬件较多，缺乏灵活性，所以常用软件查表来代替硬件译码，但这也需简单的硬件电路配合。例如，可用 8255 作为显示接口。由于接口提供不了较大的电流供 LED 显示器使用，因此驱动电路一般是必不可少的。

（1）静态显示方式。静态显示方式，是指每一位显示器的字段控制是独立的，每一位的显示器都需要配一个 8 位输出口来输出该字位的七段码。因此需要片外扩展 CPU 输出口。

例：用三个 LED 字符显示器，组成一个三位的静态显示电路，显示数据放在片内 RAM 的 79H、7AH、7BH 单元，试编写其显示程序。

因为只要求显示 3 位，用一片 8255A 提供的三个 8 位口，完全可以满足需要，电路如图 5-43 所示。

图 5-43 中 3 位字符显示器，分别由 8255A 的 A 口、B 口、C 口驱动，三个口的地址为 A 口地址 7F00H（未用地址线一般悬空取 1，但也可取 0）；B 口地址 7F01H；C 口地址 7F02H；控制口地址 7F03H。

显示内容存放于片内 RAM 79H、7AH、7BH。

显示程序为：

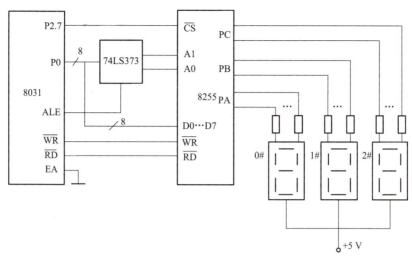

图 5-43 静态显示电路

```
DISPLAY: MOV    DPTR, #7F03H         ;8255A 初始化
         MOV    A, #80H
         MOVX   @DPTR, A
         MOV    R7, #03H             ;三个 LED
         MOV    R0, #79H             ;取缓冲器首址
         MOV    P2, #7FH
         MOV    R1, #00H
LOOP:    MOV    DPTR, #TABLE
         MOV    A, @R0               ;取出要显示的数
         MOVC   A, @A+DPTR           ;加表头地址，取出七段码
         MOVX   @R1, A               ;送段码至 A 口地址为 7F00H
         INC    R1                   ;调整输出口地址的低 8 位
         INC    R0                   ;调整缓冲器地址
         DJNZ   R7, LOOP
         RET
TABLE:   DB     0C0H, 0F9H, 0A4H, 0B0H, 99H     ;七段码
         DB     92H, 82H, 0F8H, 80H, 90H
```

(2) 动态显示方式。动态显示方式，又称扫描显示方式，也就是在某一时刻只让一个字位处于选通状态，其他字位一律断开，同时在字段线上发出该位要显示的字段码，这样在某一时刻，某一位数码管就被点亮，并显示出相应的字符。接着逐个改变所显示的字位和相应的字符段码，循环点亮各位显示器。虽然在任一时刻只有一位显示器被点亮，但只要扫描速度足够快，由于人眼的视觉残留效应，与全部显示器都点亮的效果完全一样，会使人感觉到几个位数码管都在稳定地显示。

动态显示方式中，为实现多位显示器的动态扫描，除了要给显示器提供段（字形编码）的输入之外，还要对显示器加位的控制。多位 LED 显示器接口电路需要有两个输出口，其中一个用于输出 8 条段控线（有小数点显示），另一个用于输出位控线，位控线的数目等于显示器的位数。

图 5-44 是使用 8255A 作 6 位 LED 显示器的接口电路。其中 C 口为输出口（位控口），以 PC5~PC0 输出位控线。由于位控线的驱动电流较大，8 段全亮时为 40~60 mA，因此，C 口输出加 74LS06 进行反相和提高驱动能力，然后再接各 LED 显示器的位控端。8255 的 A 口也为输出口（段控口），以输出 8 位字形编码。段控线的负载能力约需 8 mA，为提高显示亮度，通常加 74LS244 进行段控输出驱动。

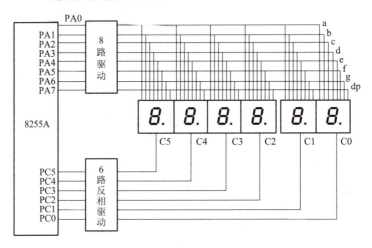

图 5-44　用 8255A 作 6 位 LED 显示器接口的电路

可以看出，如果要在同一时刻显示不同的字符，从电路上看，这是办不到的。因此只能利用人眼对视觉的残留效应，采用动态扫描显示的方法，逐个地循环点亮各位数码管，每位显示 1 ms 左右，使人看起来就好像在同时显示不同的字符一样。

在进行动态扫描显示时，往往事先并不知道应显示什么内容，这样也就无从选择被显示字符的显示段码。为此，一般可像上例采用查表的方法，由待显示的字符通过查表得到其对应的显示段码。

下面介绍一个典型动态扫描显示子程序：

```
DIR:    MOV     R0, #7AH         ;指向显示缓冲区首址
        MOV     R3, #01H         ;从右边第 1 位开始显示
        MOV     A, #00H          ;取全不亮位控字
        MOV     R1, #BITPORT     ;指向位控口
        MOVX    @R1, A           ;瞬时关显示
LD1:    MOV     A, @R0           ;取出显示数据
        MOV     DPTR, #DSEG      ;指向显示段码表首址
        MOVC    A, @A+DPTR       ;查显示段码表
        MOV     R1, #SEGPORT     ;指向段码口
        MOVX    @R1, A           ;输出显示段码
        MOV     R1, #BITPORT     ;指向位控口
        MOV     A, R3            ;取位控字
```

```
        MOVX   @R1, A              ;输出位控字
        LCALL  DELY                ;延时 1 ms
        INC    R0                  ;指向下一个缓冲单元
        JB     ACC.5, LD2          ;已到最高位则转返回
        RL     A                   ;不到，向显示器高位移位
        MOV    R3, A               ;保存位控字
        SJMP   LD1                 ;循环
LD2:    RET
DSEG:   DB     C0H, F9H, A4H, B0H, 99H, 92H, 82H   ;显示段码表
        DB     F8H, 80H, 90H, 88H, 83H, C6H, A1H
        DB     86H, 84H, FFH
```

程序说明：

① 本例接口电路是以软件为主的接口电路，显示数据有 6 位，每位数码管对应 1 位有效显示数据。

② 由程序可知，由于数码显示器的低位（最右边的位）显示的是显示缓冲区中的低地址单元中的数，因此数在显示缓冲区中存放的次序为低地址单元存低位，高地址单元存高位。

③ 在动态扫描显示过程中，每位数码管的显示时间约 1 ms，这由调用延时 1 ms 子程序 DELY 来实现。

④ 本程序是利用查表方法来得到显示段码的，这是一种既简便又快速的方法。由于 MCS-51 单片机具有查表指令（MOVC 指令），因此用来编制查表程序是非常方便的。

⑤ 由于在显示段码表中，将"空白"字符排在字母"F"的后边，因此在使用查表指令时，若要查"空白"字符的显示段码，那么在累加器 A 中应放入数据"10H"。

⑥ 在实际的单片机应用系统中，一般将显示程序作为 1 个子程序供监控程序调用。

例：编一动态显示程序，使数码显示器同时显示"ABCDEF"6 个字符。设显示缓冲区的首地址为 7AH，可调用动态扫描显示子程序 DIR（参见上面动态扫描显示子程序 DIR）。

```
    解：   MOV    A, #0FH             ;取最右边 1 位字符
           MOV    R0, #7AH            ;指向显缓区首址（最低位）
           MOV    R1, #06H            ;共送入 6 个字符
LOOP:      MOV    @R0, A              ;将字符送入显缓区
           INC    R0                  ;指向下一显示单元
           DEC    A                   ;取下一个显示字符
           DJNZ   R1, LOOP            ;6 个数未送完，则重复
MM:        LCALL  DIR                 ;扫描显示一遍
           SJMP   MM                  ;重复扫描
```

5.4 机电接口技术

机电接口是指机电一体化产品中的机械装置与控制微机间的接口。按照信息的传递方向

可以将机电接口分为信息采集接口（传感器接口）与控制量输出接口。控制微机通过信息采集接口接收传感器输出信号，检测机械系统运动参数，经过运算处理后，发出有关控制信号，经过控制输出接口的匹配、转换、功率放大、驱动执行元件来调节机械系统的运行状态，使其按照要求动作。

5.4.1 信息采集接口技术

1. 信息采集接口的任务与特点

在机电一体化产品中，控制微机要对机械装置进行有效控制，使其按预定的规律运行，完成预定的任务，就必须随时对机械系统的运行状态进行控制，随时检测各种工作和运行参数，如位置、速度、转矩、压力、温度等。因此进行系统设计时，必须选用相应传感器将这些物理量转换为电量，再经过信息采集接口的整形、放大、匹配、转换，变成微机可以接受的信号传递给微机。传感器的输出信号中，既有开关信号（如限位开关、时间继电器），又有频率信号（超声波无损探伤）；既有数字量，又有模拟量（如温敏电阻、应变片等）。针对不同性质的信号，信号采集接口要对其进行不同的处理，例如对模拟信号必须进行模/数变换，变成微机可以接受的数字量再传送给微机。另外，在机电一体化产品中，传感器要根据机械系统的结构来布置，环境往往比较恶劣，易受干扰。再者，传感器与控制微机之间常要采用长线传输，加之传感器输出信号一般又比较弱，所以抗干扰设计也是信息采集接口设计的一个重要内容。

2. 信号采集通道中的 A/D 转换接口设计

单片机模拟通道中的输入通道（也叫前向通道），用于将传感器获取的各种信号经过调理电路输出，经 A/D 转换后送入计算机。根据测量要求和传感器输出信号的不同，输入通道的复杂程度和结构形式也大不一样，图 5-45 显示了输入通道结构。

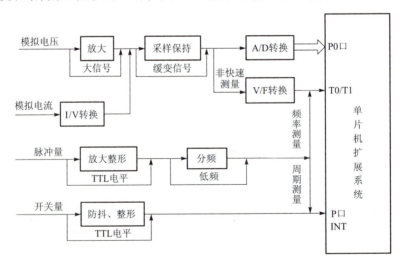

图 5-45　输入通道结构示意图

本节主要讨论模拟电压的转换。很多单片机片内有 A/D 转换线路，例如 C196KB、80C166、68HC11 等芯片，都具有 10 位或 8 位 A/D，但对于大多数型号的单片机（例如

8031）来说，则必须外部扩展 A/D 转换芯片。

（1）A/D 转换器概述。实现 A/D 转换的方法很多，但目前用得最多的是双积分式和逐次逼近式 A/D 转换器。近年来，为了适应实时处理系统快速性的要求（如图像信号的 A/D 转换装置），并联比较式的 A/D 转换器也有较多的应用。

A/D 转换器的技术指标较多，指标评价方法也不完全统一，以下仅对主要技术指标做简要说明。

① 分辨率与量化误差。A/D 转换器分辨率的习惯表示方法与其输出数字量的形式有关。二进制数输出的 A/D 转换器常用二进制数的位数表示其分辨率，例如八位 A/D 转换器，其分辨率为 8 位，分辨力为 1LSB，用百分数表示的分辨率为 0.39%（即 $1/2^8$）。BCD 码输出的 A/D 转换器常用 BCD 码的位数表示其分辨率，如 3 位半的 A/D 转换器满刻度输出数字为 1 999，分辨率的百分数表示为 0.05%（即 1/1 999）。

量化误差是由于有限数字对模拟数值进行离散取值（量化）而引起的误差，其理论值为一个单位分辨力，即 ±1/2LSB。

② 转换精度。转换精度定义为实际 A/D 转换器在量化值上与理想转换器的最大转换差值。注意它不包含量化误差。通常用 1 个 LSB 的分数值（绝对精度）或用此差值占满量程的百分比（相对精度）表示。

③ 转换时间：指完成一次 A/D 转换所需要的时间。

④ 量程：指所能转换的模拟电压范围，分为单极性和双极性两种。

（2）典型 A/D 转换器芯片 ADC0809。ADC0809 是 CMOS 材料的 8 位 A/D 转换芯片，片内有 8 路模拟开关以及该开关的地址锁存与译码电路、比较器、256RT 形电阻网络、逐次逼近 SAR 寄存器、三态输出锁存缓冲器和控制与时序电路等，其原理框图如图 5-46 所示。

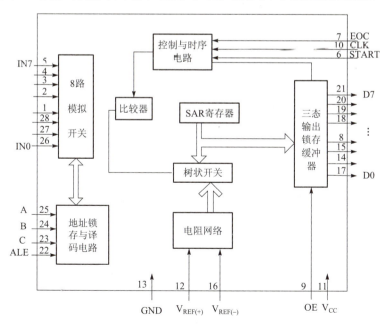

图 5-46　ADC0809 原理框图

① ADC0809 引脚说明。

a. IN0~IN7 为 8 个模拟输入端。ADC0809 允许有 8 路模拟量输入，但同一时刻只能接通一路进行转换。

b. ADDC~ADDA 为选择 8 路模拟开关的 3 位地址线。通常这 3 根地址线与 CPU 的地址线 A0、A1、A2 相连，选择 8 路模拟量输入中的一路。

c. ALE（引脚 22）为地址锁存允许端。是上述 3 根地址线的地址锁存允许信号，高电平有效。

d. CLK（引脚 10）为外部时钟输入端。CLK 决定了 A/D 转换的速度。对于 ADC0809，其典型频率为 640 kHz，对应的转换速度为 100 μs。

e. START（引脚 6）为启动转换输入端。START 的上升沿用于清除 ADC 内部寄存器，其下降沿用于启动内部控制逻辑电路，使 A/D 转换器开始工作。START 的有效输入为正脉冲。

f. EOC（引脚 7）为转换结束信号，在 A/D 转换期间为低电平，转换结束时为高电平。

g. OE 信号（引脚 9）为输出允许信号，CPU 可在接到 EOC 信号后，令输出允许信号 OE 为高电平，这时，ADC0809 的转换结果被放到数据总线上去。

h. $V_{REF(+)}$ 和 $V_{REF(-)}$ 为参考电压输入端（引脚 12、16），一般可将 $V_{REF(+)}$ 接 5 V，而 $V_{REF(-)}$ 接地。

i. 数据线 D0~D7：引脚 8、14、15、17、18~21 为数字输出端，引脚 21 为最高有效位 D7。变换后的数字量经由 D0~D7 输出，与 CPU 数据总线相连。

② ADC0809 性能特点。

a. 8 通道模拟量输入。

b. 分辨率为 8 位。

c. 转换时间为 100 μs（对应 640 kHz 时钟）。

d. 总的不调整误差±1LSB（最低有效位）。

e. 输入模拟量量程 0~+5 V。

f. 三态输出，TTL 电平，可与一般微机兼容。

g. 不需进行零点调整和满量程调整。

3. ADC0809 与单片机接口

ADC0809 芯片与 8031 单片机的接口电路如图 5-47 所示。

ADC0809 的时钟信号 CLK 由单片机的地址锁存允许信号 ALE 提供，若单片机晶体振荡器频率为 6 MHz，则 ALE 信号经 2 分频后为 500 kHz，满足 CLK 信号低于 640 kHz 的要求。当 P2.7 和 $\overline{WR}$ 同时有效时，以线选方式启动 A/D 转换，同时选通 ADC0809 的 ALE，锁存器 74LS373 的输出的地址编码 A0、A1 和 A2（Q0、Q1 和 Q2）分别输入 ADDA、ADDB 和 ADDC 并选定转换通道。例如当 16 位地址 A15、A0、A1 和 A2 均为 0，其他位任意时，选通 IN0 通道并启动转换。类似地，P2.7 和 $\overline{RD}$ 信号同时有效时，OE 有效，输出缓冲器打开，单片机接收转换数据。转换完成信号 EOC 通过非门与 $\overline{INT1}$（P 3.3）相连，以提出中断请求的方式通知单片机转换已经完成。由于 ADC0809 具有三态缓冲输出，数据输出线 D0~D7 直接

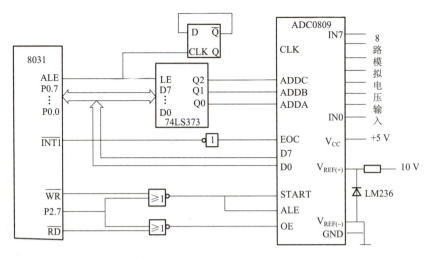

图 5-47 ADC0809 与 8031 单片机的接口电路

与 8031 数据总线相连。$V_{REF(+)}$ 由集成基准电压芯片 LM236 单独提供，基准电压+5 V±0.05 V，$V_{REF(-)}$ 接 GND，输入模拟电压范围为 0～+5 V。

例：设如图 5-47 所示的接口电路，要求分别对从 IN0～IN7 输入的 8 路模拟电压信号巡回检测一遍，检测数据依次存放在 60H 开始的内存单元中，参考程序如下。

主程序

```
        ORG     0000H
        LJMP    MAIN
        ORG     0013H           ;INT1（P 3.3）中断入口地址
        LJMP    INT1
        ORG     0100H
MAIN:   MOV     R0, #60H        ;置数据存储区首址
        MOV     R2, #08H        ;置八路数据采集初值
        SETB    IT1             ;设置边延触发中断
        SETB    EA
        SETB    EX1             ;开放外部中断 1
        MOV     DPTR, #7FF8H    ;指向 0809 通道 0
RD:     MOVX    @DPTR, A        ;启动 A/D 转换
        MOV     A, R2           ;8 路巡回检测数初值送 A
HE:     JNZ     HE              ;等待中断，8 路未完继续
        ⋮
```

中断服务程序

```
INT1:   MOVX    A, @DPTR        ;读取 A/D 转换结果
        MOV     @R0, A          ;向指定单元存数
        INC     DPTR            ;输入通道数加 1
        INC     R0              ;存储单元地址加 1
```

```
MOVX    @DPTR, A        ;启动新通道 A/D 转换
DEC     R2              ;待检通道数减 1
RETI                    ;中断返回
```

5.4.2 控制量输出接口技术

1. 控制输出接口的任务与特点

控制微机通过信息采集接口检测机械系统的状态，经过运算处理。发出有关控制信号，经过控制输出接口的匹配、转换、功率放大，驱动执行元件去调节机械系统的运行状态，使其按设计要求运行。根据执行元件的需要不同，控制接口的任务也不同，对于交流电动机变频调速器，控制信号为 0~5 V 电压或 4~20 mA 电流信号，则控制输出接口必须进行数/模转换；对于交流接触器等大功率器件，必须进行功率驱动。由于机电一体化系统中执行元件多为大功率设备，如电动机、电热器、电磁铁等，这些设备产生电磁场、电源干扰，往往会影响微机的正常工作，所以抗干扰设计同样是控制输出接口设计时应考虑的重要问题（详细内容参见第 6.3 节）。

2. 控制量输出接口中的 D/A 转换接口设计

单片机模拟通道中的输出通道（也叫后向通道），用于输出控制系统需要的驱动控制信号。根据单片机的输出信号形式和控制对象的特点，输出通道结构如图 5-48 所示。

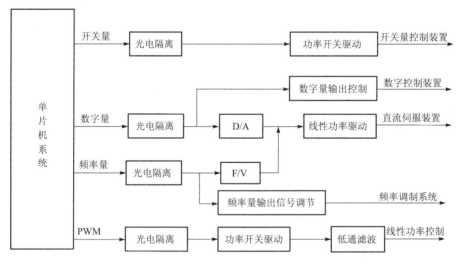

图 5-48 输出通道结构示意图

通常用 D/A 转换作为输出，一般也不需要光电隔离驱动，但有特殊需要，就要加光电耦合；另外一种方法是用脉冲宽度调制输出（即 PWM）经低通滤波输出，作为 D/A 转换，这种结构在很多单片机中都有，例如 C96KB，C196KC，80C166，68HC11 等单片机都有多路 PWM 信号，这对于控制来说是很方便的。

（1）D/A 转换器概述。

① 权电阻 D/A 转换原理。与我们所熟悉的十进制数一样，在一个多位二进制数码中，每一位的"1"代表不同的权。从最高位到最低位的权顺次为 2^{n-1}，…，2^1，2^0。D/A 转换

器就是将每一位代码按"权"的分配进行模拟,具体地说,某一位二进制是"0"就不予理睬,某一位二进制是"1"就按该位的权的大小分配给一定的电压值。这里基准电压源是必不可少的。分配给一定电压往往是用不同电阻实现的。有了权电阻网络和基准电压,再加上电子开关就能组成最简单的 D/A 转换器。图 5-49 是一个四位二进制权电阻网络 D/A 转换器原理图。

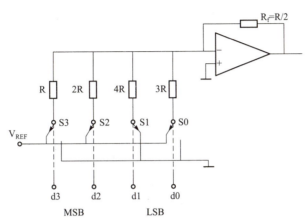

图 5-49 二进制权电阻网络 D/A 转换器

在权电阻网络中,每个电阻的阻值和对应的权成反比,电子开关 S3~S0 受输入代码 d3~d0 控制。即 d="0",则开关接地;d="1",则开关接到基准电压上(也称参考电压)。

根据模拟电子技术知识,可知

$$V_{OUT} = -\frac{V_{REF}}{2^4}[d3\times2^3+d2\times2^2+d1\times2^1+d0\times2^0]$$

这个电路并不实用,原因是各电阻相差太大,不宜集成。但这个电路给出了权电阻网络实现 D/A 转换的基本思想,实用电路原理都是以此为依据制作的。

② T 形电阻网络 D/A 转换器。图 5-50 是 T 形电阻网络组成的 D/A 转换器,从图中看到,因为只用了两种电阻(R 和 2R),所以生产比较容易,而且精度也容易保证。利用等效电源定理,可以看到从 A、B、C、D 每一点看进去的电阻都是 2R,而对地的等效电阻都是 R。这种电阻网络也称 R-2R 网络,其特点是每经过一个节点,其分压系数都是 1/2。输出为

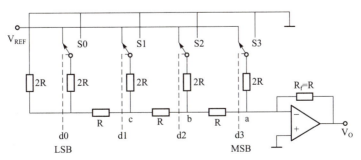

图 5-50 二进制 T 形电阻网络 D/A 原理图

$$V_{OUT} = -\frac{V_{REF}}{2^4}[d3\times2^3 + d2\times2^2 + d1\times2^1 + d0\times2^0]$$

（2）典型 D/A 转换器芯片 DAC0832。实用的 D/A 转换器都是单片集成电路，它是典型的数字电路、模拟电路混合集成在单个芯片上，如 DAC0830~DAC0832 是美国国家半导体公司推出的 8 位 D/A 芯片，而 AD7520 是 10 位 D/A，AD7521 是 12 位的 D/A 芯片，以上都是倒 T 形网络。而 AD 公司的 AD561 却是权电流网络组成的 D/A 芯片。

DAC0832 是 8 位 D/A 芯片，采用 20 引脚双列直插式封装，它可以直接与 Z80、8085 等 CPU 连接。引脚图和原理图分别见图 5-51 和图 5-52。

DAC0832 主要由两个 8 位寄存器和一个 8 位 D/A 转换器组成。使用两个寄存器的优点是可以进行两次缓冲操作，使该器件的应用有更大的灵活性。8 位 D/A 转换器是一个倒 T 形网络的 D/A，并且在引脚 9 和 11 之间接有反馈电阻 R_{FB}，D/A 转换器的 8 个数字量输入端可控制电子开关，当该位为"1"时，接在 I_{OUT1} 上，而为"0"时，开关输出接到 I_{OUT2} 上，为了得到电压输出，需外接运算放大器。

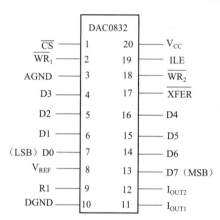

图 5-51　DAC0832 引脚图

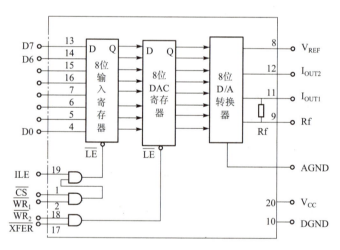

图 5-52　DAC0832 原理图

DAC0832 各引脚含义如下：$\overline{CS}$ 为片选信号，ILE 为输入寄存器锁存允许信号，一般设为 "1"，$\overline{CS}$ 为低，$\overline{WR_1}$ 为低，且 ILE 为高时，才能将 CPU 送来的数字量锁存到 8 位输入寄存器中。$\overline{XFER}$ 为转换控制信号，$\overline{WR_2}$ 与 $\overline{XFER}$ 同时有效时才能将输入寄存器的数字量再传送到 8 位 DAC 寄存器并锁存起来，同时 8 位 D/A 转换器开始工作。I_{OUT1} 和 I_{OUT2} 为输出电流，当数据线上为 FFH 时，I_{OUT1} 最大；为 00H 时，I_{OUT1} 为 0，此时 I_{OUT2} 最大。通常，$I_{OUT1}+I_{OUT2}$=常数。AGND 和 DGND 称为模拟地和数字地，AGND 为输出信号地，它们只允许在此片上共地。V_{REF} 为基准电压，其值应尽量稳定，可在 $-10 \sim +10$ V 之间选定。V_{CC} 为数字信号电源，其值可在 $+5 \sim +15$ V 之间，最好工作在 +15 V 上。DAC0830~DAC0832，这三档芯片的引脚和逻辑性能完全相同，主要是精度指标不一样，其主要性能指标：分辨率为 8 位，电流建立时间为 1 μs。线性误差为 0.05%~0.2% FSR（FSR 为满刻度）。DAC0832 性能低于 DAC0830。差分非线性度为 0.1%~0.4% FSR，功耗为 20 mW。

(3) DAC0832 与单片机接口。

① 只用单缓冲器的连接。图 5-53 为 DAC0832 与 CPU 的连接图，这里让 $\overline{WR_2}$ 和 $\overline{XFER}$ 接地，因此，DAC 寄存器时刻有效，而只有输入寄存器起缓冲锁存作用。

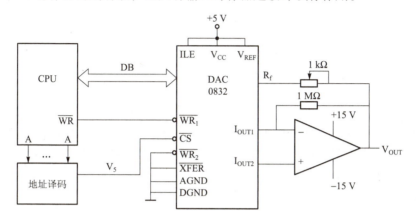

图 5-53 DAC0832 与 CPU 的连接

设地址译码器为 1B28H 时选中 $\overline{CS}$，则 D/A 转换程序为

MOV   DPTR，#1B28H

MOV   A，#8AH

MOVX   @DPTR，A   ；此时 $\overline{CS}=0$，$\overline{WR_1}=0$

而输出电压为

$$V_{OUT} = -D \cdot V_{REF}/256$$

式中，D 为二进制数 n 的十进制值，D=0~255。

如果在运算放大器反馈电阻上又串上一电位器，则可微调其比例系数。可以看出，当 V_{REF} 为正电压时，D/A 总是负电压输出。

② 用两个缓冲器。图 5-54 用了两个缓冲器，当 $\overline{CS}$ 和 $\overline{WR_1}$ 有效时，数字量进入第一个缓冲器，此时并不做 D/A 转换，然后使 $\overline{WR_2}$ 和 $\overline{XFER}$ 有效，才做 D/A 转换，设 1B28H 使 $\overline{CS}$ 选中，而另一地址译码器输出端接 $\overline{XFER}$，端口为 1B29H，这样需执行两条指令才能完成 D/A 转换。程序为

MOV   DPTR，#1B28H   ；输入寄存器端口

MOV   A，#8AH   ；待转换的数送 A

MOVX   @DPTR，A   ；向输入寄存器写入 8AH

INC   DPTR，   ；选 8 位 DAC 寄存器口

MOVX   @DPTR，A   ；虚拟写，启动 D/A

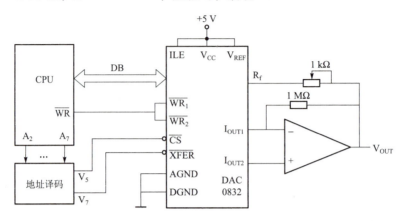

图 5-54　用两个缓冲器时的 D/A 转换接口

这样做的好处是在需要同时输出多个模拟量时，可分别把多个数字量输出到各自的 DAC0832 的第一缓冲器中，但不做 D/A 转换，然后用一条指令打开多个 DAC0832 的第二缓冲器，这样，多个 D/A 转换的模拟量将同时送出，这可用于同步控制中。

③ D/A 转换应用举例。

例：利用 DAC0832 芯片产生各种波形。

a. 产生锯齿波的程序段如下：

```
        DAADR   EQU     7FFFH
        ORG     2000H
STAR:   MOV     DPTR，#DAADR     ；选中 DAC0832
        MOV     A，#00H
LP:     MOVX    @DPTR，A         ；向 0832 输出数据
        INC     A
        SJMP    LP
```

b. 产生三角波的程序如下：

```
STAR:   MOV     DPTR，#DAADR
DAS0:   MOV     A，#00H
DAS1:   MOVX    @DPTR，A
        INC     A
        JNZ     DAS1
DAS2:   DEC     A
        MOVX    @DPTR，A
        JNZ     DAS2
        AJMP    DAS0
```

c. 产生梯形波的程序如下：

```
        ORG     2000H
STAR:   MOV     DPTR，#DAADR     ；选中 DAC0832
```

```
LP1:   MOV    A, #dataL           ;置下限
LP2:   MOVX   @DPTR, A
       INC    A
       CLR    C
       SUBB   A, #dataH           ;与上限比较
       JNC    DOWN
       ADD    A, #dataH           ;恢复原值
       SJMP   LP2
DOWN:  LCALL  DEL                 ;调上限延时程序
LP3:   MOVX   @DPTR, A
       DEC    A
       SUBB   A, #dataL           ;与下限比较
       JC     LP1
       ADD    A, #dataL
       SJMP   LP3
```

小结

1. 按照输出量对控制作用的影响不同，机电一体化系统可分为开环控制系统和闭环控制系统。

2. 为了使被控量按照预定的规律变化，自动控制系统要求稳（稳定性）、准（准确性）、快（快速性）。

3. 可编程序控制器（PLC）是现代工业自动化领域中的一门先进控制技术，它已成为现代工业控制三大支柱（PLC、CAD/CAM、ROBOT）之一。

4. PLC 根据结构分为整体式和组合式。

5. S7-200 的数据区可以分为数字量输入和输出映像区、模拟量输入和输出映像区、变量存储器区、顺序控制继电器区、位存储器区、特殊存储器区、定时器存储器区、计数器存储器区、局部存储器区、高速计数器区和累加器区。

6. S7-200 的程序结构有两种，即线性结构和分块结构。

7. 机电一体化产品中，常用的输入设备有控制开关、BCD 或二进制码拨盘、键盘等；常用的输出设备有状态指示灯、发光二极管显示器、液晶显示器、微型打印机、阴极射线管显示器等，扬声器作为一种声音信号输出设备，在进行产品设计时经常被采用。

8. LED 显示器由七个发光二极管组成，因此，也称为七段显示器。有共阴极和共阳极两种。

9. A/D 转换器的主要技术指标有分辨率与量化误差、转换精度、转换时间和量程等。

思考与练习 5

5-1 试述控制系统有哪些分类方法及类型，各类控制系统的特点是什么。

5-2　计算机控制系统的组成及特点是什么？

5-3　为什么说大多数自动控制系统都是机电一体化系统？举例说明。

5-4　PLC 的硬件系统主要由哪几部分组成，各有什么作用？

5-5　PLC 控制系统的设计步骤一般分为哪几步？

5-6　用 PLC 控制电梯运行状态，写出其运行逻辑顺序并编制能够实现三层电梯控制功能的梯形图。

5-7　人机接口中，常用的输入设备有哪几种？常用的输出设备有哪几种？

5-8　设计键盘输入程序时应考虑哪几项功能？

5-9　七段发光二极管显示器的动态和静态工作方式各有什么特点？

5-10　试述机电接口的作用和特点。

5-11　在一个 AT89C51 单片机系统中，选用 ADC0809 作为接口芯片，用于测量炉温，温度传感信号接 IN3，设计一个能实现 A/D 转换的接口及相应的转换程序。单片机与接口的连接如题图 11 所示。

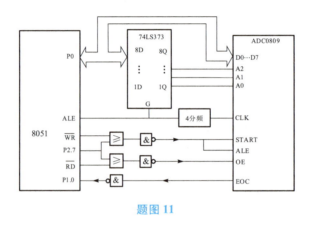

题图 11

项目工程 5：典型机电一体化系统控制技术应用

知识点：
- PLC 的 I/O 分配及外部配线图。
- PLC 的程序设计方法。

技能点：
- 具有根据实际机电系统控制要求，正确选择 PLC 控制器和软件编程实现的能力。
- 具有设计 PLC 应用系统，实现机电一体化控制的能力。

一、任务引入

图 5-55 是自动线上的自动化搬运机械手，它是一个典型的机械手顺序控制系统。

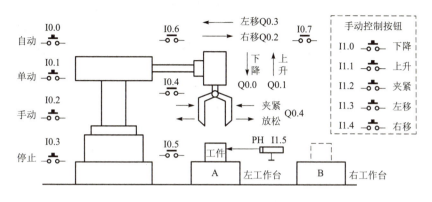

图 5-55 自动化搬运机械手

二、任务分析

机械手控制要求如下：

机械手一个循环周期可分为八步。第一步是当工作台 A 上有工件出现时（可以由光电耦合器 PH 检测到，当检测到有工件时 I1.5＝1），机械手开始下降。当机械手下降到位时（可以由限位开关检测到，当下降到位时 I0.5＝1），机械手停止下降，第一步结束。第二步是机械手在最低位开始抓紧工件，约 10 s 抓住、抓紧，第二步结束。第三步是机械手抓紧工件上升。当机械手上升到位时（可以由限位开关检测到，当上升到位时 I0.4＝1），机械手停止上升，第三步结束。第四步是机械手抓紧工件右移。当机械手右移到位时（可以由限位开关检测到，当右移到位时 I0.7＝1），机械手停止右移，第四步结束。第五步是机械手在最右位开始下降。当机械手下降到工作台 B 到位时（可以由限位开关检测到，当下降到位时 I0.5＝1），机械手停止下降，第五步结束。第六步是机械手开始放松工件，所需时间大约 10 s。10 s 之后工件放开，第六步结束。第七步是机械手开始上升。机械手上升到位时（可以由限位开关检测到，当上升到位时 I0.4＝1），停止上升，第七步结束。第八步是机械手在高位开始左移，当左移到位时（可以由限位开关检测到，左移到位时 I0.6＝1），机械手停止左移，第八步结束。机械手工作一个周期完成。等待工件在工作台 A 上出现转到第一步。工艺要求有三种控制方式：自动、单动和手动。

三、实施过程

硬件选择：

从工艺要求中可以看出，从控制方式选择上需要 3 个具有连锁功能的启动按钮，分别完成自动方式 I0.0、单动方式 I0.1 和手动方式 I0.2 的启动，还需要一个停止按钮 I0.3 用来处理在任何情况下的停止运行。机械手运动的限位开关有 4 个：高位限位开关 I0.4、低位限位开关 I0.5、左位限位开关 I0.6 和右位限位开关 I0.7。手动控制输入信号有 5 个按钮组成：下降按钮 I1.0、上升按钮 I1.1、抓紧按钮 I1.2、左移按钮 I1.3 和右移按钮 I1.4。工作台 A 上有工作检测 PH 器的输入信号 I1.5。共有 14 个输入信号。

输出信号有机械手下降驱动信号 Q0.0、上升驱动信号 Q0.1、右移驱动信号 Q0.2、左移驱动信号 Q0.3 和机械手抓紧驱动信号 Q0.4，共有 5 个输出信号。

该系统需要输入 14 点，输出 5 点。选择 S7-200 系列的 CPU224 就可以满足要求，也可以选择 CPU222 和一个 I/O 模块 EM223 组成控制系统。本例子中选择一个 CPU224 作为本控制系统的控制器，见图 5-56。

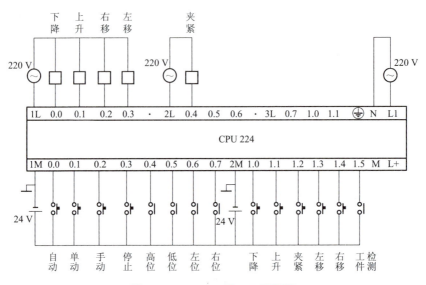

图 5-56　S7-200 的 I/O 配线图

输入输出点的地址分配：

本系统输入输出地址分配见表 5-6。

表 5-6　系统 I/O 地址分配

模块号	输入端子号	输出端子号	地址号	信号名称	说　明
CPU224	1		I0.0	自动启动，"1"有效	按钮
	2		I0.1	单动启动，"1"有效	按钮
	3		I0.2	手动启动，"1"有效	按钮
	4		I0.3	停止，"1"有效	按钮
	5		I0.4	高位，"1"有效	限位开关
	6		I0.5	低位，"1"有效	限位开关
	7		I0.6	左位，"1"有效	限位开关
	8		I0.7	右位，"1"有效	限位开关
	9		I1.0	手动下降，"1"有效	按钮
	10		I1.1	手动上升，"1"有效	按钮
	11		I1.2	手动夹紧，"1"有效	按钮
	12		I1.3	手动左移，"1"有效	按钮
	13		I1.4	手动右移，"1"有效	按钮
	14		I1.5	A 台有工件，"1"有效	光电耦合器

续表

模块号	输入端子号	输出端子号	地址号	信号名称	说　明
CPU224		1	Q0.0	下降，"1"有效	电磁阀
		2	Q0.1	上升，"1"有效	电磁阀
		3	Q0.2	右移，"1"有效	电磁阀
		4	Q0.3	左移，"1"有效	电磁阀
		5	Q0.4	夹紧，"1"有效	电磁阀
		6	Q0.5		
		…	…		
		10	Q1.1		

为了进一步了解 PLC 程序设计的方法，本项目用 3 种程序设计的方法进行编程训练。

（1）由逻辑流程图设计程序。

① 程序流程图。为了能用逻辑流程图设计 PLC 程序，首先要画出控制系统的逻辑流程图。见图 5-57。

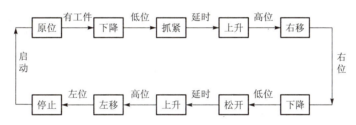

图 5-57　机械手顺序控制系统逻辑流程图

根据工艺要求逻辑流程可以分 8 个部分。系统启动之前机械手在原始位置。原始位置的条件是：机械手在高位（I0.4＝1），左位（I0.6＝1）。当有工件放在工作台 A 上时（I1.5＝1），在启动条件允许时，机械手开始下降（Q0.0＝1）。当下降到低位时（I0.5＝1），停止下降（Q0.0＝0）。机械手下降到位后，开始抓紧工件（Q0.4＝1），同时启动延时 10 s 的定时器（可以取 T101）。待 T101 延时时间到，机械手开始上升（Q0.1＝1），上升到高位（I0.4＝1）时，停止上升（Q0.1＝0）。这时机械手开始右移（Q0.2＝1），当到右位时（I0.7＝1），停止右移（Q0.2＝0）。这时机械手又开始下降（Q0.0＝1），当下降到低位时（I0.5＝1），停止下降（Q0.0＝0）。机械手在低位时开始松开工件（Q0.4＝0），同时启动延时 10 s 定时器（T102）。待延时时间到，机械手又开始上升（Q0.1＝1）。上升到高位时（I0.4＝1），停止上升（Q0.1＝0）。机械手在高位开始左移（Q0.3＝1），左移到左位时（I0.0＝1），停止左移（Q0.3＝0）。

如果是自动运行机械手则等待工作台 A 再一次有工件，而进行下一周期操作。如果是单动运行机械手则等待再一次启动单动操作。如果是手动控制则由手动输入信号去驱动机械手的操作。

② 内存变量分配表。为了便于编制程序和修改程序。需要建立输入输出与内存变量分

配表。从表中可以明显地看出 I/O 分配、内存分配及它们的功能。分配表如果写入 PLC 的符号表,就可以用表中的名称代替实际地址去编写程序。这种分配表又叫符号表,见表 5-7。

表 5-7 系统输入输出与内存变量分配表

序 号	名 称	地 址	注 释
1	自动启动	I0.0	按钮
2	单动启动	I0.1	按钮
3	手动启动	I0.2	按钮
4	停止	I0.3	按钮
5	高位	I0.4	限位开关
6	低位	I0.5	限位开关
7	左位	I0.6	限位开关
8	右位	I0.7	限位开关
9	手动下降	I1.0	按钮
10	手动上升	I1.1	按钮
11	手动夹紧	I1.2	按钮
12	手动左移	I1.3	按钮
13	手动右移	I1.4	按钮
14	A 台有工件	I1.5	光电耦合器
15	下降	Q0.0	电磁阀
16	上升	Q0.1	电磁阀
17	右移	Q0.2	电磁阀
18	左移	Q0.3	电磁阀
19	夹紧	Q0.4	电磁阀
20	抓紧定时器	T101	时基 = 100 ms 的 TON 定时器
21	放松定时器	T102	时基 = 100 ms 的 TON 定时器
22	自动方式标志	M0.0	Bool
23	单动方式标志	M0.1	Bool
24	手动方式标志	M0.2	Bool
25	一周期结束标志	M0.3	Bool

③ 系统程序:(略)读者自编。

(2) 由时序流程图设计程序。

① 时序流程图。由时序流程图来设计程序,首先要把整个工程的各个任务分成多个时序,在不同的时序中完成不同的任务。本例中可分成 8 个时序,如图 5-58 所示。用 M1.0、

M1.1、…、M1.7 分别表述各个时序的特征位。当 M1.0＝1 时为机械手下降 1 时序，M1.1 为机械手抓紧时序等。

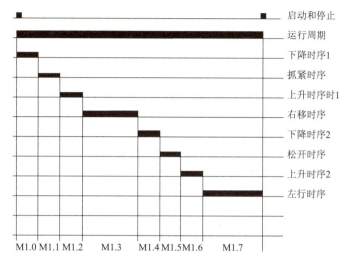

图 5-58 机械手顺序控制系统时序流程图

在时序图画完之后，主要解决一个时序的启动和结束问题。

例如 M1.0 的启动条件可以在按下自动和单动启动按钮、机械手位于原位且工作台 A 有工件时刻。M1.0 的结束条件为机械手位于左位、下降过程中达到低位。M1.1 的启动可以在 M1.0 由 1 变为 0 的时刻，M1.1 的结束应该在机械手抓紧过程中抓紧时间到的时刻……M1.7 的启动可以在 M1.6 由 1 变为 0 的时刻，M1.7 的结束应该在机械手位于高位、左移过程中达到左位时刻。

这里有两点需要特别注意：一是各个时序标志位的启动、停止条件是准确的、唯一的；二是一个周期内每个时序只能按顺序出现一次。

② 内存变量分配表。见表 5-8。

表 5-8 系统内存变量分配表

序号	名称	地址	注释
1	自动启动	I0.0	按钮
2	单动启动	I0.1	按钮
3	手动启动	I0.2	按钮
…	…	…	…
20	抓紧定时器	T101	时基＝100 ms 的 TON 定时器
21	放松定时器	T102	时基＝100 ms 的 TON 定时器
22	自动方式标志	M0.0	Bool
23	单动方式标志	M0.1	Bool
24	手动方式标志	M0.2	Bool

续表

序号	名称	地址	注释
25	一周期结束标志	M0.3	Bool
26	A台下降时序标志	M1.0	Bool
27	抓紧时序标志	M1.1	Bool
28	A台上升时序标志	M1.2	Bool
29	右移时序标志	M1.3	Bool
30	B台下降时序标志	M1.4	Bool
31	放松时序标志	M1.5	Bool
32	B台上升时序标志	M1.6	Bool
33	左移时序标志	M1.7	Bool

③ 系统程序。（略）读者自编。

(3) 由步进顺控指令设计程序。

① 顺控状态流程图。采用步进顺控指令设计系统控制程序，要根据控制要求画出控制系统的状态流程图，如图5-59所示。一个状态就是顺控的一步。状态流程图要把每一步的控制状态分配成状态继电器。每个状态继电器的状态是否为"1"，就决定了系统控制每一步的进程。每个状态中都要有这个状态的开始、控制操作、状态的转换与结束。本文的例子中，主程序和手动部分子程序1与前者相同，其自动方式或单动方式控制的子程序SBR0的内容改为使用顺控指令控制。整个控制过程可以分为8步。S0.0为第一步，控制机械手下降。S0.1为第二步，控制机械手抓紧。S0.2为第三步，控制机械手上升。S0.3为第四步，控制机械手右移。S0.4为第五步，控制机械手下降。S0.5为第六步，控制机械手放松。S0.6为第七步，控制机械手上升。S0.7为第八步，控制机械手左移。

② 内存变量分配表。见表5-9。

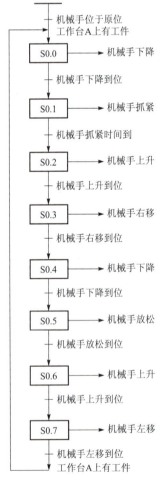

图5-59 机械手顺序控制系统状态流程图

表 5-9 内存变量分配表

序号	名称	地址	注释
1	自动启动	I0.0	具有互锁的按钮
2	单动启动	I0.1	具有互锁的按钮
3	手动启动	I0.2	具有互锁的按钮
…	…	…	…
20	抓紧定时器	T101	时基=100 ms 的 TON 定时器
21	放松定时器	T102	时基=100 ms 的 TON 定时器
22	自动方式标志	M0.0	Bool
23	单动方式标志	M0.1	Bool
24	手动方式标志	M0.2	Bool
25	一周期结束标志	M0.3	Bool
26	下降步序 1	S0.0	Bool
27	抓紧步序 2	S0.1	Bool
28	上升步序 3	S0.2	Bool
29	右移步序 4	S0.3	Bool
30	下降步序 5	S0.4	Bool
31	放松步序 6	S0.5	Bool
32	上升步序 7	S0.6	Bool
33	左移步序 8	S0.7	Bool

③ 系统程序。(略)读者自编。

单元六

机电一体化系统设计

▶ A. 教学目标

1. 熟悉机电一体化系统设计方法
2. 熟悉机电一体化系统建模与仿真方法
3. 掌握机电一体化系统抗干扰技术

▶ B. 引言

机电一体化系统设计是应用系统总体技术，从整体目标出发，综合分析产品的性能要求及各机、电组成单元的特性，选择最合理的单元组合方案，实现机电一体化产品整体优化设计的过程。从实现机电一体化系统设计出发，本章主要阐述了机电一体化系统的设计方法，机电一体化系统的建模与仿真及机电一体化抗干扰技术。

6.1 机电一体化系统设计方法

科学技术的发展及产品性能要求的不断提高，使得设计新理论、新方法、新技术不断涌现。现代设计方法与用经验公式、图表和手册为设计依据的传统设计方法不同，设计人员必须根据用户需求和市场状况进行分析，以计算机作为辅助手段，并着眼于产品全寿命周期的设计，从其通用性、耐环境性、可靠性、经济性的观点进行综合分析，使设计的机电系产品充分发挥机电一体化的功能。

6.1.1 机电一体化传统设计方法

机电一体化系统的传统设计方法有机电互补法、机电结合法、机电组合法、反向设计法等常用设计方法。其目的是综合应用机械技术和微电子技术各自的特长，设计最佳的机电一体化系统产品。

1. 机电互补设计法

机电互补法也可称为取代法。该方法主要是采用通用或专用电子产品取代传动机械系统（或产品）中的复杂机械功能部件或功能子系统，以弥补其不足。例如：机械加工产品，用变频调速控制器和微型计算机系统取代机械式变速机构、凸轮机构、离合器等机构，以弥补机械技术的不足，不但能简化机械结构，而且还可提高系统（或产品）的性能和质量，这种方法是改造传统机械产品和开发新型产品常用的方法。在机电系统改造设计中，根据实际系统进行二次设计，充分利用电子技术、控制技术、电动机驱动技术和计算机技术提高所改造机电系统的性能和功能。

2. 机电结合设计法

在机电一体化系统设计中，为了实现单元部件的标准化、通用化、系列化，常把各组成部件有机结合为一体构成专用或通用的功能单元系统，充分利用不同部件之间机电参数的有机匹配。例如：信号控制开关，采用的是信号放大电路和继电器结合，实现了小信号控制大信号作用；微型电动机系统，采用的是功率放大电路和微型电动机结合；功能式传感器采用的是传感器和放大器结合。在大规模集成电路生产工艺技术水平的提高，精密机械技术和计算机技术发展的今天，完全能够设计出执行元件、执行机构、检测传感器、多种放大器控制与机械等部件有机结合。

3. 组合设计法

组合设计法用于机电一体化系统设计中，具体的设计是把结合法制成的功能部件（或子系统）、功能模块，像积木那样组合成各种机电一体化系统，故称为组合法。例如：把传感器、放大器、记录仪组合成测试系统；信号源、驱动器、步进电动机组成电动机控制系统；把工业机器人各自由度的执行元件、执行机构、检测传感元件和控制单元等组成机电一体化的功能部件，可用于不同的关节，组成工业机器人的回转、伸缩、俯仰等各种功能模块系列，从而组合成结构和用途不同的工业机器人。在新产品及机电一体化系统设计中，采用这种设计方法，可以缩短设计与研制周期，节约工装设备费用，有利于生产管理、使用和维修，但必须引入现代化的优化设计手段，采用最佳组合法设计出优良的机电一体化系统。

4. 反向设计方法

当确定要开发新产品后，选定市场上当前最流行的有代表意义的优秀产品，进行解剖、测绘、分析、评估，最后提出设计分析报告和建议，以确定自己的开发策略，这一整套工作就是通常所称的反向设计法。进行反向设计的目的是开发新的产品，因此，它可以说是正向设计的一个必要步骤。正向设计始于市场调查，设计出最新产品，两者的顺序恰好相反。反向设计是市场竞争最有力也最有效的方法。但必须遵守知识产权规则。反向设计方法能使自己"知己知彼，百战不殆"。通过解剖分析竞争对手的产品，可以了解他们的关键技术所在，产品的设计思想，采用了什么新技术，必须要对产品的性能和技术路线进行恰如其分的评估，从而启发自己的创新思路，以弃之短，取用之长。在进行开发性设计时，反向设计绝不是为了简单的模仿，反向设计是为了借鉴，目的在于以更快的速度创新性地设计出新的机电产品。

6.1.2 机电一体化系统现代设计方法

伴随技术进步及计算机技术的广泛应用，传统的设计方法已不能满足设计要求。在机电一体化系统设计中，应充分利用系统工程的观点，把产品开发和设计放在人-机-环境系统一体化中进行，形成一套科学的设计方法，采用新的设计理论和方法进行动态分析和计算，实现计算机化，有效地提高机电一体化系统设计效率。

目前所采用的现代设计方法有以下几种。

（1）科学类比设计法。它是利用同类事物间静态与动态的相似性，利用量纲分析，根据数学模拟和物理模拟等方法，求解出设计系统之间的函数关系，再进行详细设计。例如：人造卫星推进系统设计，三峡工程初期预测工程系统设计等。

（2）信号分析设计法。它是建立在信息论基础上的一种设计方法。一种是根据市场信息、市场需求、生产批量、产品性能参数、应用功能等进行设计。另一种是设计的机电一体化产品的动态性能参数、结构参数等都需要经试验测试得到，采用分析处理和识别，确定相应各种要求的数据信息，是优化设计和计算机辅助设计的必要的计算基础。

（3）模块化设计方法。利用模块化原理和"相似原理"进行"变形"设计、通用性设计、系列化设计。作为机电一体化产品或设备要素的电动机、传感器和微型计算机等都是功能模块的实例。例如：计算机配件设计，测试仪设计，计算程序设计等。

（4）可靠性设计法。在机电一体化系统设计中，充分利用可靠性设计理论，设计方法，对所设计产品进行可靠性分析及可靠性评估和预测，采用多种先进的设计手段提高产品可靠性。

（5）动态设计法。它是建立在控制论基础上的方法，在设计中要进行各种动态试验，根据试验结果分析处理，提高设计的可靠性及安全性，环境条件的适应性，例如：兵器产品研制过程中的地面试验，飞行试验，不同环境条件下的各种试验等。

（6）优化设计法。优化设计法是利用计算机技术，按照优化准则，利用实物模型，数学规划论和计算机技术的综合，经反复计算和分析后确定最佳设计方案，使工程设计最优化。

（7）计算机辅助设计法。利用计算机系统对设计对象进行最佳设计的方法，采用计算机辅助设计可快速地进行资料检索、参数计算，确定系统结构，自动绘图。例如：机器人的各种运动状态就可以进行相关的模拟。

现代设计方法的设计步骤一般分为技术预测、信号分析、科学类比、仿真设计、系统优化设计、创造性设计等环节，根据具体要求可选择各种具体的现代设计方法。

现代设计方法和传统设计方法相比，现代设计在概念、方法和手段上有以下特征。

（1）现代设计方法立足于明确设计任务与设计目标，全面、系统地确定设计过程的设计条件和最终设计结果，用现代设计原理和理论做指导，因此可以使设计过程始终不渝地从实际出发，达到预定的设计目标，可以获得很高的设计成功率，取得优于传统设计的结果。

（2）现代设计方法特别强调抽象的设计构思，防止过早地进入某一已经定型的实体结构分析，以便对系统的原理和结构关系作本质的和创新的设计构思。因此，现代设计注重系统地进行概念设计、仿真性设计，并采用多种方法形象地表达设计结果。

（3）现代设计方法经常采用扩展性的设计思维，自始至终地寻求多种可行的方案构思，以便从中选择确定令人满意的最佳方案，改变传统设计中惯用的封闭式的设计思维和忽略方案搜索的现象，能够达到很高的满意程度。因此，现代设计方法强调专家评价决策，尽量避免直接决策，排除决策中的主观因素，通过专家对设计方案评审，使得在评审中所选定的设计方案能够达到最佳的设计水平。

（4）现代设计方法常采用结构优化设计方法，对所设计的系统结构形式、技术参数和技术性能进行不同性质的优化设计方法，以求得综合设计优化的效果。

（5）现代设计方法常采用计算机辅助设计。无论是图形构思、绘制，还是动、静态参数计算，都采用了计算机应用设计技术，不仅使设计人员解脱了繁重的设计工作，也提高了设计工作的质量和准确度，并可把主要精力集中于创造性设计工作上。由于机电一体化技术是一门综合性技术的应用，因此现代设计方法在机电一体化系统设计中也将逐步得到广泛的应用提高。

机电一体化系统设计是现代机械系统设计、电子系统设计、控制系统设计、计算机应用技术设计的充分应用。所以，在机电一体化系统设计和研究中，尤其是针对不同的复杂机电系统的设计，运用现代设计的理念、理论和方法，是十分必要的。

6.2 机电一体化系统的建模与仿真

模型是实际系统的抽象，通过模型研究有助于理解系统内部的作用规律。任何一个控制系统都是对被控量按某种控制律来进行控制。机电一体化系统也不例外。

6.2.1 机电一体化系统的建模

研究和分析一个系统，不仅要定性地了解该系统的工作原理及其特性，更要定量地描述系统的动态性能，揭示系统的结构参数与动态性能之间的关系。控制系统的各个组成元件之间的关系可以用相应的物理量或物理量之间的数学关系式来描述，因此，建立系统的数学模型就成为分析和设计控制系统的首要工作。

1. 选择数学模型的类型

机电一体化所涉及的领域很广，被控对象的性质差异也极大。由于人们所掌握的数学手段有限，目前还不能建立一般的数学表达式和解算方法来描述和求解这些对象，因此在建立对象数学模型时，需进行适当简化，用某些已知的数学方法去近似地描述和求解这些对象。不同的被控对象及不同的控制要求，可采用不同的简化方法，因而得到具有不同形式的数学模型。

一般来讲用于控制的模型应选择动态模型，而用于系统优化和性能分析的模型则应选择静态模型。绝大多数实际对象都是分布参数的、含有随机性因素的、非线性的时变系统，但目前研究得最透彻的、最易于处理的模型是集中参数的、确定性的、线性的时不变系统。因此，在满足控制精度要求的前提下，可用集中参数模型来近似地描述分布参数系统，用线性时不变模型来近似地描述非线性时变系统等，以便采用成熟的理论和方法进行系统分析和设计。

选择数学模型时，还应考虑所用控制器的形式。当采用数字计算机作为控制器时，应选择离散时间模型，或在建立了连续模型后通过适当方法将其转化成离散模型。

2. 确定建模方法

建立数学模型一般有两种方法。一种是计算分析法，即根据系统及元部件中各变量之间所遵循的物理、化学定律，列出系统各变量之间数学关系式，再通过推导这些数学关系式建立起描述系统输入量和输出量之间关系的数学表达式；另一种方法是实验法，即采用某些检测仪器，在现场对控制系统加入某种特定信号，对输出响应进行测量和分析，得到实验数据，列出输入量和输出量之间的离散关系，采用适当的数值分析方法建立系统的数学模型，此方法常用于解决复杂的控制系统。

分析法建立起来的数学模型又被称为机理模型。机理模型可反映被控对象的本质，有较大范围的适应性，所以在建立数学模型时，只要能借助于分析法得到机理模型即使是部分环节也要尽量考虑。分析法的不足之处是有时得到的模型过于复杂，难于解算，对于机理尚不清楚的对象无法使用。

实验法模型建立起来的数学模型又称辨识模型。建立辨识模型的关键是测试方法及试验信号的选择。常用的方法有时域法、频率法和统计法三种。这在控制系统应用很广泛。

3. 确定模型的结构和参数

（1）机理模型。由于实际的对象通常都比较复杂，难以用数学方法予以精确的描述，因此在确定机理模型的结构和参数时，首先需提出一系列合理的假定，这些假定应不至于造成模型与实际对象的严重误差，且有利于简化所得到的模型。然后，基于所提出的假设条件，通过分析，列出被控对象运动规律方程式。最后，建立方程的边界条件，将边界条件与方程结合起来，构成被控对象的基本模型。在基本模型确定后，还应从工程角度出发，在满足精度要求的前提下，对基本模型尽可能地加以简化，以利于模型的求解，特别是便于实时控制的应用。在简化机理模型的基础上，可采用解析方法或计算机仿真方法来分析、研究和求解模型中的输入和输出或状态变量之间的定量关系，必要时还应通过实验加以验证。当实验结果与解析或仿真分析结果出入较大时，应依据实验数据对模型结构及参数进行修正，直到获得满意的模型为止。

（2）辨识模型。在建立辨识模型时，应首先在对被控对象特性进行较充分的分析、与同类对象类比及总结实际经验的基础上，初步选定被控对象模型的结构，包括模型的阶次及输入、输出变量等，然后选择合适的实验方法对被控对象进行测试。在测试过程中，记录下全部有关的输入、输出数据，作为模型参数估计的依据。此后按照所确定的参数估计的最优准则，用优化方法确定模型的参数，使得实验数据与辨识模型能依据所选定的准则最好地拟合。

数学模型的阶次对系统特性影响很大，如果初选模型的阶次不合理，上述拟合将会有很大误差，这时还要对模型的阶次进行辨识。阶次辨识一般从低阶向高阶搜索，对不同阶次模型的准确程度进行比较和评价，最终确定比较合理的阶次。

利用上述方法确定了辨识模型的结构和参数后，还应采用另一种试验信号再进行一次实验测试，以验证或修正模型的结构和参数。

6.2.2 机电一体化系统的仿真

将系统的模型建立起来以后就要对系统进行相应的仿真，以便更好地来观察系统的性能指标，理解系统。

仿真系统可以采用面向对象的程序设计语言自建，也可以购买商业仿真工作包。利用商业工具包中的标准库模型可以很快地进行简单群体系统的仿真。本小节就以 SIMULINK 仿真软件为例。

（1）SIMULINK 仿真软件简介。

SIMULINK 是 MATLAB 里的工具箱之一，主要功能是实现动态系统建模、仿真与分析。SIMULINK 提供了一种图形化的交互环境，只需用鼠标拖动的方法，便能迅速地建立起系统框图模型，并在此基础上对系统进行仿真分析和改进设计。

要启动 SIMULINK，先要启动 MATLAB。在 MATLAB 窗口中单击按钮 ，如图 6-1 所示（或在命令窗口中输入命令 simulink），将会进入 SIMULINK 库模块浏览界面，如图 6-2 所示。单击窗口左上方的按钮，SIMULINK 会打开一个名为 untitled 的模型窗口，如图 6-3 所示。随后，按用户要求在此模型窗口中创建模型及进行仿真运行。

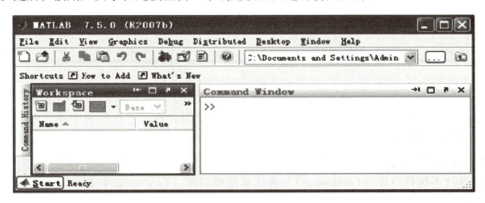

图 6-1 启动 SIMULINK

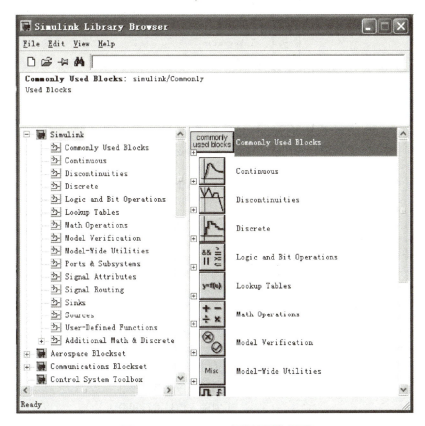

图 6-2 SIMULINK 库模块浏览界面

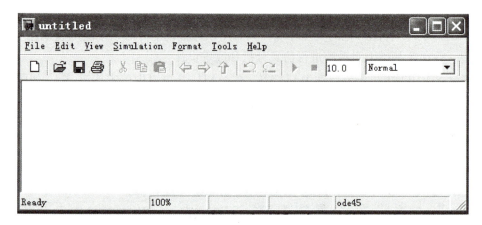

图 6-3 untitled 的模型窗口

为便于用户使用,SIMULINK 可提供 9 类基本模块库和许多专业模块子集。考虑到一般机电一体化主要分析连续控制系统,这里仅介绍其中的连续系统模块库(Continuous)、系统输入模块库(Sourses)和系统输出模块库(Sinks)。

① 连续系统模块库(Continuous)。连续系统模块库(Continuous)以及其中各模块的功能如图 6-4 及表 6-1 所示。

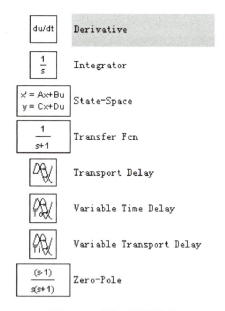

图 6-4 连续系统模块库

表 6-1 连续系统模块功能

模块名称	模块用途
Derivative	对输入信号进行微分
Integrator	对输入信号进行积分
State-Space	建立一个线性状态空间数模型

续表

模块名称	模块用途
Transfer Fcn	建立一个线性传递函数模型
Transport Delay	对输入信号进行给定的延迟
Variable Transport Delay	对输入信号进行不定量的延迟
Zero-Pole	以零极点形式建立一个传递函数模型

② 系统输入模块库（Sources）。系统输入模块库以及其中各模块的功能如图 6-5 和表 6-2 所示。

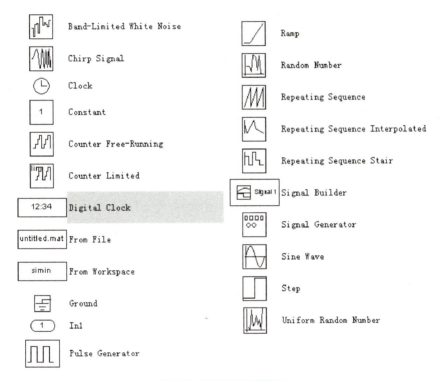

图 6-5　系统输入模块库

表 6-2　系统输入模块功能

模块名称	模块用途
Band-Limited White Noise	有限带宽白噪声
Chirp Signal	输出频率随时间线性变换的正弦信号
Clock	输出当前仿真时间
Constant	常数输入
Digital Clock	以固定速率输出当前仿真时间
From Workspace	从 MATLAB 工作空间中输入数据

续表

模块名称	模块用途
From File	从 .mat 文件中输入数据
Ground	接地信号
In1	为子系统或其他模型提供输入端口
Pulse Generator	输入脉冲信号
Ramp	输入斜坡信号
Random Number	输入正态分布的随机信号
Repeating Sequence	输入周期信号
Signal Generator	信号发生器
Signal Builder	信号编码程序
Sine Wave	正弦信号初始器
Step	输入阶跃信号
Uniform Random Number	输入均匀分布的随机信号

③ 系统输出模块库（Sinks）。系统输出模块库（Sinks）以及其中各模块的功能如图 6-6 和表 6-3 所示。

图 6-6　系统输出模块库

表 6-3　系统输出模块功能

模块名称	模块用途
Display	以数值形式显示输入信号
Floating Scope	悬浮信号显示器
Out 1	为子系统或模型提供输出端口
Scope	信号显示器
Stop Simulation	当输入非零时停止仿真
Terminator	中断输出信号
To File	将仿真数据写入 .mat 文件
To Workspace	将仿真数据输出到 MATLAB 工作空间
XY Graph	使用 MATLAB 图形显示数据

（2）下面通过实例来介绍建立数学模型及应用 SIMULINKMIK 模块对系统仿真分析的过程。

机器人的驱动控制是以闭环反馈系统的伺服机构为基础的，控制对象是电气式、液压式和气动式执行装置。目前机器人大多采用电气式驱动装置，其中 AC 伺服电动机使用最多。图 6-7 为一个典型的伺服机构的方框图。这里以电动机的旋转角度（位置）作为最终的被控量。

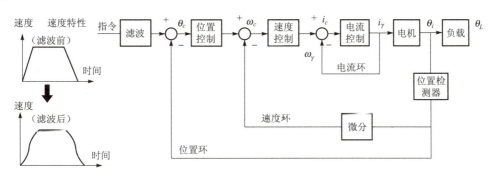

图 6-7　伺服机构的方框图

① 滤波部分：细分上位指令值，通过滤波使指令曲线成为与负载对应的平滑的曲线，通常采用二阶延迟环节。

② 位置控制器：以滤波的输出和位置检测发送的位置检测信号为基础来进行位置控制。通常采用 PID（比例+时间积分+时间微分）方式。

③ 速度和电流控制器通常也采用 PID（比例+时间积分+时间微分）方式。

下面就借助 SIMULINK 来对电流环做一仿真。设：

$$G(s)=\frac{12}{s(0.4s+1)(0.02s+1)}$$

a. 首先双击 MATLAB 图标→单击右方按钮【打开 Simulink Library Browse】（见图 6-1），单击图 6-2 中左上方的<Continuous>选项，建立如图 6-3 所示的 untitled 空模块窗口。

b. 选择 Continuous 选项，从中选择传递函数（Transfer Fcn），并用拖曳的方式拖至窗口。再双击传递函数（Transfer Fcn），得到框图参数（Block parameters）对话框（如图 6-8 所示）。在对话框中的分子项（Numerator）中取 [1]，分母项（Denominator）中取 [0.4 1 0]，对应 $1/(0.4s^2+s)$ 环节，点击"OK"按钮，即得到图 6-9 中间的方框。

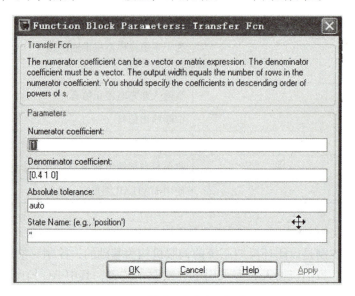

图 6-8　传递函数参数对话框

同理再建立传递函数为 $1/(0.02s+1)$ 的方框（对应 Num 项为 [1]，Den 项为 [0.02　1]）。

c. 在 Math 选项内选择和点，将和点符号设定为 [+ -]，得到比较点符号。选择增益模块（Gain），拖曳到建模窗口。

d. 从 Simulink 库里的输入模块库（Sources）中选择（step），将它拖曳至建模窗口。

e. 从 Simulink 库里的输出模块（Sinks）库里，选择示波器（Scope），将它拖曳到建模窗口。

f. 将各环节移位，安排成如图所示的位置。然后用鼠标左键点住环节输出的箭头，这时鼠标指针变成十字形叉，将它拖曳至想要连接环节的输入箭头之处，放开左键，就完成连线；这样逐一连接，便可完成如图 6-9 所示的系统仿真框图。

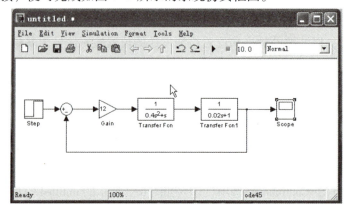

图 6-9　SIMULINK 系统仿真

g. 使用 Simulink 菜单中的 Start，即可对系统进行仿真。将 Scope 参数设定为 y：2，x：5；双击 Scope 模块，即可得到如图 6-10 所示的单位阶跃响应曲线。

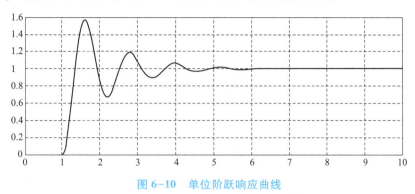

图 6-10　单位阶跃响应曲线

6.3　机电一体化系统抗干扰技术

在机电一体化系统的工作环境中，存在大量的电磁信号，如电网的波动、强电设备的启停、高压设备和开关的电磁辐射等，若系统抵御不住干扰的冲击，各电气功能模块将不能进行正常的工作，微机系统往往会因干扰产生程序"跑飞"，传感器模块将会输出伪信号，功率驱动模块将会输出畸变的驱动信号，使执行机构动作失常，最终导致系统产生故障，甚至瘫痪。机电一体化系统设计中，既要避免被外界干扰，也要考虑系统自身的内部相互干扰，同时还要防止对环境的干扰污染。

6.3.1　干扰的定义

干扰是指对系统的正常工作产生不良影响的内部或外部因素。从广义上讲，机电一体化系统的干扰因素包括电磁干扰、温度干扰、湿度干扰、声波干扰和振动干扰等，在众多干扰中，电磁干扰最为普遍，且对控制系统影响最大，而其他干扰因素往往可以通过一些物理的方法较容易地解决。

电磁干扰是指在工作过程中受环境因素的影响，出现的一些与有用信号无关的，并且对系统性能或信号传输有害的电气变化现象。这些有害的电气变化现象使得信号的数据发生瞬态变化，增大误差，出现假象，甚至使整个系统出现异常信号而引起故障。例如传感器的导线受空中磁场影响产生的感应电势会大于测量的传感器输出信号，使系统判断失灵。

6.3.2　形成干扰的三个要素

干扰的形成包括三个要素：干扰源、传播途径和接受载体。三个要素缺少任何一项干扰都不会产生。

1. 干扰源

产生干扰信号的设备被称作干扰源，如变压器、继电器、微波设备、电动机、无绳电话和高压电线等都可以产生空中电磁信号。当然雷电、太阳和宇宙射线属于干扰源。

2. 传播途径

传播途径是指干扰信号的传播路径。电磁信号在空中直线传播，并具有穿透性的传播叫做辐射方式传播。电磁信号借助导线传入设备的传播被称为传导方式传播。传播途径是干扰扩散和无所不在的主要原因。

3. 接受载体

接受载体是指受影响设备的某个环节吸收了干扰信号，并转化为对系统造成影响的电器参数。接受载体不能感应干扰信号或弱化干扰信号使其不被干扰影响就提高了抗干扰的能力。接受载体的接受过程又称为耦合，耦合分为两类：传导耦合和辐射耦合。传导耦合是指电磁能量以电压或电流的形式通过金属导线或集总元件（如电容器、变压器等）耦合至接受载体。辐射耦合指电磁干扰能量通过空间以电磁场形式耦合至接受载体。

根据干扰的定义可以看出，信号之所以是干扰是因为它对系统造成的不良影响，反之，不能称其为干扰。从形成干扰的要素可知，消除三个要素中的任何一个，都会避免干扰。抗干扰技术就是针对三个要素的研究和处理。

6.3.3 干扰源

系统所受到的干扰源分为供电干扰、过程通道干扰、场干扰等，图6-11所示为干扰窜入系统的渠道。这些渠道可以分为两大类：一是传导性，通过各种线路传入控制器，包括供电干扰、强电干扰和接地干扰；二是辐射性，通过空间感应进入控制器，包括电磁干扰和静电干扰。我们可以把这些干扰看为供电干扰、过程通道干扰和场干扰。

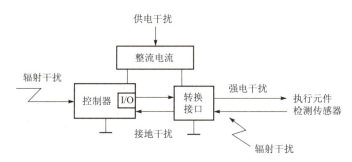

图6-11 干扰窜入系统的渠道示意图

1. 供电干扰

大功率设备（特别是大感性负载的启停）会造成电网的严重污染，使得电网电压大幅度地涨落、浪涌。大功率开关的通断，电动机的启停等原因，电网上常常出现很高的尖峰脉冲干扰。由于我国采用的高压高内阻电网，电网污染严重，尽管系统采用了稳压措施，但电网的噪声仍会通过整流电路串入微机系统。据统计，电源的投入、瞬时短路、欠压、过压、电网窜入的噪声引起CPU误动作及数据丢失占各种干扰的90%以上。

2. 过程通道干扰

过程通道干扰主要来源于长线传输。当系统中有电气设备漏电，接地系统不完善，或者传感器测量部件绝缘不好等，及各通道的传输线如果处于同根电缆或捆扎在一起，尤其是将信号线与交流电源线处于同一根管道时,产生的共模或差模电压都会影响系统,使系统无法工作。

3. 场干扰

系统周围的空间总存在着磁场、电磁场、静电场,如太阳及天体辐射;广播、电话、通信发射台的电磁波;周围中频设备发出的电磁辐射等。这些场干扰会通过电源或传输线影响各功能模块的正常工作,使其中的电平发生变化或产生脉冲干扰信号。

6.3.4 抗供电干扰的措施

提高抗干扰的措施最理想的方法是抑制干扰源,使其不向外产生干扰或将其干扰影响限制在允许的范围之内。由于车间现场干扰源的复杂性,要想对所有的干扰源都做到使其不向外产生干扰,几乎是不可能的,也是不现实的。另外,来自电网和外界环境的干扰,机电一体化产品用户环境的干扰源也是无法避免的。因此,在产品开发和应用中,除了对一些重要的干扰源,主要是对被直接控制对象上的一些干扰源进行抑制外,更多的则是在产品内设法抑制外来干扰的影响,以保证系统可靠地工作。

1. 配电系统的抗干扰

抑制供电干扰首先从配电系统上采取措施,可采用图 6-12 所示的配电方案。

图 6-12 系统配电方案

其次可采用分立式供电方案,就是将组成系统各模块分别用独立的变压、整流、滤波、稳压电路构成的直流电源供电,这样就减少了集中供电的危险性,而且也减少了公共阻抗以及公共电源的相互耦合,提高了供电的可靠性,也有利于电源散热。

另外,交流电的引入线应采用粗导线,直流输出线应采用双绞线,扭绞的螺距要小,并尽可能缩短配线长度。

2. 利用电源监视电路

在配电系统中实施抗干扰措施是必不可少的,但这些仍难抵御微秒级的干扰脉冲及瞬态掉电,特别是后者属于恶性干扰,可能产生严重的事故。因此应采取进一步的保护性措施,即使用电源监视电路。电源监视电路需具有监视电源电压瞬时短路、瞬间降压和微秒级干扰及掉电的功能;及时输出供 CPU 接受的复位信号及中断信号等功能。

3. 过程通道抗干扰措施

抑制过程通道上的干扰,主要措施有光电隔离、双绞线传输、阻抗匹配、电流传输以及合理布线等。

(1)光电隔离。利用光电耦合器的电流传输特性,在长线传输时可以将模块间两个光电耦合器件用连线"浮置"起来,这种方法不仅有效地消除了各电气功能模块间的电流流经公共线时所产生的噪声电压互相窜扰,而且有效地解决了长线驱动和阻抗匹配问题,如图 6-13 所示。

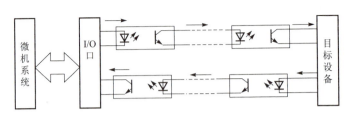

图 6-13 长线传输的光耦浮置处理

（2）双绞线传输。在长线传输中，双绞线是较常用的一种传输线，与同轴电缆相比，虽然频带较窄，但阻抗高，降低了共模干扰。由于双绞线构成的各个环路，改变了线间电磁感应的方向，使其相互抵消，因而对电磁场的干扰有一定的抑制效果。

（3）阻抗匹配。长线传输时，若收发两端的阻抗不匹配，则会产生信号反射，使信号失真，其危害程度与传输的频率及传输线长度有关。

（4）电流传输。长线传输时，用电流传输代替电压传输，可获得较好的抗干扰能力。

（5）合理布线。强信号线必须单独走线，强信号线与弱信号线应尽量避免平行走向。

4. 场干扰的抑制

防止场干扰的主要方法是良好的屏蔽和正确的接地。须注意以下问题。

（1）消除静电干扰最简单的方法是把感应体接地，接地时要防止形成接地环路。

（2）为了防止电磁场干扰，可采用带屏蔽层的信号线，并将屏蔽层单端接地。

（3）不要把导线的屏蔽层当做信号线或公用线来使用。

（4）在布线方面，不要在电源电路和检测、控制电路之间使用公用线，也不要在模拟电路和数字脉冲电路之间使用公用线，以免互相串扰。

6.3.5 软件抗干扰设计

各种形式的干扰最终会反映在系统的微机模块中，导致数据采集误差、控制状态失灵、存储数据篡改以及程序运行失常等后果，虽然在系统硬件上采取了上述多种抗干扰措施，但仍然不能保证微机系统正常工作。因为软件抗干扰是属于微机系统的自身防御行为，需实施软件抗干扰。

1. 软件滤波

用软件来识别有用信号和干扰信号，并滤除干扰信号的方法，称为软件滤波。识别信号的原则有三种。

（1）时间原则：如果掌握了有用信号和干扰信号在时间上出现的规律性，在程序设计上就可以在接收有用信号的时区打开输入口，而在可能出现干扰信号的时区封闭输入口，从而滤掉干扰信号。

（2）空间原则：在程序设计上为保证接收到的信号正确无误，可将从不同位置、用不同检测方法、经不同路线或不同输入口接收到的同一信号进行比较，根据既定逻辑关系来判断真伪，从而滤掉干扰信号。

（3）属性原则：有用信号往往是在一定幅值或频率范围的信号，当接收的信号远离该信号区时，软件可通过识别予以剔除。

2. 软件"陷阱"

从软件的运行来看，瞬时电磁干扰可能会使 CPU 偏离预定的程序指针，进入未使用的 RAM 区和 ROM 区，引起一些莫名其妙的现象，其中死循环和程序"飞掉"是常见的。为了有效地排除这种干扰故障，常用软件"陷阱法"。这种方法的基本指导思想是：把系统存储器（RAM 和 ROM）中没有使用的单元用某一种重新启动的代码指令填满，作为软件"陷阱"，以捕获"飞掉"的程序。一般当 CPU 执行该条指令时，程序就自动转到某一起始地址，而从这一起始地址开始，存放一段使程序重新恢复运行的热启动程序，该热启动程序扫描现场的各种状态，并根据这些状态判断程序应该转到系统程序的哪个入口，使系统重新投入正常运行。

3. 软件"看门狗"

"看门狗"（WATCHDOG）就是用硬件（或软件）的办法要求使用监控定时器定时检查某段程序或接口，当超过一定时间系统没有检查这段程序或接口时，可以认定系统运行出错（干扰发生），可通过软件进行系统复位或按事先预定方式运行。"看门狗"，是工业控制机普遍采用的一种软件抗干扰措施。当侵入的尖锋电磁干扰使计算机"飞程序"时，WATCHDOG 能够帮助系统自动恢复正常运行。

小结

1. 机电一体化系统传统的设计方法有机电互补法、机电结合法、机电组合法、反向设计法等常用设计方法。
2. 建立数学模型一般有两种方法。一种是计算分析法；另一种方法是实验法。
3. 机电一体化系统的干扰因素包括电磁干扰、温度干扰、湿度干扰、声波干扰和振动干扰等等，在众多干扰中，电磁干扰最为普遍。
4. 干扰的形成包括三个要素：干扰源、传播途径和接受载体。
5. 抑制过程通道上的干扰，主要措施有光电隔离、双绞线传输、阻抗匹配、电流传输以及合理布线等。
6. 防止场干扰的主要方法是良好的屏蔽和正确的接地。

思考与练习 6

6-1 机电一体化的设计方法有哪些？
6-2 在一些大型的工程中，应采用哪些设计方法？
6-3 机电一体化系统设计方法分别应用在哪些场合？举例说明。
6-4 机电一体化系统建模的方法有哪些？
6-5 如何确定机电一体化系统模型的参数？举例说明。
6-6 机电一体化系统中防止干扰的措施有哪些？

单元七

典型机电一体化系统之机器人技术

≫ A. 教学目标

1. 掌握机器人能力的评价标准
2. 掌握机器人常用传感器
3. 熟悉机器人的驱动与控制
4. 熟悉机器人的典型应用

≫ B. 引言

第一台机器人诞生至今经历了半个多世纪,目前全球工业机器人的装机量已超过百万台。近几年非制造业用机器人也发展迅速,并逐步向实用化发展。我国从19世纪70年代开始机器人的研究开发,此前,机器人的应用主要集中在汽车零部件生产应用中,另有一些在家电行业、烟草行业应用,以弧焊、涂胶、物流搬运等应用为主。随着物流、电子产品、铁路车辆、工程机械等行业为不断提高其产品的质量和工作效率,工业机器人的使用量也逐步加大。

7.1 机器人概述

机器人技术是综合了计算机、控制理论、机构学、信息和传感技术、人工智能等多学科而形成的高新技术,是目前国际研究的热点之一,其应用情况是衡量一个国家工业自动化水平高低的重要标志。目前联合国标准化组织采纳美国机器人协会给机器人下的定义是"一种可编程和多功能的,用来搬运材料、零件、工具的操作机;或是为了执行不同的任务而具有可改变和可编程动作的专门系统。"

机器人(Robot)实际上是自动执行工作的机器装置,可接受人类指挥,也可以执行预先编排的程序,根据以人工智能技术制定的原则纲领行动。机器人是取代或者协助人类进行工作的。

机器人能力的评价标准包括智能、机能和物理能。其中智能指感觉和感知,包括记忆、运算、比较、鉴别、判断、决策、学习和逻辑推理等;机能指变通性、通用性或空间占有性等;物理能指力、速度、连续运行能力、可靠性、联用性、寿命等。因此,可以说机器人是具有生物功能的空间三维坐标机器。

7.1.1 机器人的发展

机器人是从初级到高级逐步发展完善起来的，迄今为止的机器人发展过程可划分为四代。

1. 第一代：工业机器人

它只能以"示教——再现"方式工作（即人手把着机械手，把应当完成的任务做一遍，或者人用"示教控制盒"发出指令，让机器人的机械手臂运动，一步步完成它应当完成的各个动作）。其控制方式比较简单，应用在线编程，即通过示教存储信息，工作时读出这些信息，向执行机构发出指令，执行机构按指令再现示教的操作。主要由夹持器、手臂、驱动器和控制器组成。目前商品化、实用化的机器人大多还属于第一代。

2. 第二代：感觉机器人

它的主要标志是自身配备有相应的感觉传感器，并采用计算机对之进行控制，也称"自适应机器人"。它开始进入实用时期，主要从事焊接、装配、搬运等作业。

3. 第三代：智能机器人

又称"管理控制型自律机器人"。它是人工智能的综合成果，它应具备以下三方面的能力。

（1）感知环境的能力：这种机器人具有形形色色的感觉传感器：视觉、听觉、触觉、嗅觉。通过这些传感器，能识别周围环境。

（2）作用于周围环境的能力：使机器人的手、脚等各种肢体行动起来，以执行某种任务。第三代要求更完善、敏捷灵巧。

（3）思考的能力：在智能机器人中，相当发达的"大脑"是主要的，通过思考，把感知和行动联系起来，进行合乎目的的动作。

4. 第四代：仿人机器人

目前还没人能够回答清楚第四代机器人究竟是什么样的，谁也不能完全说出它的形象。现在机器人技术正以惊人的速度向前发展，人们会根据这种形式提出明确的认识。第四代机器人应具有以下特点。

（1）能表现自身需求和意愿。

（2）让机器人有一定的意志或感情。

（3）机器人能成为人类的"朋友"。

总之，机器人的发展正在由重复进行简单的动作向高级动作方面发展。例如能够通过判断周围情况决定自己应该如何进行动作，以及通过简单学习来修正自己动作。

7.1.2 机器人的作用

随着机器人技术的不断发展，目前多种场合都可以见到机器人的应用。其作用主要为以下几方面。

（1）节省劳动力：这是机器人的最主要功能。

（2）进行极限作业：在工厂的喷漆和铸造等的恶劣环境中；在精炼车间、冷藏室、核电站、宇宙空间、海底等人类难以进入的场合；在农药喷洒、不停电电力检修及大厦墙面的清洗和检查等。

（3）用于医疗、福利：机器人协助手术，辅助步行，饮食等的搬送工作，安全运行的智能轮椅，盲人引导，假肢等。

（4）与人协调作业：在重物场合，用机器人支承质量，由人工进行仔细定位。协助老年人和残疾人进行体力劳动及手的准确动作等。

（5）制作宠物：向着亮光移动的机器人，像小狗一样动作的宠物机器人等。

（6）其他方面：用于教育、研究以及办公和家庭服务等。

7.1.3 机器人的发展趋势

目前国际机器人界加大科研力度，着重进行机器人共性技术的研究，并朝着智能化和多样化方向发展，其现状及发展趋势主要体现在以下几个方面。

1. 机器人控制技术

现已实现了机器人的全数字化控制，控制能力可达 21 轴的协调运动控制；目前重点研究开放式、模块化控制系统，人机界面更加友好，具有良好的语言及图形编辑界面。同时机器人控制器的标准化和网络化以及基于 PC 机网络式控制器已成为研究热点。编程技术除进一步提高在线编程的可操作性之外，离线编程的实用化将成为重点研究内容。

2. 机器人操作机构的优化设计技术

现已开发出多种类型机器人机构，运动自由度从 3 自由度到 7 或 8 自由度不等，其结构有串联、并联及垂直关节和平面关节多种。目前研究重点是机器人新的结构、功能及可实现性，其目的是使机器功能更强、柔性更大、满足不同目的的需求。另外研究机器人一些新的设计方法，探索新的高强度轻质材料，进一步提高负载/自重比。同时机器人机构向着模块化、可重构方向发展。

3. 多传感系统

为进一步提高机器人智能和适应性，多种传感器的使用是其解决问题的关键。其研究热点在于有效可行的多传感器融合算法以及传感系统的实用化。

4. 数字伺服驱动技术

机器人已实现全数字交流伺服驱动控制与绝对位置反馈。目前正研究利用计算机技术，探索高效的控制驱动算法，提高系统响应速度和控制精度；同时利用现场总线（FIELDBUS）技术，实现分布式控制。

5. 机器人应用技术

机器人应用技术主要包括机器人工作环境的优化设计和智能作业。优化设计主要利用各种先进的计算机手段，实现设计的动态分析和仿真，提高设计效率和优化。智能作业则是利用传感器技术和控制方法，实现机器人作业的高度柔性和对环境的适应性，同时降低操作人员参与的复杂性。目前，机器人的作业主要靠人的参与实现示教，缺乏自我学习和自我完善的能力。这方面的研究工作刚刚开始。

6. 机器人网络化技术

网络化使机器人由独立的系统向群体系统发展，使远距离操作监控、维护及遥控脑型工厂成为可能，这是机器人技术发展的一个里程碑。目前，机器人仅仅实现了简单的网络通信和控制，网络化机器人是目前机器人研究中的热点之一。

7. 机器人微型化和智能化

机器人结构越来越灵巧，控制系统越来越小，其智能也越来越高，并朝着一体化方向发展。微小型机器人技术的研究主要集中在控制系统结构、运动方式、控制方法、传感技术、通信技术以及行走技术等方面。

8. 软机器人技术

传统机器人设计未考虑与人紧密共处，其结构材料多为金属或硬性材料，软机器人技术要求其结构、控制方式与所用传感系统在机器人意外与人碰撞时是安全的，机器人对人是友好的。主要用于医疗、护理、休闲和娱乐场合。

9. 仿人和仿生技术

这是机器人技术发展的最高境界，目前仅在某些方面进行一些基础研究。

7.2 机器人传感器

随着机器人应用范围的扩大，要求它对变化的环境要具有更强的适应能力，能进行更精确的定位和控制，根据感知的信息改进计算机控制，利用感知信息机器人则可做到随机安置物体的位置、允许改变物体的形状、防止发生意外事故、在错误条件下有智能功能以及控制生产质量。传感器是机器人感知、获取信息的必备工具，能够改善机器人工作状况，使其能够更充分地完成复杂的工作，因而对机器人传感器有更大的需求和更高的要求。本节对机器人传感器作一简要说明。

7.2.1 机器人传感器的分类

目前，一般将机器人传感器分为外部传感器和内部传感器。另外，根据传感器感觉类型可将其分为视觉、听觉、触觉、嗅觉、味觉传感器等。

1. 机器人用内部传感器

机器人自身状态信息的获取通过其内部传感器获取，并为机器人控制反馈信息。所谓内部传感器就是实现测量机器人自身状态功能的元件，具体检测的对象有关节的线位移、角位移等几何量，速度、角速度、加速度等运动量，还有倾斜角、方位角、振动等物理量，对各种传感器要求精度高、响应速度快、测量范围宽。内部传感器中，位置传感器和速度传感器尤为重要，是当今机器人反馈控制中不可缺少的元件。

（1）规定位置、规定角度的检测。检测预先规定的位置或角度，可以用 ON/OFF 两个状态值，这种方法用于检测机器人的起始原点（零位）、极限位置或确定位置。零位的检测精度直接影响工业机器人的重复定位精度和轨迹精度，极限位置的检测则起保护机器人和安全动作的作用。该类传感器常用的有以下几种。

① 接触式微型开关。规定的位移或力作用到微型开关的可动部分（称为执行器）时，开关的电气触点断开或接通。限位开关通常装在盒里，以防外力的作用和水、油、尘埃的侵蚀。

② 非接触式光电开关。光电开关是由 LED 光源和光敏二极管或光敏晶体管等光敏元件组成，相隔一定距离而构成的透光式开关。当光由基准位置的遮光片通过光源和光敏元件的缝隙时，光射不到光敏元件上，而起到开关的作用。

通常在机器人的每个关节上各安装一种接触式或非接触式传感器及与其对应的死挡块。在接近极限位置时，传感器先产生限位停止信号，如果限位停止信号发出之后还未停止，由死挡块强制停止。当无法确定机器人某关节的零位时，可采用位移传感器的输出信号确定。

（2）位置、角度测量。测量机器人关节线位移和角位移的传感器是机器人位置反馈控制中必不可少的元件。该类传感器常用的有以下几种。

① 电位器。电位器可作为直线位移和角位移检测元件。电位器式传感器结构简单、性能稳定、使用方便，但分辨率不高，且当电刷和电阻之间接触面磨损或有尘埃附着时会产生噪声。

② 旋转变压器。旋转变压器由铁芯、两个定子线圈和两个转子线圈组成，是测量旋转角度的传感器。

③ 编码器。编码器输出表示位移增量的编码器脉冲信号，并带有符号。根据检测原理，编码器可分为光学式、磁式、感应式和电容式。根据其刻度方法及信号输出形式，分为增量式编码器和绝对式编码器。作为机器人位移传感器，光电编码器应用最为广泛。磁编码器在强磁性材料表面上记录等间隔的磁化刻度标尺，标尺旁边相对放置磁阻效应元件或霍尔元件，即能检测出磁通的变化。与光电编码器相比，磁编码器的刻度间隔大，但它具有耐油污、抗冲击等特点。未来磁编码器和高分辨率的光电编码器将更多地用作机器人的内传感器。

这类传感器一般都安装在机器人各关节上，选用时应考虑到安装传感器结构的可行性以及传感器本身的精度、分辨率及灵敏度等。

（3）速度、角速度测量。速度、角速度测量是驱动器反馈控制中必不可少的环节，实现机器人各关节的速度闭环控制最通用的速度、角速度传感器是测速发电机、比率发电机。有时也利用测位移传感器测量速度及检测单位采样时间位移量，然后用 F/V（频率电压）转换器变成模拟电压，但这种方法有其局限性，在低速时，存在着不稳定的危险；而高速时，只能获得较低的测量精度。

一般在用直流、交流伺服电动机作为机器人驱动元件时，采用测速发电机作为速度检测器，它与电动机同轴，电动机转速不同时，输出的电压值也不同，将其电压值输入到速度控制闭环反馈回路中，以提高电动机的动态性能。

（4）加速度测量。随着机器人的高速比、高精度化，为了解决由机械运动部分刚性不足所引起的振动，在机器人的运动手臂等位置需安装加速度传感器，测量振动加速度，并把它反馈到驱动器上。加速度传感器分为以下几种。

① 应变片加速度传感器。应变片加速度传感器是由一个板簧支承重锤所构成的振动系统。在板簧两面分别贴两个应变片，应变片受振动产生应变，其电阻值的变化通过电桥电路的输出电压被检测出来。

② 伺服加速度传感器。伺服加速度传感器中振动系统重锤位移变换成成正比的电流，把电流反馈到恒定磁场中的线圈，使重锤返回到原来的零位移状态。

③ 压电感应加速度传感器。压电感应加速度传感器是利用具有压电效应的物质，将加速度转换为电压。

（5）其他内部传感器。除以上介绍的常用内部传感器外，还有一些根据机器人不同要求而安装的不同功能的内部传感器，如用于倾斜角测量的液体式倾斜角传感器、电解液式倾斜角传感器、垂直振子式倾斜角传感器，用于方位角测量的陀螺仪和地磁传感器。

2. 机器人用外部传感器

机器人对操作对象与外部环境的认识通过外部传感器得到。外部传感器是机器人为了检测作业对象及环境或机器人与它们的关系，在机器人上安装的触觉传感器、视觉传感器、力觉传感器、接近觉传感器、超声波传感器和听觉传感器等，它们大大改善了机器人工作状况，使其能够更充分地完成复杂的工作。

外部传感器按功能分类有以下几种。

（1）触觉传感器。触觉是接触、冲击、压迫等机械刺激感觉的综合，触觉可以用来进行机器人抓取，利用触觉可进一步感知物体的形状、软硬等物理性质。对机器人触觉的研究，只能集中于扩展机器人能力所必需的触觉功能，一般把检测感知和外部直接接触而产生的接触觉、压力、触觉及接近觉的传感器称为机器人触觉传感器。

① 接触觉。接触觉是通过与对象物体彼此接触而产生的，所以最好使用手指表面高密度分布触觉传感器阵列，它柔软易于变形，可增大接触面积，并且有一定的强度，便于抓握。接触觉传感器可检测机器人是否接触目标或环境，用于寻找物体或感知碰撞。

接触觉传感器根据检测原理，可以分为：a. 机械式传感器：利用触点的接触断开获取信息，通常采用微动开关来识别物体的二维轮廓。b. 弹性式传感器：这类传感器都由弹性元件、导电触点和绝缘体构成。如采用导电性石墨化碳纤维、氨基甲酸乙酯泡沫、印制电路板和金属触点构成的传感器，碳纤维被压后与金属触点接触，开关导通。也可由弹性海绵、导电橡胶和金属触点构成，导电橡胶受压后，海绵变形，导电橡胶和金属触点接触，开关导通。也可由金属和铰青铜构成，被绝缘体覆盖的青铜箔片被压后与金属接触，触点闭合。c. 光纤传感器：这种传感器包括由一束光纤构成的光缆和一个可变形的反射表面。光通过光纤束投射到可变形的反射材料上，反射光按相反方向通过光纤束返回。如果反射表面是平的，则通过每条光纤所返回的光的强度是相同的。如果反射表面因与物体接触受力而变形，则反射的光强度不同。用高速光扫描技术进行处理，即可得到反射表面的受力情况。

② 接近觉。接近觉是一种粗略的距离感觉，接近觉传感器的主要作用是在接触对象之前获得必要的信息，用来探测在一定距离范围内是否有物体接近、物体的接近距离和对象的表面形状及倾斜等状态，一般用"1"和"0"两种状态表示。在机器人中，主要用于对物体的抓取和躲避。接近觉一般用非接触式测量元件，如霍尔效应传感器、电磁式接近开关和光学接近传感器。

③ 滑觉。机器人在抓取不知属性的物体时，其自身应能确定最佳握紧力的给定值。当握紧力不够时，要检测被握紧物体的滑动，利用该检测信号，在不损害物体的前提下，考虑最可靠的夹持方法，实现此功能的传感器称为滑觉传感器。滑觉传感器有滚动式和球式，还

有一种通过振动检测滑觉的传感器。物体在传感器表面上滑动时，和滚轮或环相接触，把滑动变成转动。磁力式滑觉传感器中，滑动物体引起滚轮滚动，用磁铁和静止的磁头，或用光传感器进行检测，这种传感器只能检测到一个方向的滑动。球式传感器用球代替滚轮，可以检测各个方向的滑动，振动式滑觉传感器表面伸出的触针能和物体接触，物体滚动时，触针与物体接触而产生振动，这个振动由压点传感器或磁场线圈结构的微小位移计检测。

（2）力觉传感器。力觉是指对机器人的指、肢和关节等运动中所受力的感知，主要包括腕力觉、关节力觉和支座力觉等，根据被测对象的负载，可以把力传感器分为测力传感器（单轴力传感器）、力矩表（单轴力矩传感器）、手指传感器（检测机器人手指作用力的超小型单轴力传感器）和六轴力觉传感器。

力觉传感器根据力的检测方式不同，可以分为：a. 检测应变或应力的应变片式。b. 利用压电效应的压电元件式。c. 用位移计测量负载产生位移的差动变压器、电容位移计式，其中应变片式被机器人广泛采用。在选用力传感器时，首先要特别注意额定值，其次在机器人通常的力控制中，力的精度意义不大，重要的是分辨率。另外，在机器人上实际安装使用力觉传感器时，一定要事先检查操作区域，清除障碍物。这对实验者的人身安全、对保证机器人及外围设备不受损害有重要意义。

（3）距离传感器。距离传感器可用于机器人导航和回避障碍物，也可用于机器人空间内的物体进行定位及确定其一般形状特征。目前最常用的测距法有两种。

① 超声波测距法。超声波是频率 20 kHz 以上的机械振动波，利用发射脉冲和接收脉冲的时间间隔推算出距离。超声波测距法的缺点是波束较宽，其分辨力受到严重的限制，因此，主要用于导航和回避障碍物。

② 激光测距法。激光测距法也可以利用回波法，或者利用激光测距仪。将氦氖激光器固定在基线上，在基线的一端由反射镜将激光点射向被测物体，反射镜固定在电动机轴上，电动机连续旋转，使激光点稳定地对被测目标扫描。由 CCD（电荷耦合器件）摄像机接受反射光，采用图像处理的方法检测出激光点图像，并根据位置坐标及摄像机光学特点计算出激光反射角。利用三角测距原理即可算出反射点的位置。

（4）其他外部传感器。除以上介绍的机器人外部传感器外，还可根据机器人特殊用途安装听觉传感器、味觉传感器及电磁波传感器，而这些机器人主要用于科学研究、海洋资源探测或食品分析、救火等特殊用途。

系统中使用的传感器种类和数量越来越多，每种传感器都有一定的使用条件和感知范围，并且又能给出环境或对象的部分或整个侧面的信息，为了有效地利用这些传感器信息，需要采用某种形式对传感器信息进行综合、融合处理，不同类型信息的多种形式的处理系统就是传感器融合。传感器的融合技术涉及神经网络、知识工程、模糊理论等信息、检测、控制领域的新理论和新方法。目前，要使多传感器信息融合体系化尚有困难，而且缺乏理论依据，多传感器信息融合的理想目标应是人类的感觉、识别、控制体系，相信随着机器人智能水平的提高，多传感器信息融合理论和技术将会逐步完善和系统化。

7.2.2　外部信息传感器在电弧焊工业机器人中的应用

机械手是工业机器人中应用最广泛的一种，不仅常用于自动化流水线，在航天、军事等

单元七 典型机电一体化系统之机器人技术

领域也发挥着重要作用。下面通过一个电弧焊工业机械手,对外部信息传感器在工业机器人中的具体使用做以详细说明。

图 7-1 是工业机器人用外部传感器在电弧焊工业机械手中的应用。在垂直于坡口槽面的上方安装一窄缝光发射器,在斜上方用视觉传感器摄取坡口的 V 字形图像,该 V 字形图像的下端就是坡口的对接部位,求出其位置就可控制机器人焊枪沿着坡口对接部位移动,进行焊接。这种方法最重要的两点是:不易被污染、可靠性好的视觉传感器与消除噪声图像的快速获取。

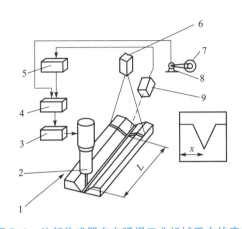

图 7-1 外部传感器在电弧焊工业机械手中的应用

1—焊接方向;2—焊枪;3—伺服机构;4—图像处理器;5—前处理器;
6—激光束发射器;7—驱动轮;8—回转编码器;9—视觉传感器

图 7-2 是采用磁性接近觉传感器跟踪坡口槽的方法。在坡口槽上方用 4 个接近觉传感器获取坡口槽位置信息,通过计算机处理后实时控制机器人焊枪跟踪坡口槽进行焊接。

触觉传感器无论装设在机器人本体(腕、手爪)或是安装在机器人的操作台上,都必须通过硬件和软件与机器人有效结合,形成协调的工作系统。利用触觉传感器的例子最多的是通过触觉确认对象物的位置,从而修正手爪的位置以便能准确地抓住对象物。操作器在抓取对象物时,重要的是手爪同对象物的位置关系。

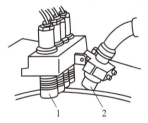

图 7-2 采用磁性接近觉传感器跟踪坡口槽的方法

1—磁性传感器;2—焊枪

如图 7-3 所示,对象物同手爪的左侧接触时,应该进行手爪的修正动作。即当构成触觉的各传感器的输出满足下式 $(L_1 \cup L_2) \cap (\overline{R_1} \cup \overline{R_2}) = 1$ 时,向图 7-3(a)的箭头 R_1 方向移动单位量,使之被校正到图 7-3(b)。当手爪如图 7-4 所示抓取对象物时,应该校正手爪的姿态,在图 7-4(a)场合,式 $L_{2U} \cap \overline{L_{2D}} \cap \overline{R_{2U}} \cap R_{2D} = 1$ 成立时,按照图 7-4(a)的箭头 R_2 方向校正姿态,使对象物和手爪如图 7-4(b)所示保持平行关系。由这种状态转到抓握动作,手爪就能准确地抓住对象物。

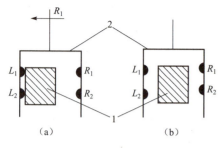

图 7-3 手爪的位置修正
1—对象物；2—手爪

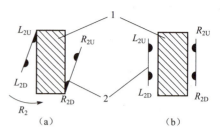

图 7-4 手爪的姿势校正
1—对象物；2—手爪

7.3 机器人的驱动与控制

机器人的正常动作需要控制系统与驱动机构的协调。其控制方法有位置控制、轨迹控制、力控制、力矩控制、柔顺控制、自适应控制、模糊控制等智能控制，其中有些方法已比较熟悉。随着机器人的发展，控制方法和手段日益先进，但成本较高，并有待进一步开发与完善。机器人常用的驱动方式主要有液压驱动、气压驱动和电气驱动三种基本类型。随着机器人作用日益复杂化，以及对作业高速度的要求，电气驱动机器人所占比例越来越大。但在需要作用力很大的应用场合，或运动精度不高等场合，液压、气压驱动仍广泛应用。本节主要介绍机器人驱动与控制系统。

7.3.1 机器人控制系统

控制系统是机器人的重要组成部分，它是机器人动作的控制核心，从仿生学角度，它的作用和人的大脑相似，对机器人的各部分进行协调控制。

1. 机器人控制系统的构成

机器人控制系统是一种分级结构系统，它包括以下三级。

（1）作业控制器。根据示教操作，记忆每步动作的顺序、程序步进条件、动作的位置、速度和轨迹等，发出相应的作业指示，同时，随着作业的进行，对生产系统中周边设备输送的外部信息进行处理。

（2）运动控制器。接受作业控制器发来的程序指令，对应所要求的连续运动轨迹，将程序的作业指令变换为各运动轴的动作指令，发送给下一级的驱动控制器，控制各轴的运动。

（3）驱动控制器。在驱动系统的回路中，每一个自由度的运动部件都设置有一个驱动控制器。现代工业机器人的伺服驱动控制器分为模拟伺服控制和数字伺服控制两种类型，此外还有一种非伺服型的开环控制（用步进电动机作驱动元件）。早期的机器人多是模拟控制，调整复杂、稳定性差。现今的机器人逐渐采用数字控制。误差小、精度高、抗干扰能力强。开环控制的精度差、功率小，但成本较低。

2. 机器人的计算机控制

机器人控制器的选择由机器人所执行的任务决定。中级技术水平以上的机器人大多采用计算机控制，要求控制器有效且灵活，能够处理工作任务和传感信息。下面介绍计算机控制特点。

（1）采用计算机便于编制程序，简化示教操作，可提高示教和编程的自动化程度。例如，示教时，对于一个圆轨迹的示教，只需示教交叉直径的四个端点，就可由计算机进行示教点间的轨迹运算，无须进行全轨迹示教。

（2）由于计算机的存储容量较大，运算速度快，因此可使机器人平滑地跟踪复杂的运动轨迹，提高机器人的作业灵活性和通用性。

（3）应用计算机的机器人具有故障诊断功能，可在屏幕上指示有故障的部分和提示排除它的方法。还可显示误操作及工作区内有无障碍物等工况，提高了机器人的可靠性和安全性。

（4）可实现机器人的群控，使多台机器人在同一时间进行相同作业，也可使多台机器人在同一时间各自独立进行不同的作业。

（5）在现代化的计算机集成制造系统（CIMS）中，机器人是必不可少的设备，但只有计算机控制的工业机器人才便于与 CIMS 联网，使其充分发挥柔性自动化设备的特性。

7.3.2 电动驱动系统

机器人电动伺服驱动系统是利用各种电动机产生的力矩和力，直接或间接地驱动机器人本体以获得机器人的各种运动的执行机构。

对工业机器人关节驱动的电动机，要求有最大功率质量比和扭矩惯量比、高启动转矩、低惯量和较宽广且平滑的调速范围。特别是像机器人末端执行器（手爪）应采用体积、质量尽可能小的电动机，尤其是要求快速响应时，伺服电动机必须具有较高的可靠性和稳定性，并且具有较大的短时过载能力。这是伺服电动机在工业机器人中应用的先决条件。

机器人对关节驱动电动机的要求如下。

（1）快速性。电动机从获得指令信号到完成指令所要求工作状态的时间应短。响应指令信号的时间越短，电伺服系统的灵敏性越高，快速响应性能越好。

（2）启动转矩惯量比大。在驱动负载的情况下，要求机器人的伺服电动机启动转矩大，转动惯量小。

（3）控制特性的连续性和直线性，随着控制信号的变化，电动机的转速能连续变化，有时还需转速与控制信号成正比或近似成正比。

（4）调速范围宽。能使用于 1∶1 000~10 000 的调速范围。

（5）体积小、质量小、轴向尺寸短。

（6）能经受起苛刻的运行条件，可进行十分频繁的正反向和加减速运行，并能在短时间内承受过载。

目前，由于高启动转矩、大转矩、低惯量的交、直流伺服电动机在工业机器人中得到广泛应用，一般负载 1 000 N 以下的工业机器人大多采用电伺服驱动系统。所采用的关节驱动电动机主要是 AC 伺服电动机、步进电动机和 DC 伺服电动机。其中，交流伺服电动机、直

流伺服电动机、直接驱动电动机（DD）均采用位置闭环控制，一般应用于高精度、高速度的机器人驱动系统中。步进电动机驱动系统多适用于对精度、速度要求不高的小型简易机器人开环系统中。交流伺服电动机由于采用电子换向，无换向火花，在易燃易爆环境中得到了广泛的使用。机器人关节驱动电动机的功率范围一般为 0.1~10 kW。工业机器人驱动系统中所采用的电动机，大致可细分为以下几种。

（1）交流伺服电动机。包括同步型交流伺服电动机及反应式步进电动机等。

（2）直流伺服电动机。包括小惯量永磁直流伺服电动机、印制绕组直流伺服电动机、大惯量永磁直流伺服电动机、空心杯电枢直流伺服电动机。

（3）步进电动机。包括永磁感应步进电动机。

速度传感器多采用测速发电机和旋转变压器；位置传感器多用光电码盘和旋转变压器。近年来，国外机器人制造厂家已经在使用一种集光电码盘及旋转变压器功能为一体的混合式光电位置传感器，伺服电动机可与位置及速度检测器、制动器、减速机构组成伺服电动机驱动单元。

机器人驱动系统要求传动系统间隙小、刚度大、输出扭矩高以及减速比大，常用的减速机构有 RV 减速机构、谐波减速机械、摆线针轮减速机构、行星齿轮减速机械、无侧隙减速机构、蜗轮减速机构、滚珠丝杠机构、金属带/齿形减速机构等。

工业机器人电动机驱动原理如图 7-5 所示。

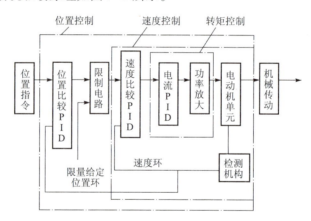

图 7-5 工业机器人电动机驱动原理图

工业机器人电动伺服系统的一般结构为三个闭环控制，即电流环、速度环和位置环。

目前国外许多电动机生产厂家均开发出与交流伺服电动机相适配的驱动产品，用户根据自己所需功能侧重不同而选择不同的伺服控制方式。一般情况下，交流伺服驱动器可通过对其内部功能参数进行设定实现以下功能：位置控制方式、速度控制方式、转矩控制方式、位置、速度混合方式、位置、转矩混合方式、速度、转矩混合方式、转矩限制、位置偏差过大报警、速度 PID 参数设置、速度及加速度前馈参数设置、零漂补偿参数设置、加减速时间设置等。

1. 直流伺服电动机驱动器

直流伺服电动机驱动器多采用脉宽调制（PWM）伺服驱动器，通过改变脉冲宽度来改变加在电动机电枢两端的平均电压，从而改变电动机的转速。

PWM 伺服驱动器具有调速范围宽、低速特性好、响应快、效率高、过载能力强等特点，在工业机器人中常作为直流伺服电动机驱动器。

2. 同步式交流伺服电动机驱动器

同直流伺服电动机驱动系统相比，同步式交流伺服电动机驱动器具有转矩转动惯量比高、无电刷及换向火花等优点，在工业机器人中得到广泛应用。

同步式交流伺服电动机驱动器通常采用电流型脉宽调制（PWM）相逆变器和具有电流环为内环、速度环为外环的多闭环控制系统，以实现对三相永磁同步伺服电动机的电流控制。根据其工作原理、驱动电流波形和控制方式的不同，它又可分为两种伺服系统。

（1）矩形波电流驱动的永磁交流伺服系统。
（2）正弦波电流驱动的永磁交流伺服系统。

采用矩形波电流驱动的永磁交流伺服电动机称为无刷直流伺服电动机，采用正弦波电流驱动的永磁交流伺服电动机称为无刷交流伺服电动机。

3. 步进电动机驱动器

步进电动机是将电脉冲信号变换为相应的角位移或直线位移的元件，它的角位移和线位移量与脉冲数成正比。转速或线速度与脉冲频率成正比。在负载能力的范围内，这些关系不因电源电压、负载大小、环境条件的波动而变化，误差不长期积累，步进电动机驱动系统可以在较宽的范围内，通过改变脉冲频率来调速，实现快速启动、正反转制动。作为一种开环数字控制系统，在小型机器人中得到较广泛的应用。但由于其存在过载能力差、调速范围相对较小、低速运动有脉动、不平衡等缺点，一般只应用于小型或简易型机器人中。

步进电动机所用的驱动器，主要包括脉冲发生器、环形分配器和功率放大等几大部分，其原理框图如图 7-6 所示。

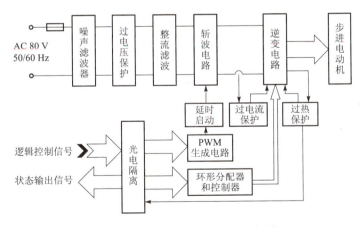

图 7-6 步进电动机驱动器原理框图

4. 直接驱动

所谓直接驱动（DD）系统，就是电动机与其所驱动的负载直接耦合在一起，中间不存在任何减速机构。

与传统的电动机伺服驱动相比，DD 驱动减少了减速机构，从而减少了系统传动过程中减速机构所产生的间隙和松动，极大地提高了机器人的精度，同时也减少了由于减速机构的摩擦及传送转矩脉动所造成的机器人控制精度降低。而 DD 驱动由于具有上述优点，所以机械刚性好，可以高速高精度动作，且具有部件少、结构简单、容易维修、可靠性高等特点，在高精度、高速工业机器人应用中越来越引起人们的重视。

作为 DD 驱动技术的关键环节是 DD 电动机及其驱动器。它应具有以下特性。

（1）输出转矩大：为传统驱动方式中伺服电动机输出转矩的 50~100 倍。

（2）转矩脉动小：DD 电动机的转矩脉动可抑制在输出转矩的 5%~10% 以内。

（3）效率：与采用合理阻抗匹配的电动机（传统驱动方式下）相比，DD 电动机是在功率转换较差的使用条件下工作的。因此，负载越大，越倾向于选用较大的电动机。

目前，DD 电动机主要分为变磁阻型和变磁阻混合型，有以下两种结构型式。

（1）双定子结构变磁阻型 DD 电动机。

（2）中央定子型结构的变磁阻混合型 DD 电动机。

5. 特种驱动器

（1）压电驱动器。众所周知，利用压电元件的电或电致伸缩现象已制造出应变式加速度传感器和超声波传感器，压电驱动器利用电场能把几微米到几百微米的位移控制在高于微米级大的力，所以压电驱动器一般用于特殊用途的微型机器人系统中。

（2）超声波电动机。

（3）真空电动机，用于超洁净环境下工作的真空机器人，例如用于搬运半导体硅片的超真空机器人等。

机器人的驱动还有采用液压和气压方式进行的。一般而言，液压传动机器人有很大的抓取能力，抓取力可高达上千牛，液压力可达 7 MPa，液压传动平稳，动作灵敏，但对密封性要求高，不宜在高或低温的场合工作，需要配备一套液压系统。气压传动机器人结构简单，动作迅速，价格低廉，由于空气可压缩，所以工作速度稳定性差，气压一般为 0.7 MPa，抓取力小，只有几十牛。

7.4 机器人的典型应用

机器人及其技术是机电一体化产品的典型代表。机器人可以在危险、肮脏条件下工作，可以把人从繁重的体力劳动中解放出来，可以代替人去做单调重复性的工作。本节主要以工业机械手和足球机器人为例介绍机器人的典型应用。

7.4.1 工业机械手

工业机械手也被称为自动手（auto hand），能模仿人手和臂的某些动作功能，用以按固定程序抓取、搬运物件或操作工具的自动操作装置。它可代替人的繁重劳动以实现生产的机械化和自动化，能在有害环境下操作以保护人身安全，因而广泛应用于机械制造、冶金、电子、轻工和原子能等部门。

机械手主要由手部和运动机构组成。手部是用来抓持工件（或工具）的部件，根据被抓持物件的形状、尺寸、质量、材料和作业要求而有多种结构形式，如夹持型、托持型和吸附型等。运动机构，使手部完成各种转动（摆动）、移动或复合运动来实现规定的动作，改变被抓持物件的位置和姿势。运动机构的升降、伸缩、旋转等独立运动方式，称为机械手的自由度。为了抓取空间中任意位置和方位的物体，需有6个自由度。自由度是机械手设计的关键参数。自由度越多，机械手的灵活性越大，通用性越广，其结构也越复杂。一般专用机械手有2~3个自由度。

机械手的种类：按驱动方式可分为液压式、气动式、电动式、机械式机械手；按适用范围可分为专用机械手和通用机械手两种；按运动轨迹控制方式可分为点位控制和连续轨迹控制机械手等。

7.4.2 足球机器人

足球机器人的研究涉及非常广泛的领域，包括机械电子学、机器人学、传感器信息融合、智能控制、通信、计算机视觉、计算机图形学、人工智能等，吸引了世界各国的广大科学研究人员和工程技术人员的积极参与。它不仅可以进行信息技术普及、高尚娱乐，而且是一个"高技术战场"，对多智能系统及其相关技术的研究与发展将起到很大的推动作用。

1. 足球机器人系统结构

足球机器人融小车机械、机器人学、单片机、数据融合、精密仪器、实时数字信号处理、图像处理与图像识别、知识工程与专家系统、决策、轨迹规划、自组织与自学习理论、多智能体协调以及无线通信等理论和技术于一体，是光机电一体化技术产品的典型实例之一，同时又是一个典型的智能机器人系统，为研究发展多智能体系统、多机器人之间的合作与对抗提供了生动的研究模型。

足球机器人系统在硬件设备方面包括机器人小车、摄像装置、计算机主机和无线发射装置；从功能上分，它包括机器人小车、视觉、决策和无线通信4个子系统。

首先，由视觉系统识别小车的位置和角度信息并进行处理；其次，根据视觉信息，由决策系统决定小车的运动规划，然后由通信系统负责将控制信息传递给机器人小车；最后，由机器人小车依据控制信息进行比赛。足球机器人系统结构图如图7-7所示。

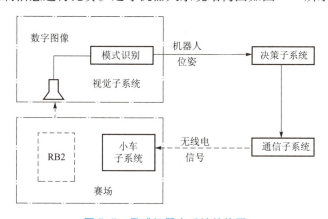

图7-7 足球机器人系统结构图

（1）足球机器人小车。小车子系统在整个足球机器人系统中相当于执行机构，系统的战术意图最终通过小车实现，所以它的运动性能对整个系统起着举足轻重的作用。足球机器人小车的结构一般包括动力驱动部分、通信接收部分、CPU板及传感器部分。通常采用两个电动机驱动，大部分为轮式结构，也有的采用履带结构。

① 驱动部分。机器人小车一般采用两个电动机分别驱动两个轮子，为了获得好的运动特性，有的采用 3 个轮子，称为全方位机器人，增加了灵活性，但同时也增加了控制难度，电动机选择要考虑力矩、转速和能量消耗等因素，并选择合适的电动机控制芯片，步进电动机控制简单，不用反馈回路，但直流更常见，经过减速器可得到较高的力矩。

② CPU 板。CPU 板是为了实现机器人的高智能以及高性能，但受到机器人尺寸的限制，选择一个在功能、尺寸、能量消耗等方面适合的 CPU 非常重要。

③ 传感器。机器人小车一般使用红外传感器，一个发射器对应一个接收器，以一定频率发射，接收时加以滤波，根据信号的强弱判断物体的位置，也可以采用光电传感器。根据机器人的智能程度不同，所需收集的信息不同，传感器的使用也有所不同，使用红外传感器的是障碍回避，而且为把障碍和球区分开，传感器应放在合适的高度，这都是为了实现机器人小车的基本功能。

（2）视觉系统。由摄像头、图像卡等硬件设备和图像处理软件组成。它是机器人的眼睛。由于双方各有自己不同颜色的队标（黄、蓝色之一），可以将颜色标签贴于机器人的顶部，颜色标签包括机器人颜色标识和队颜色标识。视觉系统要完成捕获图像和计算位置的功能。通过颜色分割辨识出全部机器人与球的坐标位置与朝向，也就是进行模式识别。

（3）决策系统。安装在主机中的决策子系统根据视觉系统给出的数据，应用专家系统技术，判断场上攻守态势，分配本方机器人攻守任务，决定各机器人的运动轨迹，然后形成各小车左右轮轮速的命令值。

（4）通信系统。足球机器人系统通常采用无线数字通信系统，主机的 RS-322 数据经过调制模块然后发射出去，机器人的通信部件接收并解调成 232 数据，一般采用商用的 R/F 模块。发射器有的使用 Motorola 的 MC2831 芯片、REM 的 HX2000 芯片以及 OhmT100 相对应接收器使用的 MC3356 及 RX2010 和 N100 芯片。无线通信子系统通过主机串行口拿到命令值，再由独立的发射装置与装在小车上的接收模块建立无线通信联系，遥控场上各机器人的运动。如图 7-8 所示为通信系统工作原理。

图 7-8　通信系统工作原理

传递的命令主要包括机器人标识、命令部分和数据部分。命令部分指明动作模式，数据部分指明机器人以多快速度走多远。根据机器人的智能程度，其命令格式的复杂度也不尽相同。由于足球机器人的空间有限，通常采用单向通信方式。为提高通信效率，保证质量，要精心设计通信电路及通信协议。通信协议和控制结构也与机器人的智能程度有关。

2. 机器人足球赛

足球机器人与机器人足球是近几年在国际上迅速开展起来的高技术对抗活动，国际上成立了相关的联合会 FIRA（Federation of International Robot-soccer Association），它采用集中式系统结构，即系统中只有一个决策机制，小车根据接收到的主机发出的数据控制其运动方向和速度，而视觉数据处理、策略决策以及机器人位置控制都在主机中完成。此外还有机器人世界杯足球比赛（Robot World Cup），它为分布式系统，各个机器人独立进行，负责自身的信息感知、决策和动作执行，每个机器人的行动通过机器人之间的交互确定，不受中央控制器的支持。1996、1997 年连续两年举行了微型机器人世界杯足球赛，已达到比较正规的程度且有相当的规模和水平。机器人足球赛场的全视图如图 7-9 所示。

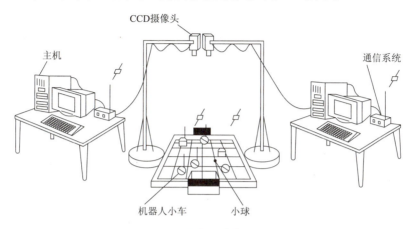

图 7-9　机器人足球赛场全视图

它由 3 个体积不超过 7.5 cm×7.5 cm×7.5 cm 的机器人小车组成一个球队，在 150 cm×130 cm 球场上自由运动，目的是将足球（高尔夫球）撞入对方球门取胜。球场上空 2 m 处悬挂的摄像机将比赛情况传入计算机内，由预装的软件做出恰当的决策与对策，通过无线通信方式将指挥命令传给机器人。比赛时间分为上半场和下半场，各为 5 min，中间休息 10 min。机器人足球赛必须在裁判的严格控制下进行，比赛开始之前，双方通过掷铜币来决定进攻或防守，比赛过程中如果某一球队犯规，则根据情况分别罚点球、争球、球门球或自由球。

微型机器人足球赛的赛场长 1.5 m，宽 1.3 m，比乒乓球台略小，场地画有中线、中圈和门区。每队由 3 个边长不超过 7.5 cm 的立方形遥控机器人小车组成。它们的任务就是将橙色的高尔夫球（足球）撞入对方球门而力保本方不失球或少失球。比赛规则与一般足球相似，也有点球、任意球和门球等。只是因电池容量有限，每半场 5 min，中间休息 10 min。下半场结束时若为平局，则有 3 min 的延长期，也实行突然死亡法和点球大战。明显不同之处在于球场四周有围墙，所以没有界外球，而在相持 10 s 后判争球。

3. 足球机器人系统的工作模式

足球机器人系统根据决策部分所处的位置将工作模式分为以下两种：基于视觉的足球机器人系统；基于机器人的足球机器人系统。根据机器人的智能程度又可分为以下几种。

（1）基于视觉遥控无智能足球机器人系统。一般来说，每个机器人具有驱动智能体、通信模块和 CPU 板。它根据接收到的主机发来的数据控制其运动方向和速度。视觉数据处理、策略决策以及机器人的位置控制都在主计算机上完成，像遥控小汽车一样。

（2）基于视觉有智能足球机器人系统。在这样的系统中，机器人具有速度控制、位置控制、自动障碍回避等功能，逐级通过视觉数据进行对策决策处理，然后发出命令给机器人，机器人根据命令做出行动反应，为了能够自动回避障碍和实现位置控制，机器人自身装有传感器。

（3）基于机器人的足球机器人系统。该系统中，机器人具有许多的自主行为，所有的计算（包括决策）都由机器人自身完成，主计算机仅处理视觉数据，并将有关的位置等信息（包括我方、对方及球）传送给机器人，实际上主机处理视觉数据的作用相当于一种传感器。

从目前参加微型机器人世界杯足球比赛的情况来看，第一种模式系统主机负担过重且视觉系统是瓶颈，由于尺寸限制第3种模式实现困难，所以大部分采用第二种模式，即基于视觉有智能足球机器人系统。

4. 足球机器人的控制系统

足球机器人比赛在高速对抗中进行，要求机器人运动准确、快速、灵活。足球机器人比赛系统是群体机器人协调作战系统，如同人类足球竞技比赛一样，每个机器人不仅充当整体角色中的一员，而且自身也应具备很强的单兵作战能力。机器人控制系统是保证机器人跑位、带球、传球、截球、阻挡、射门、战术配合等一系列技术动作得以完美实现的关键环节。控制系统要以最优的控制方式来完成比赛过程中的各种技术动作，所谓最优控制是指两个动作之间的平稳切换、动作组合、运动惯性的控制、电动机特性控制、路径规划以及快速准确的定点移动等。

（1）控制系统总体设计。足球机器人是一个惯性系统，具有一定的超调响应和滞后效应。在比赛过程中机器人始终处于动态，且要求速度快、运动稳定、准确等，但是对于惯性系统而言两者是矛盾的，速度越快，系统的惯性越严重，控制越困难。图 7-10 是足球机器人的控制系统框图。

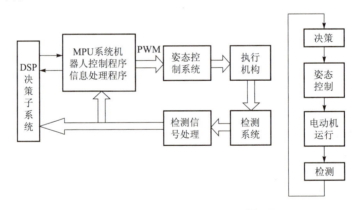

图 7-10　足球机器人的控制系统框图

主控单元采用 DSP 作为系统的处理器，接收场景信息并处理，进行整体战术决策分析。姿态控制部分由 MPU 和电动机驱动电路组成，电动机采取 PWM 调速，各种传感器信息同时反馈到 DSP 和 MPU 系统，实现对机器人运动精确控制。由图 7-11 可见，控制系统是机器人运动的核心，机器人的每一个动作都需要经过决策、姿态控制、电动机运行、信号检测循环过程。其中决策和姿态控制联系非常紧密，两者相辅相成，机器人的许多动作如走直线、转弯、射门、带球、传球等，既可以在决策中完成，也可以在姿态控制部分完成，两者都需要占用较多的 CPU 运算时间。同时机器人比赛涉及多机器人的控制问题，再加上比赛环境的不可预测性、机器人彼此之间的交互性，这些都给机器人控制系统的设计带来了困难。

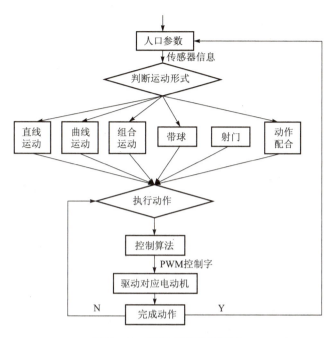

图 7-11　控制系统软件框图

（2）控制系统硬件设计。控制系统硬件包括 DSP、MPU、直流伺服电动机的调速电路和传感器信号处理电路。MPU 系统接收决策指令和各种传感器信号，采用 PID 控制算法，对机器人运动姿态精确控制。

（3）控制系统软件设计。如图 7-11 所示为控制系统的软件框图。控制系统软件设计包括传感器信息的处理、底层控制算法、机器人的基本动作（包括带球、射门等）、机器人的基本运动（包括直线、曲线等）、机器人的基本运动或动作的组合等。根据入口参数，加上辅助传感器信息，判断机器人的运动形式。PID 控制算法主要保证足球机器人运动的稳定性和动作完成的准确性。

5. 足球机器人的视觉系统

足球机器人的视觉系统由悬挂在场地中央上方 2 m 处的 CCD 摄像头、图像采集卡等硬件设备组成。视觉系统按照其所处的位置和作用，可分为两种模式：一种是分布式视觉系统，每个机器人小车都有自己独立的视觉机构，用于目标的捕捉和自身的定位；另一种是集控式视觉系统，所有的机器人小车共用一个视觉机构，给出所有机器人小车和目标的定位。相对于分布式视觉系统而言，集中式视觉系统的摄像头视场固定，只涉及二维平面视觉，因而较易实现。这里讨论集控式视觉系统。

（1）足球机器人视觉系统的特点。足球机器人视觉系统与工业机器人或其他的智能机器人视觉系统相比，有自己的独特之处。首先，视觉系统采用一个摄像头，为单目平面视觉系统，所获得的信息是二维空间的；摄像头固定（悬于场地中央上方两米处），因此视场固定，可认为是景深已知；比赛时光线充足，辨识物体无影；机器人小车的颜色饱和度高，形状规则；这些都是视觉系统容易实现的一些因素。同时，视觉系统要给决策系统提供数据，来调度机器人，又由于场上情形多变，小车运动速度很高，因此，对系统的实时性要求较高；

比赛时的现场环境与调试环境不尽相同并且有可能出现一些光色干扰,系统必须要具备快速初始化能力以适应比赛需要,这就要求视觉系统要有一定的鲁棒性和适应性,来实现系统的抗干扰能力和快速调试;视觉系统是整个系统的检测机构,必须要具有足够高的辨识精度,否则,会引起整个系统的振荡或失控。

(2) 视觉系统实现的基本步骤。足球机器人视觉系统的实现基本上可以分为6步:感觉、预处理、分割、描述、识别和输出。

感觉是机器人获取图像的过程。这一过程基本上包括两个方面:一是图像从光信号到电信号的转变,由摄像头来完成。摄像头是视觉系统的输入设备,输入图像质量的好坏将直接影响图像处理识别结果。摄像头可分为视频摄像头和固态摄像头。视频摄像头以摄像管为核心,惰性大,对于高速运动物体,摄取图像模糊,并且体积较大,不适用于机器人足球比赛这种实时性要求较高的系统。固态摄像头具有体积小、质量轻、功耗低、抗震性强,稳定性高、灵敏度高、精确性高等一系列优点,比较适用于机器人足球系统。其中又以 CCD(Charge Coupled Device) 摄像头最有代表性。CCD 摄像头的输出信号采用电视标准。每幅图像为一帧,一帧由两场组成,每场 240 行,采用隔行扫描方式。输出信号有两种制式: NTSC 制和 PAL 制。二是模拟电信号转化为数字信号,由图像采集卡完成,摄像机的输出信号是彩色视频信号,采集卡首先对彩色视频信号进行解码,得到 RGB 三路模拟信号,然后对这三路信号分别进行 A/D 转换,最后得到彩色的数字信号。图像采集卡是视觉系统的主要组成部分,它的 A/D 变换和传输带宽以及传输控制模式,对整个视觉系统是至关重要的。

图像信息预处理是为了增强机器人辨识能力,对原图像的噪声、畸变进行处理的过程。一般有两种方法:一种是基于空域技术的方法;另一种是基于频域技术的方法。由于频域技术受到多方面处理条件(速度等)的限制,远不如空域技术应用的广泛,所以在机器人视觉系统中,为了满足实时性的要求,一般采用空域技术来处理。空域技术又包括点运算和邻域运算:在处理速度上,点运算占很大优势;而在处理精度上却远逊色于邻域运算;从获取信息的多样性上,点运算也远不如邻域运算。因此,在满足实时性要求的前提下,可采用邻域运算。机器人视觉系统中,常用的预处理技术主要有以下几种。

① 图像增强。一般采用直方图均衡化技术,以一定的映射关系修改原始图像的像素灰度,产生一个比原直方图更为平坦的直方图,对图像有明显的增强效果。

② 图像的去噪声处理,即图像的平滑。由于从实际场景经摄像头到图像采集卡,通道中存在着不必要的噪声,所以应进行图像平滑。一般采用邻域平均技术,用邻点灰度的平均值取代该点的灰度。另一种可用的平滑技术是模板技术。

③ 边缘增强处理,即图像的锐化。用于加强图像的边缘和细节,便于边缘检测。一般采用微分尖锐化处理技术,采用梯度法,使用每个像素位置的梯度值。

预处理主要解决图像的增强、平滑、锐化、滤波等问题,降低了噪声对识别结果的影响,保证了视觉识别的准确性,并对所摄取图像的容量和质量进行调整,提高了视觉识别的速度。

图像分割是指把图像分成各具特性区域的技术和过程。机器人足球系统中主要的特征是颜色信息,所以采用彩色图像分割。分割方法主要有区域增长法和阈值法两类,由于足球机器人视觉系统实时性的要求,采用阈值法。阈值选择具有多种方法,为了满足精确度的要求,可选择最小误差阈值选择。常用的分割技术有:对彩色图像的各个分量进行适当的组合，转化为灰度图像，然后用对灰度图像的分割算法进行分割；专门的彩色图像分割算法。在彩色图像的分割中，首先要选择合适的彩色空间模型，最常见的彩色空间 RGB 空间中，R、G、B 分量具有很高的相关性，颜色相近点分散分布，不适于机器人足球系统。可以采用具有明确物理意义的 HSI 模型，H 为色调，对应光的主波长；S 为饱和度，对应颜色中掺和白光的程度；I 为光强度，对应光的明亮程度。在 HSI 空间模型上，可采用不同的分割方法：基于模糊 C-均值的彩色图像分割算法，Tasi 的聚类法等。

图像分割是由图像处理到图像分析的关键步骤，是描述和识别的基础，它的精确性和快速性决定了整个系统的精确性和快速性。

描述是为了进行识别而从物体中抽取特征的过程。足球机器人视觉系统中，我们需要描述小车的面积、位置、方向。小车的位置通常以小车的质心来表征。多采用几何法来确定：几何法基于物体的几何特性和一定的先验知识来确定物体重心，常用的有点边法和交叉线法。小车方向确定的最基本方法是按照小车的色标辨识。根据不同的色标设计，灵活确定。

识别的功能在于识别图像中已经分割的几个物体，并赋予其不同的标志。可以由三层结构的神经网络来实现，输入是二值分割图像中的子图像，输出是辨识对象在场地中的位置，这样可以有效地排除粘连问题；也可以在定量描述的基础上，采用统计模式识别方法。

视觉系统的最后一个步骤，就是向决策系统输出。输出的数据包括我方、对方的 3 辆小车和球的方位坐标 X、Y 和方位角。

（3）视觉系统的 3 种实现方式。视觉系统根据图像采集卡功能的不同，可分为 3 种不同的实现方式：软件法、硬件法和软硬综合法。

采用软件法时，摄像头将光信号转变为模拟电信号，送给图像采集卡；由图像采集卡实现 A/D 转换，最后由软件完成图像信息的处理。这种方式成本低、通用性强，但实时性不好。

采用硬件法时，对图像采集卡的要求较高，它完成图像的 A/D 转换及处理，向主机传送处理的结果，实时性好，但通用性不强。目前多采用 DSP 技术来实现，利用采集卡内嵌的专门 DSP 芯片来实现。采用软硬结合法时，采集卡的功能介于两者之间。将计算量大而且算法成熟的部分置于 DSP 中，而其余部分仍用软件实现。

足球机器人视觉系统研究融合了计算机视觉、机器人视觉、图像工程、神经网络、模式识别等多个学科的相关技术，它是整个机器人足球系统的眼睛，是系统获取外部信息的唯一通道。它不断采集场上图像，对图像进行处理、辨识，得到场上机器人小车和球的相关信息，然后将这些信息交给决策系统处理，完成图像的捕获和场上实体信息的辨识与计算。

 小结

1. 机器人技术是综合了计算机、控制理论、机构学、信息和传感技术、人工智能等多学科而形成的高新技术。

2. 机器人能力的评价标准包括智能、机能和物理能。

3. 目前，一般将机器人传感器分为外部传感器和内部传感器。另外，根据传感器感觉类型可将其分为视觉、听觉、接触觉、嗅觉、味觉传感器等。

4. 机器人的正常动作需要控制系统与驱动机构的协调。其控制方法有位置控制、轨迹控制、力控制、力矩控制、柔顺控制、自适应控制、模糊控制等智能控制。

思考与练习 7

7-1　简述机器人发展过程。

7-2　列举机器人常用的几类传感器，试说明其工作原理。

7-3　机器人常用的驱动方法有哪些？

单 元 八

典型机电一体化系统之自动化生产线系统

❯❯ A. 教学目标

1. 了解自动机构成及基本工作原理
2. 掌握自动机控制过程及控制程序编写
3. 掌握自动机各站动作

❯❯ B. 引言

自动化制造系统是先进制造技术的核心内容，是整个先进制造系统的底层，也是有效实施像 CIMS 等先进制造系统的关键，目前自动化制造系统在世界范围内得到普遍应用，特别是在发达国家由于劳动力资源等问题更是具有极高比例。自动化制造系统在许多企业中称之为自动化生产线或自动线。不同行业或不同的生产作业任务，自动化制造系统的组织形式也各不相同。模块化生产加工系统（MPS，Modular Production System）是自动化生产线的典型应用。本章以此为案例介绍机电一体化系统工作原理。

8.1　自动线与 MPS 模块化生产加工系统概述

8.1.1　自动机与自动线的构成

自动机一般是指无需人参与就能自动地、连续地完成产品加工循环的机器；而自动线则是指按工艺路线将若干自动机械，用自动输送装置连成一个整体，在控制系统的统一管理下，具有自动操纵产品的输送、加工、检测等综合能力的生产线。工业生产中广泛使用各种各样的自动机与自动线，自动机与自动线自动化程度高、种类多，因而具有生产率高、结构和动作复杂等特点。

1. 自动机的组成

任何一个完整的现代化自动机械，一般应具有以下五个系统。

（1）驱动系统，它是自动化制造系统的动力来源，可以是电动机驱动、液压驱动、气压驱动等。

（2）传动系统，它是将动力和运动传递给各执行机构或者辅助机构。一般采用气动传动系统。一个完整的气压传动系统由气源、控制元件、执行元件、控制器、检测装置和辅助元件组成。

（3）执行机构，它是实现自动化操作和辅助操作的系统。在工业上，一般采用机械手，工业机械手主要由执行机构、驱动机构、控制系统和机座等四部分组成。

（4）检测机构，它的功能是对自动机有关参数进行检测并反馈给控制系统。检测装置是自动机与自动线的重要组成部分，它是获取信息和处理信息的手段，只有在获得准确可靠信息的基础上，才能使自动机与自动线实现自动化。

（5）控制系统，它是控制自动机的驱动系统、传动系统、执行机构、将运动分配给各执行机构，使它们按照时间、顺序协调动作，由此实现自动机的工艺职能，完成自动化生产。

自动机的基本组成如图 8-1 所示。

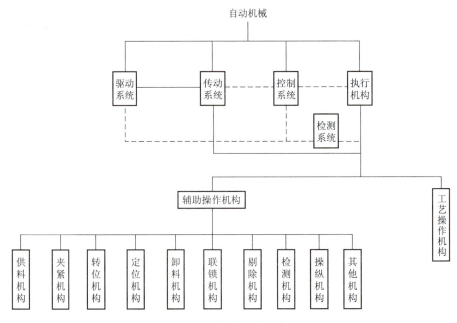

图 8-1　自动机的组成

2. 自动机的控制系统类型

自动机械依靠其控制系统保证整机各部件运动准确无误和动作协调一致，一般其控制系统可分为以下三类。

（1）时序控制系统。它是指按时间先后顺序发出指令进行操纵的一种控制系统。例如：行列式制瓶机的二十多个动作的顺序是靠协调转鼓和各种气动阀来操纵的，这是一种气动式的时序控制系统。此外还有机械式、液压式、电子式等时序控制系统，在自动线上广泛地应用。

（2）行程控制系统。它是按一个动作运行到规定位置的行程信号来控制下一个动作的一种控制系统。例如，机械手的拿物体，放物体就是由前一个动作运行到动作终点位置时发出信号来实现控制的。然而，许多控制线都是兼有时序控制系统和行程控制系统。

（3）PLC 控制系统。PLC 的出现，尤其是其多种模块的选配可以大大简化自动机的机械结构，修改 PLC 的程序来改变自动线的动作，极大地增加了自动机的柔性及提高了自动化制造系统的可靠性。

3. 自动线的组成

现代化工厂是按产品生产工艺的要求，由计算机、工业机器人、自动化机械以及智能型检测、控制、调节装置等组合成的全自动生产系统组织生产。

自动线在无须人工直接参与情况下自动完成供送、生产的全过程，并取得各机组间的平衡协调。自动线具有严格的生产节奏和协调性，主要由基本设备、运输储存装置和控制系统三大部分组成，自动线的组成如图8-2所示。其中自动生产机是最基本的工艺设备，运输储存装置是必要的辅助装置，它们都依靠自动控制系统来完成确定的工作循环。

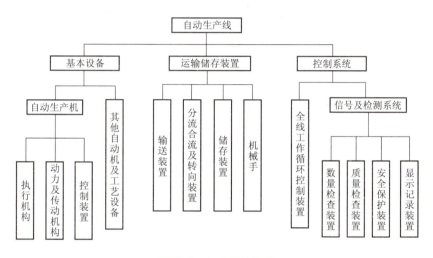

图8-2 自动线的组成

是否具备运输储存装置是自动线的标志。下面简要介绍一下运输储存装置中的输送装置和搬运机械手。

根据驱动方式，传（输）送装置分为电力传动、机械传动、液压传动和气压传动等。比如，一个完整的气压传动系统是由气源、气动控制元件（气动压力、流量、方向控制阀）、气动执行元件（气缸和气动电动机）、控制器、检测装置和辅助元件（净化器、过滤器、干燥器等）组成。

机械手是按给定程序、轨迹和要求实现自动抓取、搬运工件或操作工具的自动机械装置，主要由执行机构、驱动机构、控制系统和机座等四部分组成。

当然，检测装置也是自动机与自动线的重要组成部分，它是获取信息和处理信息的手段，只有在获得准确可靠信息的基础上，才能使自动机与自动线实现自动化。

8.1.2 模块化生产加工系统（MPS）

模块化生产加工系统（MPS，Modular Production System）是模拟活塞自动送料、检测、搬运、加工、安装、安装搬运、分类存储的全过程，MPS体现了机电一体化的技术实际应用。MPS设备是一套开放式的设备，用户可根据生产需要选择设备组成单元的数量、类型，最少时一个单元亦可自成一个独立的控制系统，而由多个单元组成的生产系统可以体现自动生产线的控制特点。MPS系统的实物图如图8-3所示。

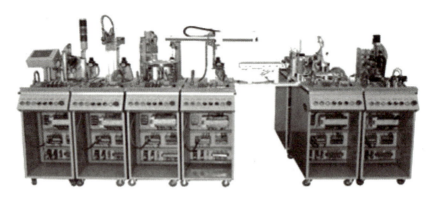

图 8-3 MPS 系统的实物图

在由多个 MPS 工作单元组成的系统中，综合应用了多种技术知识，如气动控制技术、机械技术（机械传动、机械连接等）、电工电子技术、传感器应用技术、PLC 控制技术、组态控制技术、信息技术等。利用该系统可以模拟一个与实际生产情况十分接近的控制过程，便于学习者在学习过程中很自然地就将理论应用于实际，实现了理论与实践一体化，从而缩短了理论教学与实际应用之间的距离。

1. MPS 的基本组成

多单元组成的 MPS 系统可较为真实地模拟出一个自动生产加工流水线的工作过程。其中每个工作单元都可以自成一个独立的系统，同时也都是一个机电一体化的系统。各个单元的执行机构主要是气动执行机构和电动机驱动机构，这些执行机构的运动位置都可以通过安装在其上面的传感器的信号来判断。

在 MPS 设备上应用多种类型的传感器，分别用于判断物体的运动位置、物体的通过状态、物体的颜色、物体的材质、物体的高度等。

2. MPS 的基本功能

在控制方面，MPS 设备采用 PLC 进行控制，用户可根据需要选择不同厂家的 PLC（例如西门子公司的 S7-200 系列 PLC 和 S7-300 系列 PLC）。MPS 设备的硬件结构是相对固定的，学习者可以根据自己对设备的掌握、对生产加工工艺的理解，编写一定的生产工艺过程，然后再通过编写 PLC 控制程序实现该工艺过程，从而实现对 MPS 设备的控制。

MPS 生产线的动作过程如下：在送料检测单元，工件由转盘转动，使工件下落，气缸将工件提升到位并检测颜色；工件由搬运站的机械手搬运至加工站，对工件进行加工检测并存储信息；由安装站将小工件安装后送至安装搬运站的大工件中进行装配；经过安装搬运站的机械手运送至装配位；由安装搬运单元的机械手将装配好的工件送至分类站；根据送料检测单元的工件颜色信息进行传送、依次存放，将分类的工件进行自动存储。

MPS 系统中每个单元都具有最基本的功能，可以在这些基本功能的基础上进行流程编排设计和发挥。下面以上海英集斯公司的 MPS 设备为例介绍系统的基本组成单元。

8.2 MPS 送料检测站

8.2.1 结构与功能

上料检测单元可作为 MPS 系统中的起始单元，在整个系统中，起着向系统中的其他单元提供原料的作用。它的具体功能是：按照需要将放置在料盘中的待加工工件（原料）自动地取出，并检测出工件的颜色，最后将其提升到输出工件，等待下一个工作单元来抓取。

上料检测单元主要由 I/O 接线端口、料盘模块、提升模块、工件检测组件、气源处理组件等部件组成。

1. I/O 接线端口

它是该工作单元与 PLC 之间进行通信的线路连接端口。该工作单元中的所有电信号（直流电源、输入、输出）线路都接到该端口上，再通过信号电缆线连接到 PLC 上。

2. 料盘模块

该模块用于储存工件原料，并在需要时将料盘中的工件输送出来。该模块主要由料盘、分隔条和滑道组成。

料盘模块的工作过程：工件散落在料盘中，当需要输出工件时，料盘旋转，工件通过分隔条一一排列输出圆形料盘，进入滑道，在后续工件的推动下，前面的工件依次从滑道滑入到工件平台中去。

3. 提升模块

该模块用于将料盘输出的工件提升到输出工件。主要由工件平台、滑动导向装置和双作用气缸组成。

工件平台在双作用气缸的驱动下，实现上下运动；滑动导向装置保证了工件平台不偏转。

4. 工件检测组件

该部分由两个光电传感器组成：一个反射式光电接近开关和一个漫反射式光电接近开关。

反射式光电接近开关安装在底部，用于检测工件台上是否有工件。

漫反射式光电接近开关安装在上部（输出工位），用于检测工件的颜色。

因为物体对不同频率的光吸收作用不同，白色物体会将所有频率的光（白光）全部反射回来，这样漫反射式光电接近开关感测这些光，就会有信号输出；而黑色物体会把所有频率的光全部吸收，原则上黑色物体是不能被漫反射式光电开关检测到的，漫反射式光电接近开关没有信号输出。这样我们的上料检测单元和检测单元上检测工件颜色就能分辨出工件的黑与白了。

注意：在检测工件平台上是否有工件时需要加入抗干扰条件，有时不经意我们的肢体或其他物体的移动可能造成反射式光电接近开关检测到有信号，当我们需要屏蔽这些干扰信号时，通常最简单的做法是在程序中加上一个计时器，当反射式光电接近开关检测到有工件后，再延时一段时间用以确认是否为真正的工件。

8.2.2 气动控制回路

该工作单元的执行机构是气动控制系统，其方向控制阀的控制方式为电磁控制或手动控制。各执行机构的逻辑控制功能是通过PLC控制实现的。原理图如图8-4所示。

在上料检测单元的气动控制原理图中，1A 为双作用提升气缸；1B1 和 1B2 为磁感应式接近开关；1Y1 为双作用气缸电磁阀的控制信号。

8.2.3 电气接口地址

MPS 中的每个部件上的输入、输出信号与 PLC 之间的通信电路连接是通过 I/O 接线端口实现的。检测单元 PLC 的 I/O 地址分配情况见表 8-1。

各接口地址已经固定。各单元中需要与 PLC 进行通信连接的线路（包括各个传感器的线路、各个电磁阀的控制线路及电源线路）都已事先连接到了各自的 I/O 接线端口上，在与 PLC 连接时，只需使用一根专用电缆即可实现快速连接。

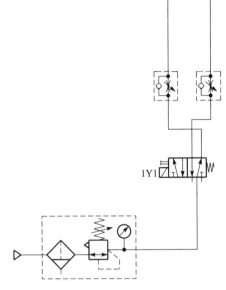

图 8-4 上料检测单元的气动控制原理图

表 8-1 检测单元 PLC 的 I/O 地址分配情况

序号	地址	设备符号	设备名称	设备用途	信号特征
1	I124.0	B1	反射式光电传感器	判断有无输入工件	信号为1：有输入工件 信号为0：无工件
2	I124.1	B2	漫射式光电传感器	判断工件的颜色	信号为1：工件为白色 信号为0：工件为黑色
3	I124.3	1B1	磁感应式接近开关	判断工件平台的位置	信号为1：工件平台上升到位
4	I124.4	1B2	磁感应式接近开关	判断工件平台的位置	信号为1：工件平台下降到位
5	Q124.1	K1	继电器	控制圆形料盘旋转	信号为1：料盘转动
6	Q124.2	K2	继电器	控制黄色信号灯	信号为1：黄色信号灯闪
7	Q124.3	K3	继电器	控制红色信号灯	信号为1：红色信号灯闪
8	Q124.0	1Y1	电磁阀	控制提升气缸的动作	信号为1：工件平台上升 信号为0：工件平台下降

注：I/O 地址分配可自行分配，上面分配只作参考。

8.2.4 程序控制

1. 控制任务

当设备接通电源与气源、PLC 运行后，首先执行复位动作，提升气缸驱动的工件平台下降到位。然后进入工作运行模式，料盘旋转输出工件，当检测到工件平台中有工件后，料盘停止旋转，提升气缸动作，将工件平台提升至输出工位，对工件的颜色进行检测并保存，若是白色工件，L1 灯亮；若是黑色工件，L2 灯亮。工件被取走，工件平台下降，料盘继续旋转输出工件，重复流程。

2. 编写程序

图 8-5 为操作手单元的手动控制程序框图，按此框图编写 PLC 程序。

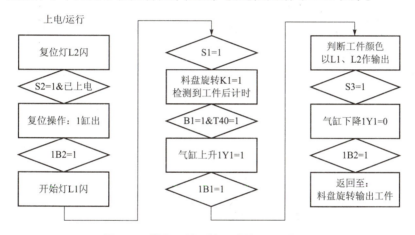

图 8-5 操作手单元的手动控制程序框图

3. 下载调试

将编辑好的程序下载到 PLC 中运行，调试通过，完成控制任务。

8.3　MPS 搬运站

8.3.1　结构与功能

操作手单元可以模拟提取工件、按照要求将工件分流的过程。

操作手单元主要由提取模块、滑槽模块、气源处理组件、I/O 接线端口、阀组等组成。

1. 提取模块

该模块实际上是一个"气动机械手"，主要由两个直线气缸（提取气缸和摆臂气缸）、一个转动气缸及气动夹爪等组成。

提取气缸安装在摆臂气缸的气缸杆的前端，用于实现垂直方向的运动，以便于提取工件。该气缸在结构上不同于一般的直线气缸，它是一个杆不回转型气缸，它的活塞杆为六边形，这样活塞杆就不能随便转动，便于气动手指夹取工件。

摆臂气缸构成了气动机械手的"手臂"，可以实现水平方向上的伸出、缩回动作。同时它还是一个双联气缸（有的地方叫倍力缸），它拥有两个压力腔和两个活塞杆，在同等压力下，双联气缸的输出力是一般气缸的两倍，所以有的地方亦叫它倍力缸。在气缸的两个极限位置上分别安装有磁感应式接近开关，用于判断气缸的动作是否到位。

转动气缸用于实现摆臂气缸的转动，其转动角度为180°，在气缸的两个极限位置上分别安装有一个阻尼缸（用于缓冲旋转过来的冲击）和一个电感式接近开关（用于判断气缸旋转是否到位）。

气动夹爪则用于抓取工件。

2. 滑槽模块

此模块只有在带有组态操作的 MPS 系统上才会安装。滑槽模块用于存放不合格的工件。

8.3.2 气动控制回路

该工作单元的执行机构是气动控制系统，其方向控制阀的控制方式为电磁控制或手动控制。各执行机构的逻辑控制功能是通过 PLC 控制实现的。搬运站操作手单元的气动控制原理图如图 8-6 所示。

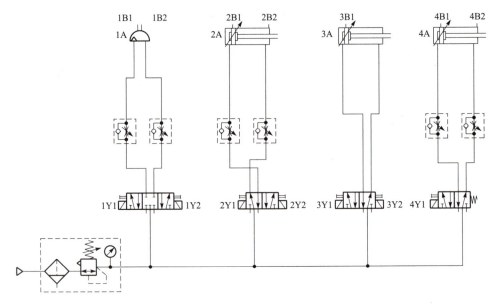

图 8-6 搬运站操作手单元的气动控制原理图

在操作手单元的气动控制原理图中，1A 为旋转气缸；1B1 和 1B2 为电感式接近开关；2A 为摆臂双联气缸；2B1、2B2 为磁感应式接近开关；3A 为气动夹爪；3B1 为磁感应式接近开关；4A 为杆不回转的提取气缸；4B1、4B2 为磁感应式接近开关；1Y1、1Y2 为旋转气缸电磁阀的两个控制信号；2Y1、2Y2 为控制摆臂气缸电磁阀的两个电磁控制信号；3Y1、3Y2 为控制气动夹爪开与闭电磁阀的两个电磁控制信号；4Y1 为提取气缸电磁阀的电磁控制信号。

8.3.3 电气接口地址

MPS 中的每个部件上的输入、输出信号与 PLC 之间的通信电路连接是通过 I/O 接线端口实现的。搬运站单元 PLC 的 I/O 地址分配情况见表 8-2。

各接口地址已经固定。各单元中需要与 PLC 进行通信连接的线路（包括各个传感器的线路、各个电磁阀的控制线路及电源线路）都已事先连接到了各自的 I/O 接线端口上，在与 PLC 连接时，只需使用一根专用电缆即可实现快速连接。

表 8-2 搬运站单元 PLC 的 I/O 地址分配情况

序号	设备符号	设备名称	设备用途	信号特征
1	1B1	电感式传感器	判断摆臂的左右位置	信号为 1：摆臂在最左端
2	1B2	电感式传感器	判断摆臂的左右位置	信号为 1：摆臂在最右端
3	2B1	磁感应式接近开关	判断摆臂伸缩情况	信号为 1：摆臂缩回到位
4	2B2	磁感应式接近开关	判断摆臂伸缩情况	信号为 1：摆臂伸出到位
5	3B1	磁感应式接近开关	判断夹爪开闭情况	信号为 1：夹爪已打开 信号为 0：夹爪夹紧
6	4B1	磁感应式接近开关	判断夹爪上下的位置	信号为 1：夹爪下降到位
7	4B2	磁感应式接近开关	判断夹爪上下的位置	信号为 1：夹爪上升返回到位
8	1Y1	电磁阀	控制旋转气缸左右动作	信号为 1：旋转缸左转
9	1Y2	电磁阀	控制旋转气缸左右动作	信号为 1：旋转抽右转
10	2Y1	电磁阀	控制摆臂气缸伸缩动作	信号为 1：摆臂缩回
11	2Y2	电磁阀	控制摆臂气缸伸缩动作	信号为 1：摆臂伸出
12	3Y1	电磁阀	控制夹爪开闭的动作	信号为 1：夹爪打开
13	3Y2	电磁阀	控制夹爪开闭的动作	信号为 1：夹爪闭合
14	4Y1	电磁阀	控制提取缸上下的动作	信号为 1：夹爪下降 信号为 0：夹爪上升

注：I/O 地址分配可自行分配。

8.3.4 程序控制

1. 控制任务

当设备接通电源与气源、PLC 运行后，首先执行复位动作，旋转气缸驱动的摆臂左转到最左端，摆臂缩回到位，夹爪打开，提取气缸上升到位。然后进入工作运行模式，按启动按钮，操作手单元先摆臂气缸后提取气缸依次伸出，提取气缸伸出到达下端后夹爪夹取工件，夹紧工件后，再按照先提取气缸后摆臂气缸的顺序依次缩回，然后摆臂气缸摆到右端，等待工件送出信号。再次按下启动钮，工件送出，摆臂气缸、提取气缸依次伸出，然后放下工件，再按照逆过程返回到初始位置。

2. 编写程序

图 8-7 为操作手单元的手动控制程序框图，按此框图编写 PLC 程序。

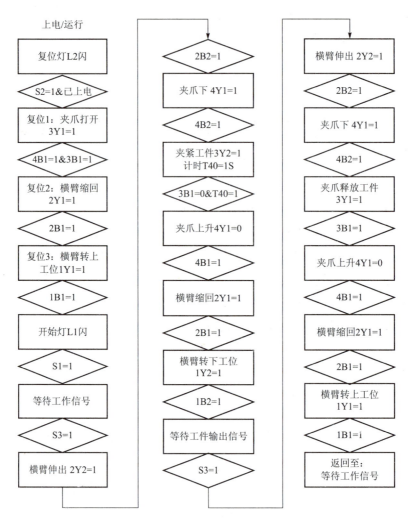

图 8-7 操作手单元的手动控制程序框图

3. 下载调试

将编辑好的程序下载到 PLC 中运行,调试通过,完成控制任务。

8.4 MPS 加工站

8.4.1 结构与功能

加工单元可以模拟钻孔加工及钻孔质量检测的过程,并通过旋转工作台模拟物流传送的过程。

加工单元主要组成机构有旋转工作台模块、钻孔模块、钻孔检测模块等。

1. 旋转工作台模块

旋转工作台模块主要由旋转工作台、工作台固定底盘、定速比直流电动机、定位块、电感式接近开关传感器、漫反射式光电传感器、支架等组成。

在转动工作台上有四个工位，用于存放工件。在每个工位的下面都有一个圆孔，用于光电传感器对工件的识别。电感式接近开关传感器用于判断工作台的转动位置，以便于进行定位控制。

2. 钻孔模块

钻孔模块主要由钻孔气缸、钻孔电动机、夹紧气缸等组成。

钻孔模块用于实现钻孔加工过程。在钻孔气缸的两端、夹紧气缸的两端都安装有磁感应式接近开关，分别用于判断两个气缸运动的两个极限位置。

3. 检测模块

检测模块用于实现对钻孔加工结果的模拟检测过程。检测模块主要由检测气缸、检测气缸固定架、检测模块支架及磁感应式接近开关组成。

4. 继电器

继电器 K1、K2，分别用于控制钻孔电动机和工作台驱动电动机。

8.4.2 气动控制回路

该工作单元的执行机构是气动控制系统，其方向控制阀的控制方式为电磁控制或手动控制。各执行机构的逻辑控制功能是通过 PLC 控制实现的。加工站操作手单元的气动控制原理图如图 8-8 所示。

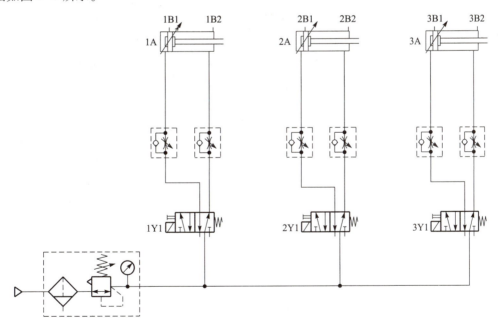

图 8-8　加工站操作手单元的气动控制原理图

在加工单元的气动控制原理图中，1A 为钻孔气缸；1B1 和 1B2 为磁感应式接近开关；2A 为检测气缸；2B1、2B2 为磁感应式接近开关；3A 为夹紧气缸；3B1、3B2 为磁感应式接近开关；1Y1 为钻孔气缸电磁阀的控制信号；2Y1 为控制检测气缸电磁阀的电磁控制信号；

3Y1 为夹紧气缸电磁阀的电磁控制信号。

8.4.3 电气接口地址

MPS 中的每个部件上的输入、输出信号与 PLC 之间的通信电路连接是通过 I/O 接线端口实现的。加工单元 PLC 的 I/O 地址分配情况见表 8-3。

各接口地址已经固定。各单元中需要与 PLC 进行通信连接的线路（包括各个传感器的线路、各个电磁阀的控制线路及电源线路）都已事先连接到了各自的 I/O 接线端口上，在与 PLC 连接时，只需使用一根专用电缆即可实现快速连接。

表 8-3 加工单元 PLC 的 I/O 地址分配情况

序号	设备符号	设备名称	设备用途	信号特征
1	B1	漫射式光电传感器	判断有无输入工件	信号为 1：有输入工件 信号为 0：无工件
2	B2	电感式传感器	判断旋转工作台的角度	信号为 1：转盘旋转到位 信号为 0：转盘旋转未到位
3	1B1	磁感应式接近开关	判断钻孔电动机的位置	信号为 1：钻孔电动机上升到位
4	1B2	磁感应式接近开关	判断钻孔电动机的位置	信号为 1：钻孔电动机下降到位
5	2B1	磁感应式接近开关	判断检测头的位置	信号为 1：检测头缩回到位
6	2B2	磁感应式接近开关	判断检测头的位置	信号为 1：检测头下探到位
7	3B1	磁感应式接近开关	判断夹紧缸的前后位置	信号为 1：夹紧缸返回到位
8	3B2	磁感应式接近开关	判断夹紧缸的前后位置	信号为 1：夹紧缸伸出到位
9	K1	继电器	控制旋转工作台转动	信号为 1：旋转工作台转动
10	K2	继电器	驱动钻孔电动机钻孔	信号为 1：钻孔电动机启动
11	1Y1	电磁阀	控制托盘上下的动作	信号为 1：钻孔电动机下降 信号为 0：钻孔电动机上升缩回
12	2Y1	电磁阀	控制检测头的动作	信号为 1：检测头下探检测 信号为 0：检测头缩回
13	3Y1	电磁阀	控制推料缸的动作	信号为 1：夹紧头伸出 信号为 0：夹紧头返回

注：I/O 地址分配可自行分配。

8.4.4 程序控制

1. 控制任务

当设备接通电源与气源、PLC 运行后，首先执行复位动作，钻孔电动机上升缩回到位，检测头缩回到位，夹紧头缩回到位，旋转工作台旋转到位。然后进入工作运行模式，在输入工位上有工件的情况下，当按启动按钮时，旋转工作台转动，将工件传送到加工工位进行钻孔加工；钻孔加工后，旋转工作台再转动一个工位，将工件送到检测工位进行钻孔质量的检测；最后工件被送到输出工位。输出工位的工件由人工取走。

2. 编写程序

图 8-9 为加工单元的手动控制程序框图，按此框图编写 PLC 程序。

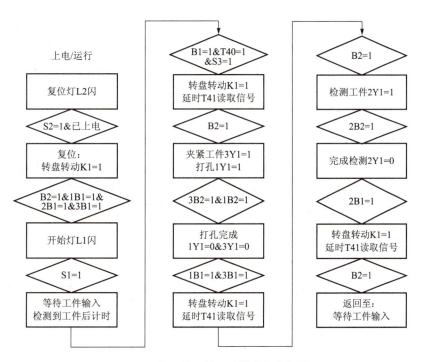

图 8-9　加工单元的手动控制程序框图

3. 下载调试

将编辑好的程序下载到 PLC 中运行，调试通过，完成控制任务。

8.5　MPS 安装搬运站

8.5.1　结构与功能

安装搬运单元可以模拟提取工件、按照要求将工件分流的过程，同时能提供一个安装工位，实现大、小工件的组装。

安装搬运单元主要由提取模块、工件平台、直线转圆周运动装置、气源处理组件、I/O 接线端口、阀组等组成。

1. I/O 接线端口

它是该工作单元与 PLC 之间进行通信的线路连接端口。该工作单元中的所有电信号（直流电源、输入、输出）线路都接到该端口上，再通过信号电缆线连接到 PLC 上。

2. 提取模块

该模块实际上也是一个"气动机械手",主要由一个直线气缸(上下摆动)、摆臂和气动夹爪等组成。

摆臂相当于气动机械手的"手臂",只是在这时不能伸缩,只能上下摆动,它由一个安装在下方的直线气缸驱动,在摆臂的前端安装有一个气动夹爪,用于抓取工件。

3. 直线转圆周运动装置

提取模块的左右移动及旋转由两个直线气缸所控制,它通过一定的机械转换装置,在实现直线运动的同时还能提供圆周运动,这样在本单元上可提供四个工位,分别为左工位(提取工位)、左上工位(安装工位)、右上工位(未用)和右工位(输出工位)。

4. 工件平台

工件平台安装在安装工位上,用于实现大、小工件的组装。

8.5.2 气动控制回路

该工作单元的执行机构是气动控制系统,其方向控制阀的控制方式为电磁控制或手动控制。各执行机构的逻辑控制功能是通过PLC控制实现的。安装搬运站操作手单元的气动控制原理图如图8-10所示。

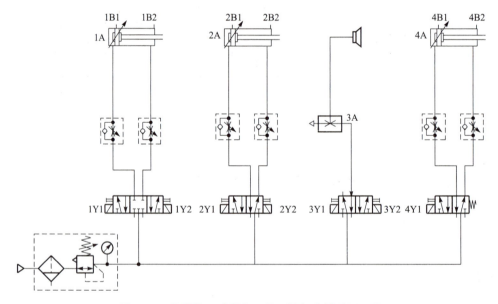

图8-10 安装搬运站操作手单元的气动控制原理图

在安装搬运单元的气动控制原理图中,1A为1号双作用直线气缸;1B1和1B2为磁感应式接近开关;2A为2号双作用直线气缸;2B1、2B2为磁感应式接近开关;3A为气动夹爪;3B1为磁感应式接近开关;4A为控制手臂上下的直线气缸;4B1、4B2为磁感应式接近开关;1Y1、1Y2为1号双作用气缸的电磁阀的两个控制信号;2Y1、2Y2为控制2号双作用气缸的电磁阀的两个电磁控制信号;3Y1、3Y2为控制气动夹爪开与闭的电磁阀的两个电磁控制信号;4Y1为上下摆动气缸的电磁阀的电磁控制信号。

8.5.3 电气接口地址

MPS中的每个部件上的输入、输出信号与PLC之间的通信电路连接是通过I/O接线端口实现的。安装搬运站PLC的I/O地址分配情况见表8-4。

各口地址已固定,各单元中需要与PLC进行通信连接的线路(包括各个传感器的线路、各个电磁阀的控制线路及电源线路)都已事先连接到了各自的I/O接线端口上,在与PLC连接时,只需专用电缆即可实现快速连接。

表8-4 安装搬运站PLC的I/O地址分配情况

序号	设备符号	设备名称	设备用途	信号特征
1	1B1	磁感应式接近开关	判断直线气缸的位置	信号为1:1号气缸缩回到位
2	1B2	磁感应式接近开关	判断直线气缸的位置	信号为1:1号气缸伸出到位
3	2B1	磁感应式接近开关	判断直线气缸的位置	信号为1:2号气缸缩回到位
4	2B2	磁感应式接近开关	判断直线气缸的位置	信号为1:2号气缸伸出到位
5	3B1	磁感应式接近开关	判断夹爪开闭情况	信号为1:夹爪已打开 信号为0:夹爪夹紧
6	4B1	磁感应式接近开关	判断夹爪上下的位置	信号为1:夹爪下降到位
7	4B2	磁感应式接近开关	判断夹爪上下的位置	信号为1:夹爪上升到位
8	1Y1	电磁阀	控制1号直线气缸动作	信号为1:1号气缸伸出
9	1Y2	电磁阀	控制1号直线气缸动作	信号为1:1号气缸缩回
10	2Y1	电磁阀	控制1号直线气缸动作	信号为1:2号气缸伸出
11	2Y2	电磁阀	控制1号直线气缸动作	信号为1:2号气缸缩回
12	3Y1	电磁阀	控制夹爪开闭的动作	信号为1:夹爪打开
13	3Y2	电磁阀	控制夹爪开闭的动作	信号为1:夹爪闭合
14	4Y1	电磁阀	控制提取缸上下的动作	信号为1:夹爪下降 信号为0:夹爪上升

注:I/O地址分配可自行分配。

8.5.4 程序控制

1. 控制任务

当设备接通电源与气源、PLC运行后,首先执行复位动作,夹爪打开、摆臂上抬到位,两个直线气缸驱动摆臂左转到最左端。进入工作运行模式,按启动按钮,摆臂下降夹取工件,抬起后转安装工位,摆臂下降后释放大工件,然后上抬等待小工件的安装(用计时器模拟安装好的信号),有信号后摆臂再次下降夹取工件,上抬后转输出工位;等待输出信号,按下启动按钮,摆臂下,放开工件,上抬后摆臂转左工位,再次等待下一个工作信号。

各工位与两直线气缸的位置/状态见表 8-5 所示。

表 8-5　各工位与两直线气缸的位置/状态

工　　位	1 号直线气缸状态	2 号直线气缸状态
左工位（提取工位）	伸出	伸出
左上工位（安装工位）	伸出	缩回
右上工位（预留使用）	缩回	伸出
右工位（输出工位）	缩回	缩回

2. 编写程序

图 8-11 为操作手单元的手动控制程序框图，按此框图编写 PLC 程序。

3. 下载调试

将编辑好的程序下载到 PLC 中运行，调试通过，完成控制任务。

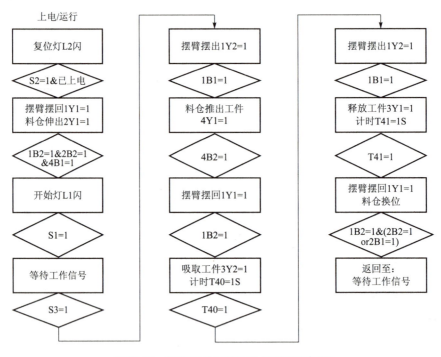

图 8-11　操作手单元的手动控制程序框图

小结

1. 自动机一般是指无须人参与就能自动地、连续地完成产品的加工循环的机器。

2. 自动机一般应具有以下五个系统：驱动系统，传动系统，执行机构，检测机构，控制系统。

3. 机械手是按给定程序、轨迹和要求实现自动抓取、搬运工件或操作工具的自动机械装置，主要由执行机构、驱动机构、控制系统和机座等四部分组成。

4. MPS 由上料监测站、操作手站、加工检测站、安装站、搬运分拣站、仓库存储站。

思考与练习 8

8-1　自动机和自动线的构成是什么？举例说明。
8-2　简述 MPS 各个站的工作过程。
8-3　编写 MPS 各个站的 PLC 梯形图。

参 考 文 献

[1] 魏俊民．机电一体化系统设计［M］．北京：中国纺织出版社，1998．
[2] 李建勇．机电一体化技术［M］．北京：科学出版社，2004．
[3] 王孙安．机械电子工程［M］．北京：科学出版社，2003．
[4] 岩本洋．机电一体化入门［M］．北京：科学出版社，2003．
[5] ［日］武藤一夫．机电一体化［M］．王益全，滕永红，于慎波，译．北京：科学出版社，2007．
[6] 王俊峰．机电一体化检测与控制技术［M］．北京：人民邮电出版社，2006．
[7] 黄贤武．传感器原理与应用［M］．成都：电子科技大学出版社，1999．
[8] 高学山．光机电一体化系统典型实例［M］．北京：机械工业出版社，2007．
[9] 邱士安．机电一体化技术［M］．西安：西安电子科技大学出版社，2004．
[10] 梁景凯．机电一体化技术与系统［M］．北京：机械工业出版社，2006．
[11] 赵松年．机电一体化机械系统设计［M］．上海：同济大学出版社，1990．
[12] 张建民．机电一体化原理与应用［M］．北京：国防工业出版社，1992．
[13] 郑堤．机电一体化设计基础［M］．北京：机械工业出版社，2007．
[14] 郁建平．机电综合实践［M］．北京：科学出版社，2008．
[15] 高森年．机电一体化［M］．北京：科学出版社，2001．
[16] 张训文．机电一体化系统设计与应用［M］．北京：北京理工大学出版社，2006．
[17] ［日］三浦宏文．机电一体化实用手册（第二版）［M］．杨晓辉，译．北京：科学出版社，2007．
[18] 高春甫．机电控制系统分析与设计［M］．北京：科学出版社，2007．
[19] 李友善．自动控制原理［M］．北京：国防工业出版社，1980．
[20] 杨叔子．机械工程控制基础［M］．北京：机械工业出版社，1993．
[21] 何立民．MCS-51单片机应用系统设计［M］．北京：北京航空航天大学出版社，1995．
[22] 殷洪义．可编程序控制器选择、设计与维护［M］．北京：机械工业出版社，2003．
[23] 宫淑贞．可编程序控制器原理及应用［M］．北京：人民邮电出版社，2006．
[24] 张建民．机电一体化系统设计［M］．北京：高等教育出版社，2001．
[25] 薛定宇．基于MATLAB/Simulink的系统仿真技术与应用［M］．北京：清华大学出版社，2002．
[26] 熊有伦．机器人技术基础［M］．武汉：华中理工大学出版社，1996．
[27] 徐元昌．工业机器人［M］．北京：中国轻工业出版社，1999．
[28] 丁加军．自动机与自动线［M］．北京：机械工业出版社，2007．